不加班
早下班的
创意
Excel
玩法

彭亮◎著

U0305015

廣東旅游出版社
GUANGDONG TRAVEL & TOURISM PRESS
悦读书·悦旅行·悦享人生

中国·广州

图书在版编目（CIP）数据

不加班早下班的创意 Excel 玩法 / 彭亮著 . -- 广州：广东旅游出版社，2015.4
ISBN 978-7-5570-0004-2

Ⅰ . ①不… Ⅱ . ①彭… Ⅲ . ①表处理软件 Ⅳ . ① TP391.13

中国版本图书馆 CIP 数据核字 (2015) 第 019611 号

责任编辑：方银萍
封面设计：刘红刚
内文设计：冼志良
责任技编：刘振华
责任校对：梅哲坤

广东旅游出版社出版发行
（广州市天河区五山路 483 号华南农业大学公共管理学院 14 号楼三楼）
联系电话：020-87347316　邮编：510642
广东旅游出版社图书网
www.tourpress.cn
深圳市希望印务有限公司印刷
（深圳市坂田吉华路 505 号大丹工业园二楼）
开本：787 毫米 ×1092 毫米　1/16
印张：13.5
字数：260 千字
版次：2015 年 4 月第 1 版
印次：2015 年 4 月第 1 版第 1 次印刷
定价：38.00 元

目录

第一章　赢在起点：选择的艺术

第二章　从无到有：输入数据

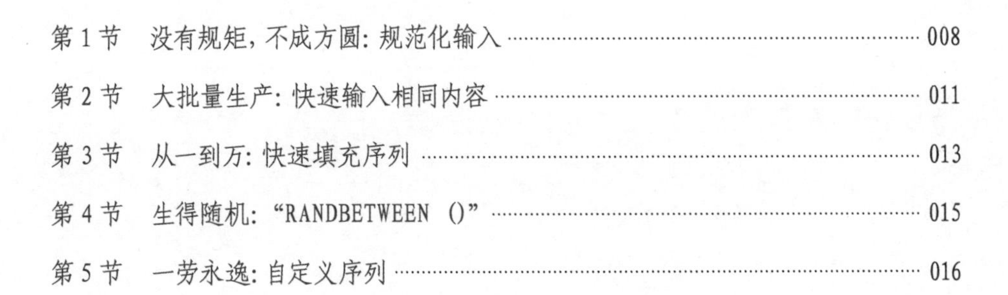

第三章　看上去很美：格式

第四章　所见即所得——打印设置

第五章　人算不如电算——公式函数

第六章　信息量好大: 数据分析

第七章　有图有真相

第八章　奥，妙，全自动——宏

第九章 面面俱到：打造一张好表

第十章 这都不是事儿：常见问题汇总

第一章

赢在起点：选择的艺术

选择，比努力更重要。

选择，比能力更重要。

有什么样的选择就有什么样的人生。

Excel中选择也非常重要，“先选择，再操作”是六字箴言，也就是说，任何操作前都必须先选择，如果第一步选择错了，后面一切努力都是徒劳。

第1节 飞一般的感觉：快速移动光标

打开一张很大的表格，怎样快速跳转到最后一行呢？一直按方向键，一直拖动滚动条吗？太没创意了！

方法一：选择某个单元格，然后双击下边框，如图 1-1 所示。这种方法操作起来有一定难度，不是每个人都操作得好。准确来说，鼠标放在单元格下边框，当指针变为黑十字箭头形状时双击左键。如果实在操作不好，那就试试下面第二种方法。

	A	B	C	D	E	F
1	城市	地区	产品名称	日期		
2	北京	华北	鲜汁肉包	2011-9-21	1.5	257
3	北京	华北	梅干菜肉包	2011-12-29	1.5	380
4	北京	华北	麻辣菌菇鸡丁包	2012-10-25	1.5	275
5	北京	华北	荠菜肉包	2012-4-27	1.5	130
6	北京	华北	萝卜丝包	2012-12-11	1.5	323
7	北京	华北	酸辣笋丝包	2012-3-20	1.5	276
8	北京	华北	腊肉豆角包	2012-7-30	1.5	258
9	北京	华北	咖喱土豆牛肉包	2011-9-21	1.8	392
10	北京	华北	香菇菜包	2012-5-28	1.2	312
11	北京	华北	红豆沙包	2012-10-16	1.2	218
12	北京	华北	红糖开花馒头	2012-2-27	1	208
13	北京	华北	高庄馒头	2013-4-7	0.6	137
14	北京	华北	葱油花卷	2011-10-15	0.6	359
15	北京	华北	南瓜粥	2012-11-18	2.5	138

双击该单元格下边框

图 1-1

方法二：选择某个单元格，“Ctrl+ 向下键”。这种操作每个人都能做到，找不到键盘的人除外。“童鞋”，还记得键盘上的方向键吗？

一旦掌握了快捷键“Ctrl + 向下键”，那么“Ctrl + 向上键”“Ctrl + 向左键”“Ctrl + 向右键”就全被你掌握了。举一反三，这样学习才有效。

一美女手里握着鼠标，鼠标上的滚动轴在飞快地滑动，滚动轴磨得像理发店的剃刀子布。屏幕不断地闪动，虽然只有一张表，但她却知道这张表的可怕，数据太大了，她已经有好几次想放下鼠标……他终于凑过去，在她耳旁低语“CTRL+DOWN（向下）”，她笑了。@officehelp

第2节 一抓一大把：快速选择

当你从办公室走过时，经常会听到鼠标与桌面剧烈的碰撞声，不用说你都知道，他们可能在选择一张很大很大的表。

需要这么费劲吗？其实直接使用快捷键“Ctrl+A”即可。如图 1-2 所示，在任意一个单元格中使用热键“Ctrl +A”。

	A	B	C	D	E	F
1	城市	地区	产品名称	日期	单价	数量
2	北京	华北	鲜汁肉包	2011-9-21	1.5	257
3	北京	华北	梅干菜肉包	2011-12-29	1.5	380
4	北京	华北	麻辣菌菇鸡丁包	2012-10-25	1.5	275
5	北京	华北	荠菜肉包	2012-4-27	1.5	130
6	北京	华北	萝卜丝包	2012-12-11	1.5	323
7	北京	华北	酸辣笋丝包	2012-3-20	1.5	276
8	北京	华北	腊肉豆角包	2012-7-30	1.5	258
9	北京	华北	咖喱土豆牛肉包	2011-9-21	1.8	392
10	北京	华北	香菇菜包	2012-5-28	1.2	312
11	北京	华北	红豆沙包	2012-10-16	1.2	218
12	北京	华北	红糖开花馒头	2012-2-27	1	208
13	北京	华北	高庄馒头	2013-4-7	0.6	137
14	北京	华北	葱油花卷	2011-10-15	0.6	359
15	北京	华北	南瓜粥	2012-11-18	2.5	138
16	北京	华北	黑米粥	2012-8-19	2.5	114
17	北京	华北	酸梅汤	2011-9-29	2.3	295
18	北京	华北	豆浆	2011-9-21	1.5	334
19	北京	华北	黑豆奶	2011-10-13	2	321
20	北京	华北	红枣豆奶	2011-9-9	2	158
21	北京	华北	杂粮烧卖	2012-2-20	1.6	172
22	北京	华北	奶黄包	2011-11-17	0.6	132

图 1-2

	A	B	C	D	E	F
4395	郑州	华中	窝窝头	2011-9-10	1	173
4396	郑州	华中	甜饭团	2012-6-28	3.5	270
4397	郑州	华中	肉粽	2012-10-25	3	248
4398	郑州	华中	豆沙粽	2012-3-3	3	127
4399	郑州	华中	黑米糕	2012-8-16	1.5	266
4400	郑州	华中	马蹄糕	2012-7-17	2	288
4401	郑州	华中	如意糕	2012-12-11	2	219
4402	郑州	华中	甜麻糕	2012-2-1	2	309
4403	郑州	华中	咸麻糕	2013-4-29	2	107
4404						
4405						
4406						
4407						
4408						
4409						

图1-3

如果需要选择某一列数据，如图1-3所示，需要选择A列的数据。方法一：选择A1，一直向下拖动鼠标，显然很不方便；方法二：单击A1，按Shift键，再一直拖动滚动条，但也不是明智的做法；方法三：直接对着A单击，这样做其实也不准确，A列中数据下方的空白行也被选中了。

正确的做法是：选择A1，按Shift键，然后在A1的下边框双击。或选择A1，使用快捷键“Ctrl+Shift+向下键”。

第3节 物以类聚：特殊选择

选择，比努力更重要。

选择，比能力更重要。

有什么样的选择就有什么样的人生。

Excel中选择也非常重要，“先选择，再操作”是六字箴言，也就是说，任何操作前都必须先选择，如果第一步选择错了，后面一切努力都是徒劳。（嗯，人生也是如此。）

选择一个单元格就点击一个单元格。

选择一行就单击行左边的行号。

选择一列就单击列上方的字母。

选择区域就抹黑选中。

选择连续的就按 Shift 键。

选择不连续的就按 Ctrl 键。

选择当前到该列数据末尾处就使用快捷键“Ctrl+Shift+ 向下键”。

选择当前到该行数据末尾处就使用快捷键“Ctrl+Shift+ 向右键”。

全选就使用快捷键“Ctrl+A”。

以上这些选择太简单了，下面讲一讲值得一提的一些特殊选择。

如果你的 Excel 中有大量的图形对象，如图 1-4 所示，有很多箭头图形，需要全部选中删除，该怎么做呢？很多人都是一个个选择，选一个删一个，一边删一边抱怨：真麻烦啊！

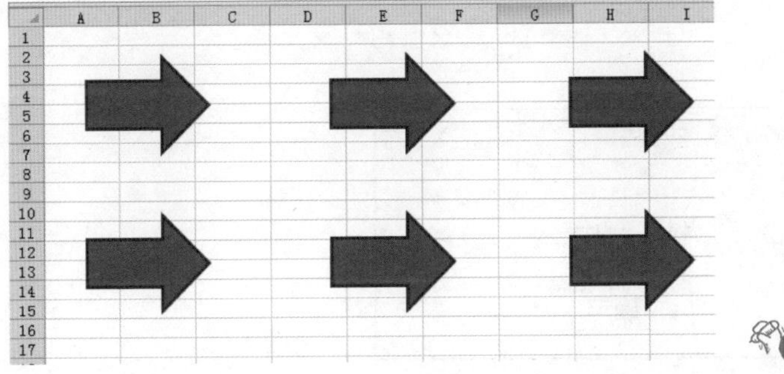

图 1-4

其实你可以选择其中一个箭头图形，然后使用快捷键“Ctrl+A”。

Excel 中的特殊选择可以快速批量选择符合特定条件的单元格。

如图 1-5 所示，按 F5 键（有些电脑需要按“Fn+F5”）或者“Ctrl+G”，然后点击【定位条件】。在定位条件中选择【对象】就可以一次性将表中所有图形选中，然后按 Delete 键。

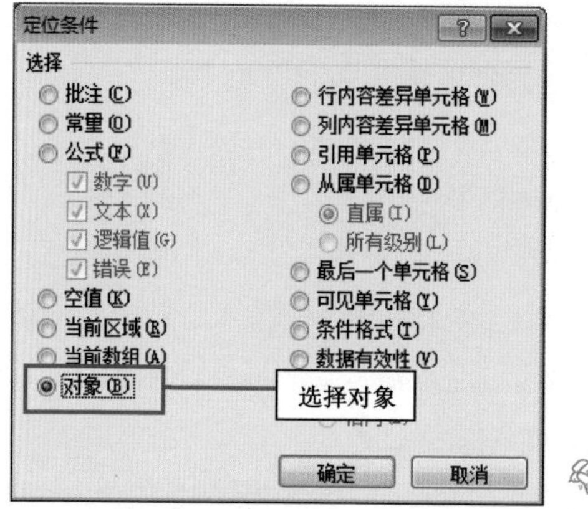

图1-5

定位条件就是指根据一些条件进行定位选择，不但可以选择对象，还可以批量选择公式、空值、批注等等。

当你将表格中所有图形都删除了，再按F5键定位条件选择对象，如图1-6所示，连Excel也会嘲笑你“找不到对象”。

第二章

从无到有：输入数据

数据输入看似简单、人人都会，实际上却很容易出错，后果那叫一个严重。你会输入长数字么？依次输入 1 到 10000 你要怎么做？怎样避免像数据录入员一样苦逼工作？……

一句话：“你必须非常努力，才能看起来毫不费力。”

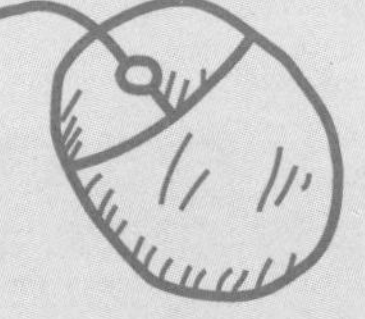

第 1 节 没有规矩，不成方圆：规范化输入

你会在 Excel 单元格里输入 18 位的身份证号吗?

你会在 Excel 单元格里输入“2013 年 3 月 12 日”这样的日期吗?

你会在 Excel 单元格里输入“1/2”这样的分数吗？

试试看，能同时将上述三种数据正确输入的人不多。

数据输入看似简单、人人都会，在实际操作中却很容易出错，后果也非常严重，不解决这个问题就没办法做后续的工作，公式函数、数据分析、图表等操作都将因为错误的数据源而导致错误的结果。

如图 2-1 所示，在单元格中输入身份证号，结果莫名其妙，单元格中最后几位数字显示为“E+17”，编辑栏上显示“000”。

B2 fx 310103198711231000

	A	B
1	实际输入	显示的结果
2	310103198711231234	3.10103E+17

图 2-1

	A	B
1	实际输入	三十天后的日期
2	2013.3.12	#VALUE!
3	Mar-12,2013	#VALUE!
4	20130312	20130342

图 2-2

试想你是一位人事部的员工，认认真真、勤勤恳恳用了一个上午的时间录入几百个同事的身份证号，到中午才突然发现身份证后面几位变成了“0”，并且这个错误不可逆转，不能用公式函数或格式转换成正确的身份证号，你该怎么办呢？你唯一能做的就是“推倒重做”。

如图 2-2 所示，输入日期有的是“2013.3.12”，有的是“Mar-12,2013”，有的是“20130312”，这样会有什么问题吗？我们把这些日期全部加 30 天的话运算结果显示如 B 列的错误——“亲，请到 2013 年 3 月 42 日过来领下工资！”

如图 2-3 所示，输入 1/2 总是变为 1 月 2 日，难道得在输入 1/2 时画一个文本框，上面输入 1，下面输入 2，中间再画一横杠才行？

	A
1	1月2日
2	$\frac{1}{2}$
3	

图 2-3

A2 ’310101031987112312 34

	A	B	C	D
1	身份证号			
2	’310101031987112312 34			
3				

图 2-4

下面介绍正确的数字输入方法。

1. 输入长数字

Excel 默认是这样处理长数字的：超过 11 位，显示为科学记数法；超过 15 位，第 15 位后面的数字自动转为 0。

类似于身份证号、银行卡号、手机号码，这些数字通常是不需要进行计算的，不可能将一个人的身份证号加上另一个人的身份证号，也不需要计算手机号码的平均值，这些长数字在 Excel 中应该作为文本来处理。数字作文本处理一般可用以下两种方法。

方法一：如果在某一个单元格中需要输入长数字，在输入身份证号之前先输入一个英文状态的单引号，即将该数字作文本处理，如图 2-4 所示。

方法二：如果某一列均要输入身份证号，可以预先将该列设为文本，这样可以不用一个个输入单引号。具体操作方法如图 2-5 所示：选择整列，然后使用快捷键“Ctrl+1”，调出【设置单元格格式】，在【数字】选项卡中选择【文本】。

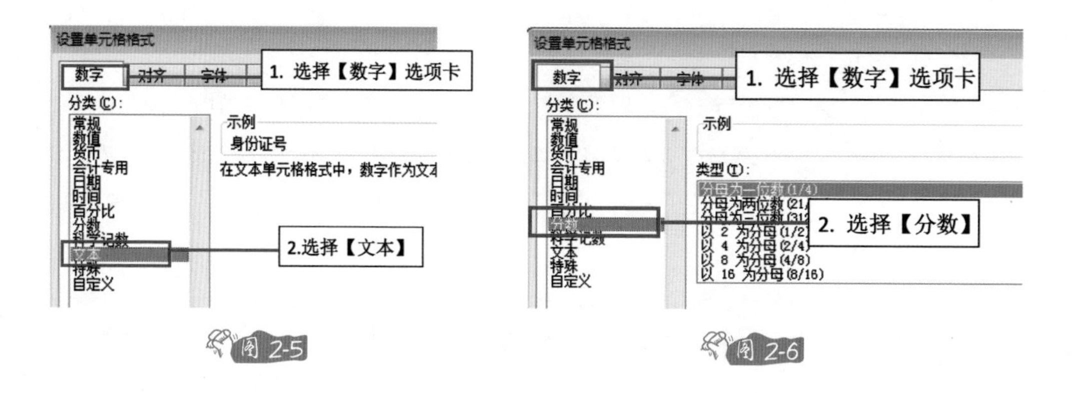

图 2-5　　　　图 2-6

即使是输入短数字，例如“000123”，也通常默认显示为“123”。要完整显示前面的“000”，你也可以用上述两个方法将数字作文本处理，类似的还有邮政编码、电话号码。

2. 输入日期

日期输入比较常见，有两种常用的正确格式：“2013-3-12”和“2013/3/12”。

你会发现，将日期以这两种格式输入单元格后，往往只能显示成一种格式——是的，Excel 会给你来个“自动更正”，只显示成某一种日期格式，至于是以何种格式显示，可以在【控制面板】【区域和语言】【格式】选项卡中进行设置。

3. 输入分数

在 Excel 单元格中输入小数，如果想显示为分数，有以下两个方法。

方法一：输入“0 1/2”，在数字 0 后面有一个空格，也就是“0”、空格，再输入 1/2。

方法二：使用快捷键“Ctrl+1”，在【设置单元格格式】框中设置，如图 2-6 所示。

第 2 节 大批量生产：快速输入相同内容

在输入数据的时候，经常会有大量重复出现的内容，比如登记员工信息，假设籍贯都是“北京”，如果一个个输入很是浪费时间，复制粘贴也不是很好的办法，常见的方法就是输入第一个值之后，鼠标移到单元格右下角，指针变为小黑十字时向下拖动，这样就可以快速填充了，如下图 2-7 所示。

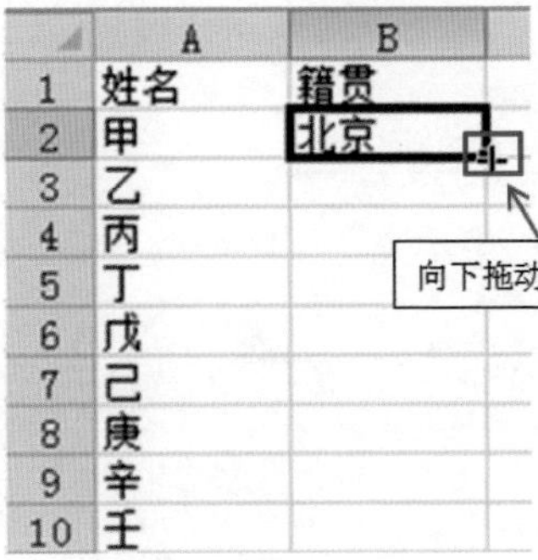

	A	B
1	姓名	籍贯
2	甲	北京
3	乙	
4	丙	
5	丁	
6	戊	
7	己	
8	庚	
9	辛	
10	壬	

图 2-7

	A	B
1	姓名	籍贯
2	甲	北京
13793	乙	
13794	丙	
13795	丁	
13796	戊	
13797	己	
13798	庚	
13799	辛	
13800	壬	

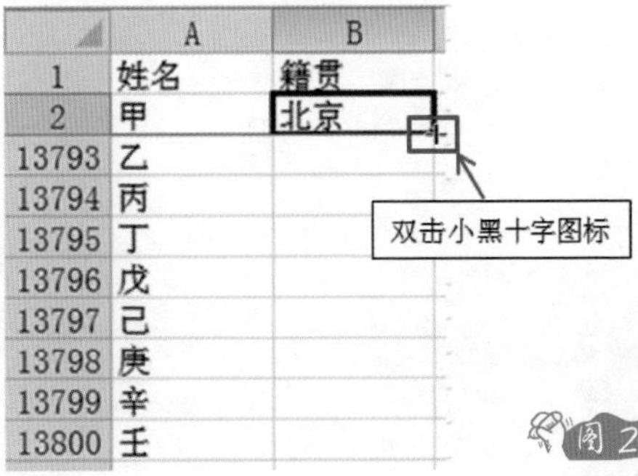

图 2-8

如果数据区域范围比较大，如图 2-8 所示，上万行数据向下拖动也不方便，可以将鼠标放在单元格右下角，当指针变为小黑十字时，双击。

如果有多个区域需要分别填充内容，如图 2-9 所示，假设数据有上万行，一次又一次地双击也显得笨拙了点。

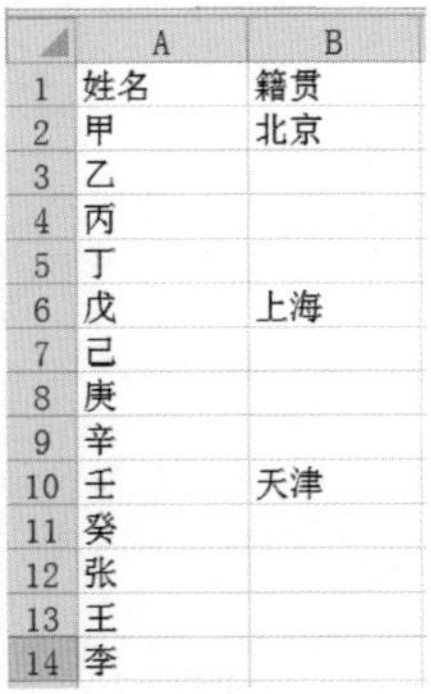

	A	B
1	姓名	籍贯
2	甲	北京
3	乙	
4	丙	
5	丁	
6	戊	上海
7	己	
8	庚	
9	辛	
10	壬	天津
11	癸	
12	张	
13	王	
14	李	

图 2-9

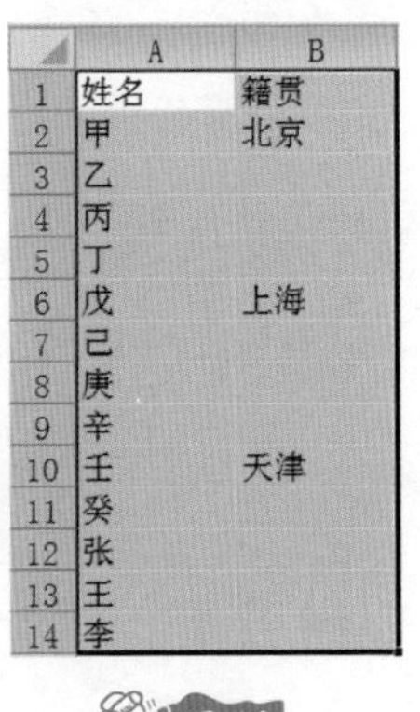

	A	B
1	姓名	籍贯
2	甲	北京
3	乙	
4	丙	
5	丁	
6	戊	上海
7	己	
8	庚	
9	辛	
10	壬	天津
11	癸	
12	张	
13	王	
14	李	

图 2-10

跟着我，可以像下面这样快速处理。

第一步：如图 2-10 所示，单击 A1，然后使用快捷键“Ctrl+A”，目的是全选数据。

第二步，按F5键或使用快捷键“Ctrl+G”，选择【定位条件】，然后点击【空值】，确定，目的是选择所有空值。

第三步：如图 2-11 所示，在编辑栏输入公式“=B2”，然后“Ctrl+ 回车键”，目的是批量填充。

使用快捷键“Ctrl+~”，可看到公式，如图 2-12 所示：

VLOOKUP =B2

输入公式“=B2”，然后 CTRL+回车键

	A	B
1	姓名	籍贯
2	甲	北京
3	乙	=B2
4	丙	
5	丁	
6	戊	上海
7	己	
8	庚	
9	辛	
10	壬	天津
11	癸	
12	张	
13	王	
14	李	

图 2-11

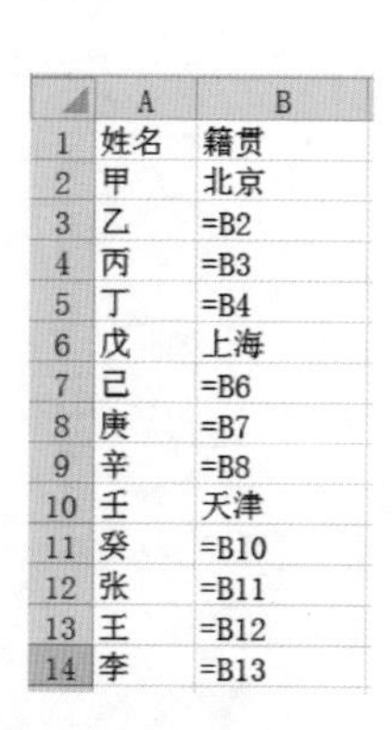

	A	B
1	姓名	籍贯
2	甲	北京
3	乙	=B2
4	丙	=B3
5	丁	=B4
6	戊	上海
7	己	=B6
8	庚	=B7
9	辛	=B8
10	壬	天津
11	癸	=B10
12	张	=B11
13	王	=B12
14	李	=B13

图 2-12

其中，上述公式中，“Ctrl+ 回车键”为批量填充，我们可以在一张新表中做如下练习，这有助于理解。

如图2-13所示，选择A2:A10，编辑栏中输入“女”，然后“Ctrl+ 回车键”。

填充效果如图 2-14 所示。

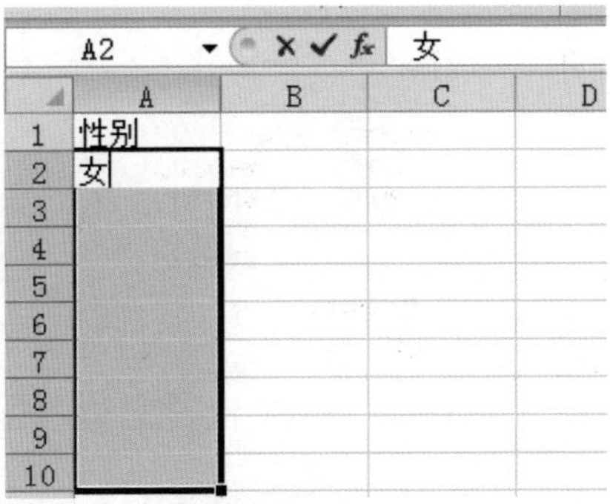

图 2-13

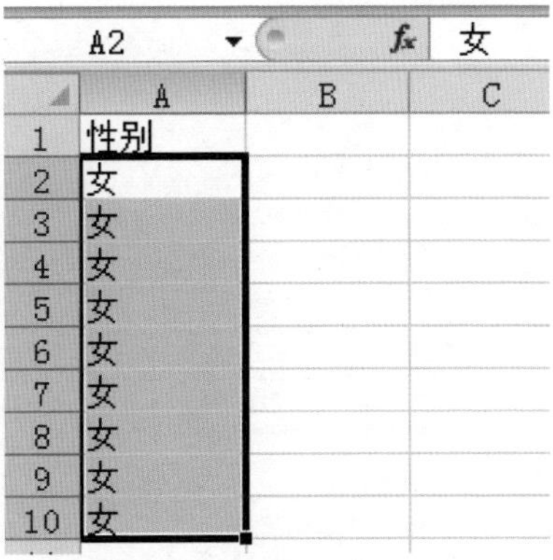

图 2-14

第3节 从一到万：快速填充序列

如果想在单元格A1到单元格A10中依次输入编号1～10，该如何操作？非常简单，鼠标移动到A1右下角，当指针变成小黑十字的时候按Ctrl键向下拖动。

如果想在单元格A1到单元格A10000中依此输入1～10000呢？如果你还是“坚定不移”地一直拖动到10000行，我不得不夸你一句：你好有毅力哦。

其实可以用填充序列来解决此类问题，具体操作如下。

步骤一：在A1单元格中输入1，然后选择A1，点击【开始】选项卡，在【编辑】组点击【填充】下拉列表中的【系列】。如图2-15所示。

步骤二：在弹出的【序列】对话框中，如图2-16所示进行设置。

实际工作中，你遇到的问题可能和书上的知识、老师讲的内容、网络上学来的方法有所区别，但原理、规律是不变的。

假设你要做一张年度排班表，需要按顺序输入“2014-1-1”至

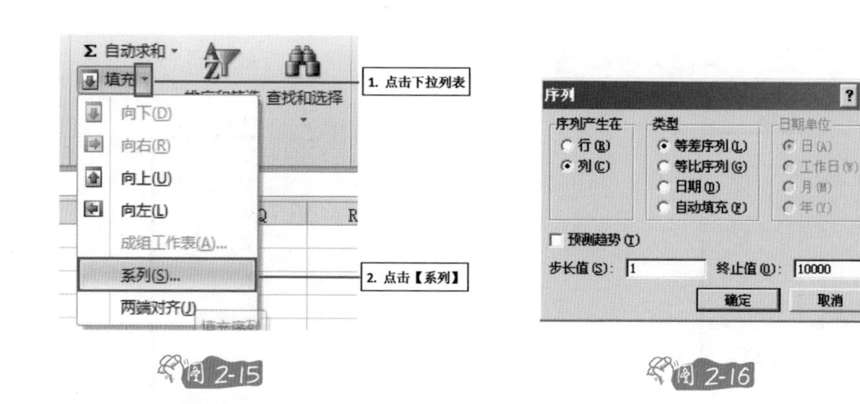

图 2-15　　　　图 2-16

"2014-12-31"，且周六、周日除外，你该怎么做呢？如果先输入"2014-1-1"，然后向下拖动，却发现很难精准填充。即使准确地填充好了，还得想办法用函数找出周六、周日再手动一个个剔除，这得浪费多少宝贵的时间？

我们还可以用刚才的方法，点击【开始】选项卡，在【编辑】组点击【填充】下拉列表中的【系列】，在出现的【序列】对话框中如图 2-17 所示进行设置。

动手试一试，怎么样，是不是比一个个输入快很多？

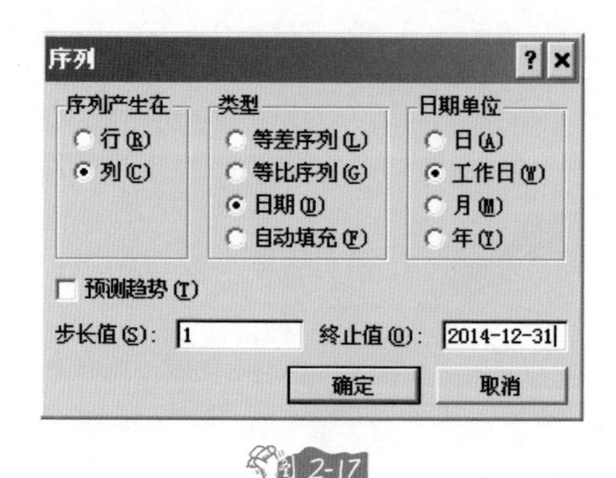

图 2-17

第4节 生得随机："RANDBETWEEN ()"

遇到问题时很多人会在网上向人请教，当文字描述不准确时通常需要上传附件。这时候，就有人不小心将自己正在做的表格一股脑儿全部上传到网上，这下子公司的机密数据一下子被全世界的人都知道了，后果多严重啊！

正确的处理方式是：首先你可以简化一下表格，只上传一个表的结构，然后随机输入些数据，"RANDBETWEEN ()"就可以生成一些模拟数据。

假如你想上网请教关于统计工资平均值的问题，如图 2-18 所示，图中是真实数据。

简化过的表格应该是这样，如图 2-19 所示。

	A	B	C	D	E	F
1	员工编号	部门	姓名	性别	年龄	工资
2	a01342	业务部	付嘉明	男	22	19481
3	a23128	业务部	杨小波	男	23	14274
4	a98734	办公室	程国旗	男	25	5671
5	a32126	办公室	郁雷亮	男	19	15461
6	a34568	办公室	孙洪涛	男	24	11845
7	a53245	业务部	车玉荣	女	18	13286
8	a78956	业务部	王凤	女	20	6792
9	a23547	办公室	刘莉	女	19	7253
10	a87452	综合部	张秋	女	20	11453
11	a78533	综合部	贾真珍	女	21	16375
12	a74432	综合部	徐鸣	男	20	5096

图 2-18

	A	B
1	姓名	工资
2	甲	5312
3	乙	5810
4	丙	8693
5	丁	4771
6	戊	4231
7	己	6241
8	庚	6959
9	辛	5407
10	壬	6235

图 2-19

为了快速输入测试数据，使用"RANDBETWEEN ()"可以简化你的步骤，操作步骤如下。

如图 2-20 所示，选择 B2:B10，输入"=RANDBETWEEN(2000,10000)"，然后"Ctrl+ 回车键"，这样就在 B2:B10 输入 2000 到 10000 的随机数。括号里面的 2000 和 10000 可以换成其他任意数字，分别代表范围内的最小值和最大值，也就是你设置生成随机数值的界限。

使用"RANDBETWEEN ()"函数生成的数据在表格每次重算时会导致数据更新，如果不想更新，可以复制，选择性粘贴成值，以避免这种问题。

VLOOKUP	=RANDBETWEEN(2000,10000)				
	A	B	C	D	E	F
1	姓名	工资				
2	甲	=RANDBETWEEN(2000,10000)				
3	乙					
4	丙					
5	丁					
6	戊					
7	己					
8	庚					
9	辛					
10	壬					

图 2-20

第 5 节 一劳永逸：自定义序列

有一个工种叫做数据录入员，他们主要的工作就是把乱七八糟的数据输到电脑里。在输入过程中，当遇到数据是有规律的，大可不必老老实实一个个地录入，我们可以利用 Excel 自带的自定义序列，只输入第一个值，然后向下拖动填充单元格，Excel 会自动帮你完成。

比如需要在 A1:A7 中输入星期序列，只需输入 Sunday，然后填充就行。具体操作如图 2-21 所示。

再比如输入月份，也可以这样操作，如图 2-22 所示，在 B1 单元格中先输入“January”，然后向下填充。

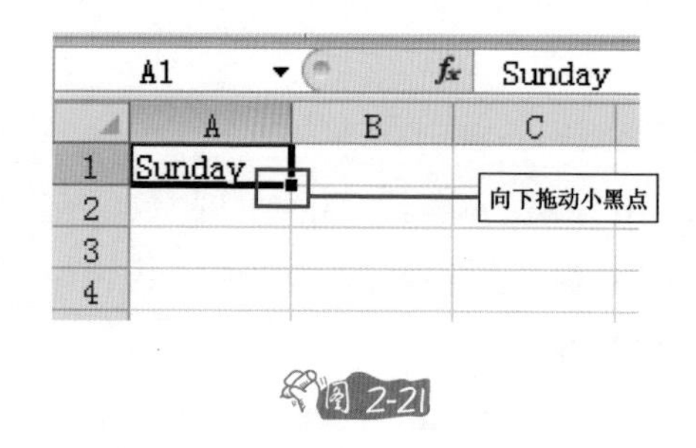

图 2-21

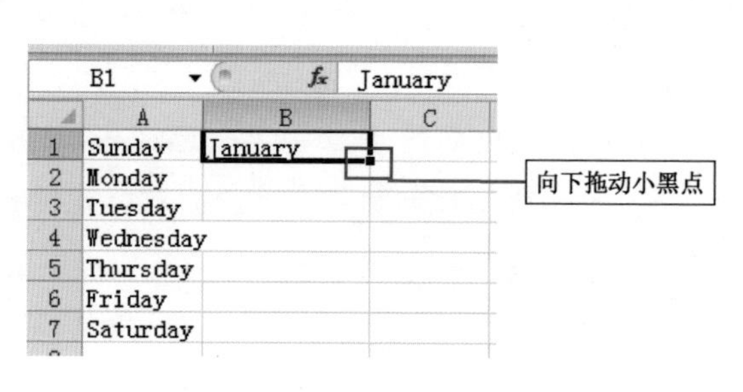

图 2-22

有些数据虽然也有规律，但并不能直接向下填充。比如需要输入字母A～Z，如果输入A后向下填充，结果却出人意料，全是字母A，这是怎么回事呢？

原来，Excel将一些常用的词条添加到自定义列表中，如果自定义列表中不存在你想要的词条序列，则可以手动设置添加，辛苦一次，把它加到列表中，就可以一劳永逸。

下面是具体的操作方法。

步骤一：点击【文件】，然后点击【选项】。

步骤二：点击【高级】，然后将右边的滚动条拖动到最末尾，找到并点击【编辑自定义列表】，如图2-23所示。

步骤三：如图2-24所示，在弹出的【自定义序列】中，左边选择【新序列】，右边输入序列“A,B,C,D……”，需要注意的是，中间用英文逗号或回车符隔开，然后点击【添加】。

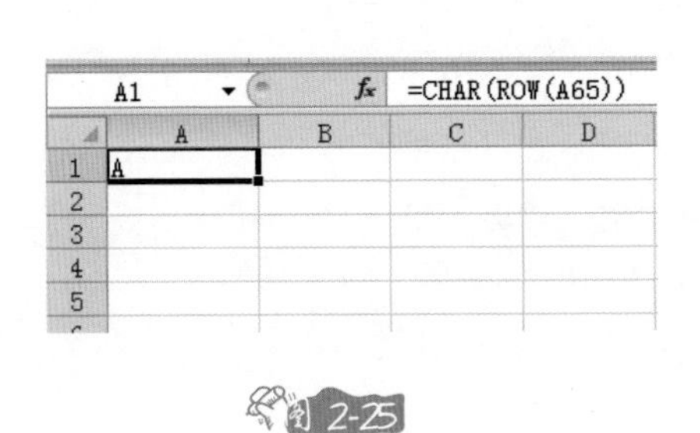

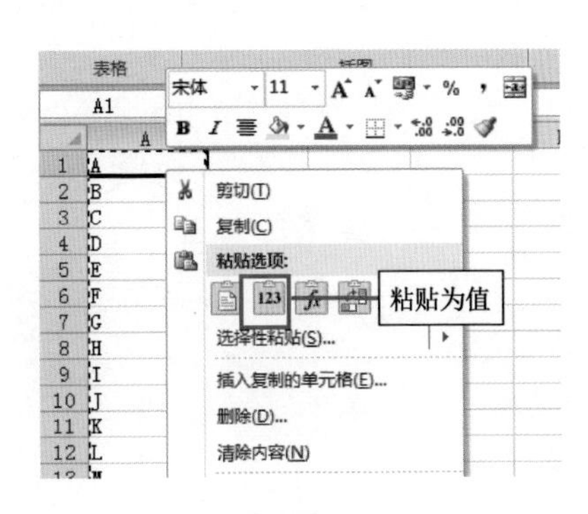

这时，新的问题又出现了：难道 A ~ Z 需要手动一个个地输入吗?

我们可以使用函数：如图 2-25 所示，在 A1 单元格输入 “=CHAR(ROW(A65))”，然后填充到单元格 A26。利用字母对应的 ASC 码返回字母，这样 A1:A26 就是 A 到 Z 的 26 个字母。

接下来，将 A1:A26 选中，复制，右击，点击【选择性粘贴值】，如图 2-26 所示。这样做的目的是将其中的公式删除，将单元格中的内容变为真正的字母。

然后在编辑【自定义序列】列表中选择区域，如图 2-27 所示，也就是说，如果 A1:A26 已经有数据，可以将数据导入。

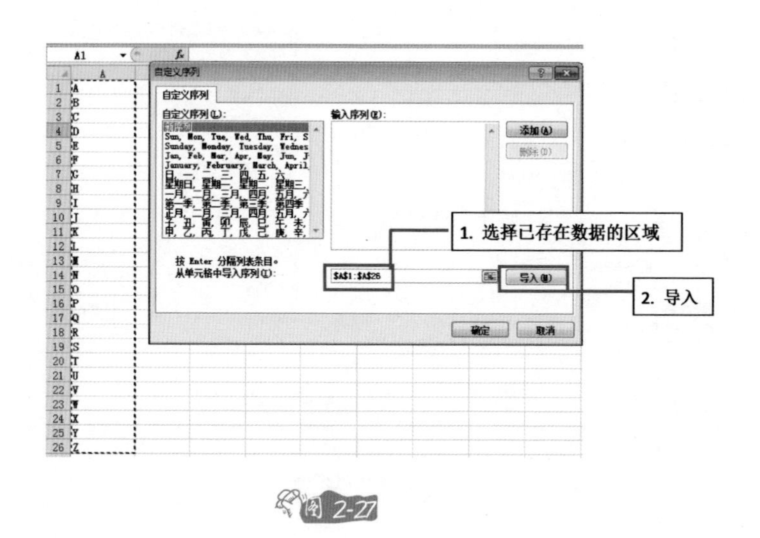

图 2-27

以上操作印证了一句名言：“你必须非常努力，才能看起来毫不费力。”

初学者如果没有学过函数，看不懂“=CHAR(ROW(A65))”，也就没办法很快地输入字母 A ~ Z，下一节将介绍一种特殊方法，希望给大家一些启发，对于初学者来说也相对简单实用、容易上手。

第6节 投机取巧：数据处理比数据输入更有效

对那些需要经常将各种数据输入Excel中的朋友，友情提醒一句：数据处理比数据输入快很多。找到数据内容的规律，就可以进行数据处理，而不用一个个手工输入，“狠狠偷懒”。

这样做的前提是数据内容要有一定的规律。比如人事部需要将身份证号、性别、出生年月信息录入到Excel中，每个人身份证号都不一样，也没什么规律，那就必须一个个输入，一万名员工就要输入一万次。但是性别、出生年月完全可以通过身份证进行提取，也就是说B列、C列数据如果有一万行，是不需要输入一万次的，只需设置相应的公式函数，然后向下拖动。

也有一些规律是不明显的，比如需要输入上海各个行政区，如徐汇区、闵行区、黄浦区、长宁区……这时摆在录入员面前主要有两个问题：一是一个个输入太麻烦；二是不知道上海有哪些行政区。这时我们需要一点“投机取巧”。打字再快也没有电脑处理快呀。

可以这样做：先上网搜索，输入关键词“上海市行政区”。如果运气好，有类似于表格的数据，我们就可以复制，直接粘贴；就算没有找到合适的，例如只搜到如图2-28所示的数据，也可以先复制到Excel中，然后再进行数据处理。

以上数据复制进Excel之后的效果如图2-29所示。

黄浦区。面积12平方千米，人口 62万。邮政编码200001。区人民政府驻延安东路300号。
卢湾区。面积8平方千米，人口 33万。邮政编码200020。区人民政府驻重庆南路139号。
徐汇区。面积55平方千米，人口 89万。邮政编码200030。区人民政府驻漕溪北路336号。
长宁区。面积38平方千米，人口 62万。邮政编码200050。区人民政府驻愚园路1320号。
静安区。面积8平方千米，人口 32万。邮政编码200040。区人民政府驻常德路370号。
普陀区。面积55平方千米，人口 85万。邮政编码200333。区人民政府驻大渡河路1668号。
闸北区。面积29平方千米，人口 71万。邮政编码200070。区人民政府驻大统路480号。
虹口区。面积23平方千米，人口 79万。邮政编码200080。区人民政府驻飞虹路518号。
杨浦区。面积61平方千米，人口108万。邮政编码200082。区人民政府驻江浦路549号。
闵行区。面积372平方千米，人口 75万。邮政编码201100。区人民政府驻莘庄镇沪闵路6258号。
宝山区。面积415平方千米，人口 85万。邮政编码201900。区人民政府驻密山路5号。
嘉定区。面积459平方千米，人口 51万。邮政编码201800。区人民政府驻博乐南路111号。
浦东新区。面积523平方千米，人口177万。邮政编码200135。区人民政府驻世纪大道2001号。
金山区。面积586平方千米，人口 53万。邮政编码200540。区人民政府驻金山大道2000号。
松江区。面积605平方千米，人口 51万。邮政编码201600。区人民政府驻园中路1号。
青浦区。面积676平方千米，人口 46万。邮政编码201700。区人民政府驻公园路100号。
南汇区。面积688平方千米，人口 70万。邮政编码201300。区人民政府驻临港新城申港大道200号。
奉贤区。面积687平方千米，人口 51万。邮政编码201400。区人民政府驻南桥镇解放中路。
崇明县。面积1041平方千米，人口 64万。邮政编码202150。县人民政府驻城桥镇人民路68号。

图2-28

	A	B	C	D	E	F	G	H
1	黄浦区。面积12平方千米，人口 62万。邮政编码200001。区人民政府驻延安东路300号。							
2	卢湾区。面积8平方千米，人口 33万。邮政编码200020。区人民政府驻重庆南路139号。							
3	徐汇区。面积55平方千米，人口 89万。邮政编码200030。区人民政府驻漕溪北路336号。							
4	长宁区。面积38平方千米，人口 62万。邮政编码200050。区人民政府驻愚园路1320号。							
5	静安区。面积8平方千米，人口 32万。邮政编码200040。区人民政府驻常德路370号。							
6	普陀区。面积55平方千米，人口 85万。邮政编码200333。区人民政府驻大渡河路1668号。							
7	闸北区。面积29平方千米，人口 71万。邮政编码200070。区人民政府驻大统路480号。							
8	虹口区。面积23平方千米，人口 79万。邮政编码200080。区人民政府驻飞虹路518号。							
9	杨浦区。面积61平方千米，人口108万。邮政编码200082。区人民政府驻江浦路549号。							
10	闵行区。面积372平方千米，人口 75万。邮政编码201100。区人民政府驻莘庄镇沪闵路6258号。							
11	宝山区。面积415平方千米，人口 85万。邮政编码201900。区人民政府驻密山路5号。							
12	嘉定区。面积459平方千米，人口 51万。邮政编码201800。区人民政府驻博乐南路111号。							
13	浦东新区。面积523平方千米，人口177万。邮政编码200135。区人民政府驻世纪大道2001号。							
14	金山区。面积586平方千米，人口 53万。邮政编码200540。区人民政府驻金山大道2000号。							
15	松江区。面积605平方千米，人口 51万。邮政编码201600。区人民政府驻园中路1号。							
16	青浦区。面积676平方千米，人口 46万。邮政编码201700。区人民政府驻公园路100号。							
17	南汇区。面积688平方千米，人口 70万。邮政编码201300。区人民政府驻临港新城申港大道200							

图2-29

这显然不是我们想要的数据，一个个剪贴出来那还不如自己输入！

下面详细介绍正确的处理步骤。

步骤一：选择A列，然后点击【数据】选项卡【数据工具】组，找到【分列】，如图2-30所示。

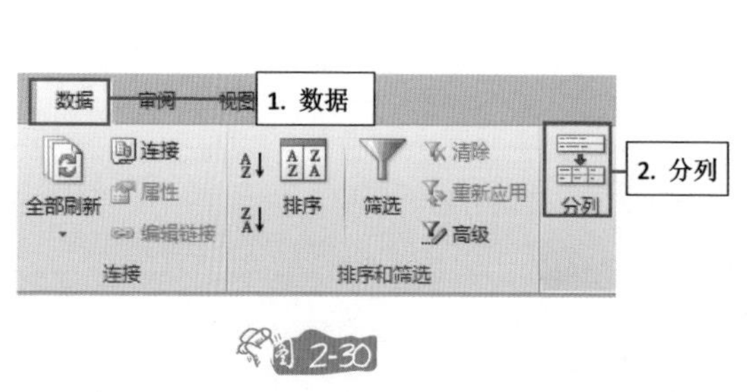

图2-30

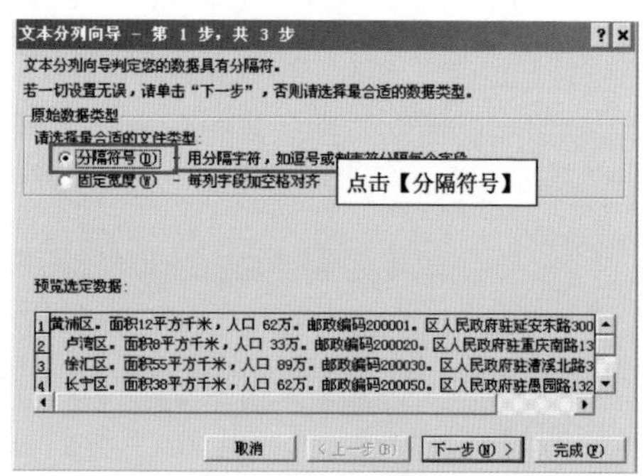

图2-31

步骤二：选择【分隔符号】。

如图2-31所示，如果原文是有符号隔开的，比如逗号、句号、空格，则选择【分隔符号】；如原文没有符号隔开，则可以选择【固定宽度】手动进行切割。这里因为原文是用符号隔开的，就选择【分隔符号】。

步骤三：如图2-32所示，分隔符号选择【其他】，在右边文本框输入句号，点击【下一步】，然后点击【完成】。

处理完后结果如图2-33所示：

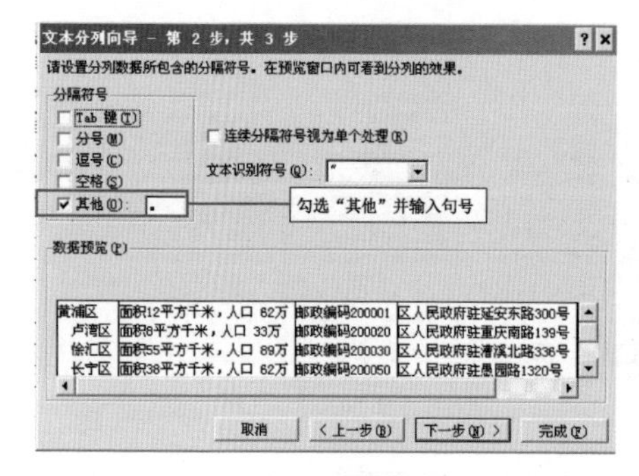

	A	B	C	D	E	F	G
1	黄浦区	面积12平方	邮政编码2	区人民政府			
2	卢湾区	面积8平方	邮政编码2	区人民政府			
3	徐汇区	面积55平方	邮政编码2	区人民政府			
4	长宁区	面积38平方	邮政编码2	区人民政府			
5	静安区	面积8平方	邮政编码2	区人民政府			
6	普陀区	面积55平方	邮政编码2	区人民政府			
7	闸北区	面积29平方	邮政编码2	区人民政府			
8	虹口区	面积23平方	邮政编码2	区人民政府			
9	杨浦区	面积61平方	邮政编码2	区人民政府			
10	闵行区	面积372平	邮政编码2	区人民政府			
11	宝山区	面积415平	邮政编码2	区人民政府			
12	嘉定区	面积459平	邮政编码2	区人民政府			
13	浦东新区	面积523平	邮政编码2	区人民政府			
14	金山区	面积586平	邮政编码2	区人民政府			
15	松江区	面积605平	邮政编码2	区人民政府			

接着，将B:D列删除，如果还有空格，再用“Ctrl+H”，将空格替换为空，大功告成。

下次当你需要输入上海市各个区，知道怎么处理了吧？你马上会想到，先搜索，再复制粘贴，再分列。方法并不是只有这一个，如果你经常需要输入上海市各个区，还可以自定义序列——还记得上一节中的自定义序列吗？

如图2-34所示，在出现的如下对话框中，点击【导入】，将上海各个行政区导入到Excel自定义列表中，以后只要输入任意一个区如“黄浦区”，向下拖动，就能自动填充上海所有的区，这样就能大大减少你的重复工作了！

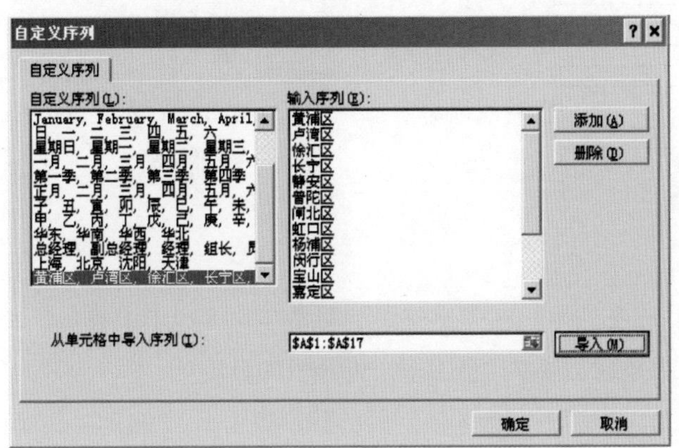

图2-34

第7节 想要出错不容易：数据有效性

人事部进行员工登记的时候，经常需要制作类似图2-35的表格。

如果不对表格事先进行一些限定，有可能输入者会犯些低级错误，比如工资不小心输入了一个负数，手机号不小心输入了12位。

怎么避免输入者犯这种看似低级但后果严重的常识性错误呢？这时就可以用到“数据有效性”。

数据有效性通常有两个作用，一是提高输入效率。比如性别，有人打字很慢，就可以做一个下拉列表，不需要打字，直接点击下拉列表进行选择就行。二是减少错误的发生。当设置数据有效性之后，手机号必须输入 11 位，否则就无法输入。

下面我们来看看数据有效性是怎么设置的。

先看 D 列，选择 D2：D10，点击。选择【数据】选项卡，在【数据工具】组中点击【数据有效性】，如图 2-36 所示。

图 2-35

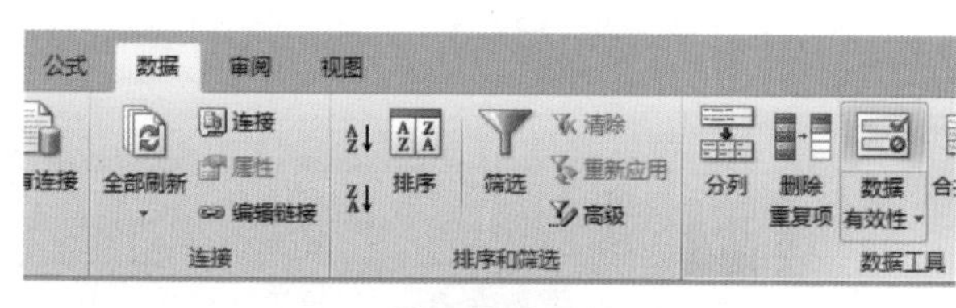

图 2-36

如图 2-37 所示，在弹出的如下对话框中选择【设置】，允许整数大于 1820，也就是说工资必须要高于上海最低工资。

如果输入明显不正确的值，如负数，或低于 1820，Excel 将出现以下警示对话框，如图 2-38 所示，直到你输入正确为止。

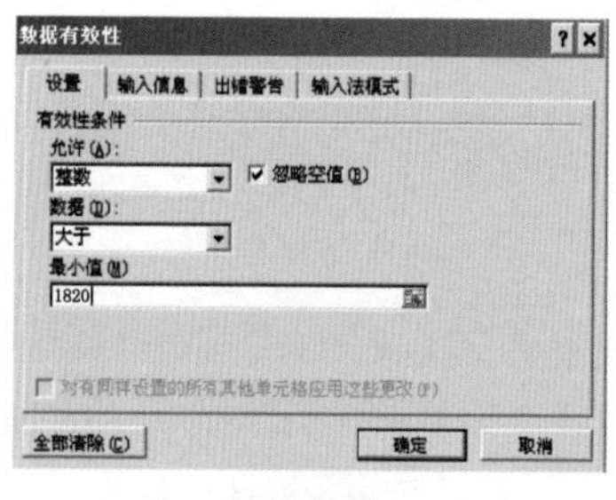

图 2-37

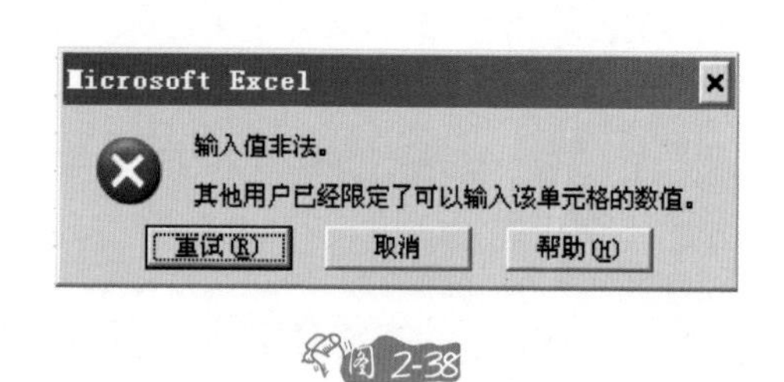

图 2-38

图 2-38 是 Excel 自带的出错警告信息，很多初学者看不懂，不知道这是什么情况，往往以为 Excel 程序坏了，系统坏了，电脑坏了……跑去重买

电脑，重装系统，重装 Office。折腾一番后这个问题依旧，怎么办呢？还是设置个人性化的出错警告信息吧。

在设置数据有效性的同时，我们还可以在【出错警告】选项卡中设置错误信息的提示，如图 2-39 所示。

以后输入错误的数值，就将显示如图 2-40 所示的警告信息，这样就知道出错原因在哪里了。

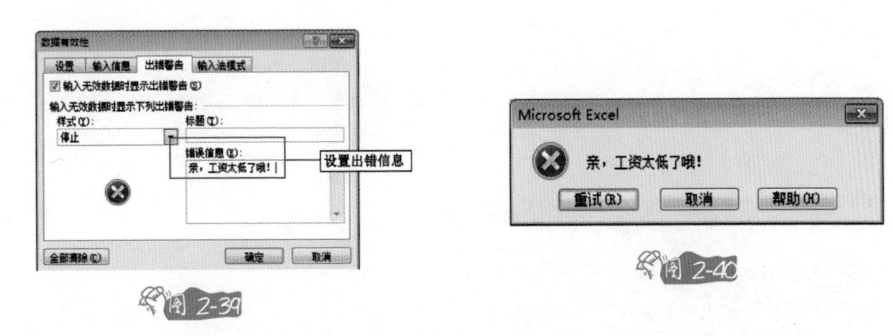

图 2-39　　图 2-40

接下来再看 C 列，我们也可以对它进行设置。众所周知，手机号一般是 11 位的，并且在 Excel 中是作文本处理的。我们可以如图 2-41 所示进行设置，将文本长度限定于 11 位。

这样一来，输入 10 位或 12 位数字都不可以，想错都错不了！为了增加趣味性，我们不妨在【出错警告】选项卡中进行一下设置，如图 2-42 所示。

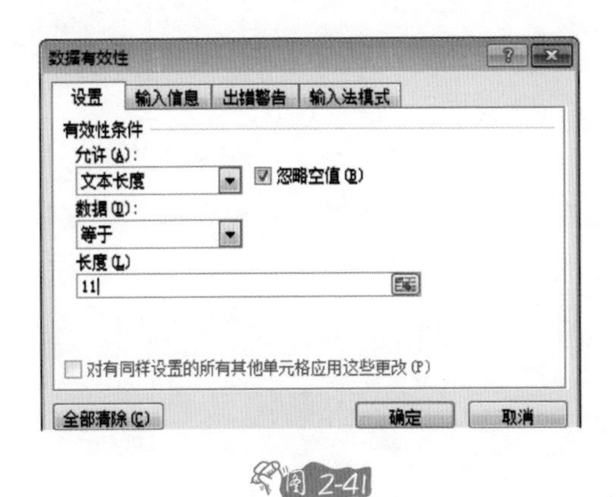

图 2-41

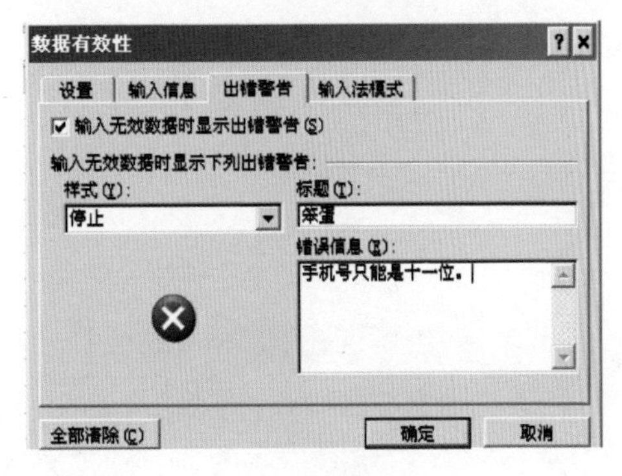

图 2-42

这样设置后，如果再输入 12 位的手机号，将立马弹出如图 2-43 所示的警告信息。

注意：警告信息是在【出错警告】选项卡中进行设置的，如果你是在【输入信息】选项卡中进行设置的话，两者看上去界面差不多，实际上差之毫厘，失之千里。

如图 2-44 所示，在【输入信息】选项卡进行设置。

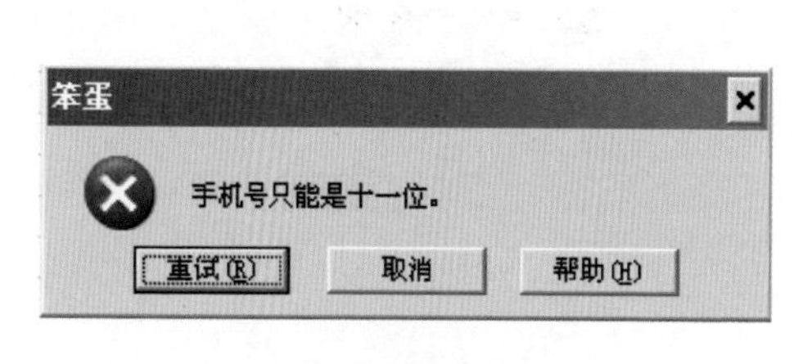

图 2-43

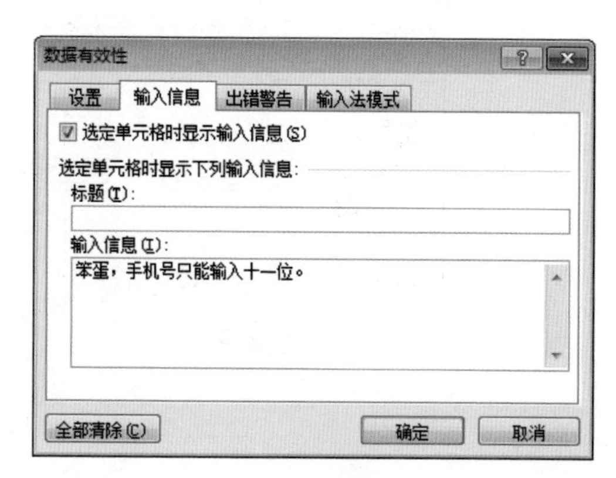

图 2-44

然后将鼠标移步到 C2 单元格，准备输入手机号时，将出现“笨蛋，手机号只能输入十一位”的提示信息。

这下你知道【出错警告】和【输入信息】之间的区别了吧？

【出错警告】是出错之后才会有提示信息。

【输入信息】是输入之前就会有提示信息。

言归正传，我们再来看 A 列，该列用来存储员工姓名，假设该列需要做一个提示让输入者输入中文名字，我们可以利用数据有效性设置一个提示信息。操作如下：选择 A2：A10，如图 2-45 所示，【数据】选项卡【数据工具】组中点击【数据有效性】，在弹出的对话框中选择【输入信息】选项卡，设置标题和输入信息。

最后再看 B 列，如图 2-46 所示，如果不事先进行设置，全国各地分公司就会有各种不同形式的性别数据，那不完全乱套了？该怎么办呢？

图 2-45

所以说还是得事先进行设置，让输入者在性别这一列中只能输入“男”或“女”，统一使用一种形式。

如图 2-47 所示进行操作。从单元格 B2 开始选择该列，【数据】选项卡【数据工具】组中，点击【数据有效性】。在【设置】中允许序列，来源中输入“男，女”，注意要使用英文逗号。

	A	B	C	D
1	姓名	性别	手机号	工资
2		男		
3		女		
4		第三性		
5		Female		
6		Male		
7		其他		
8		中性		
9				
10				

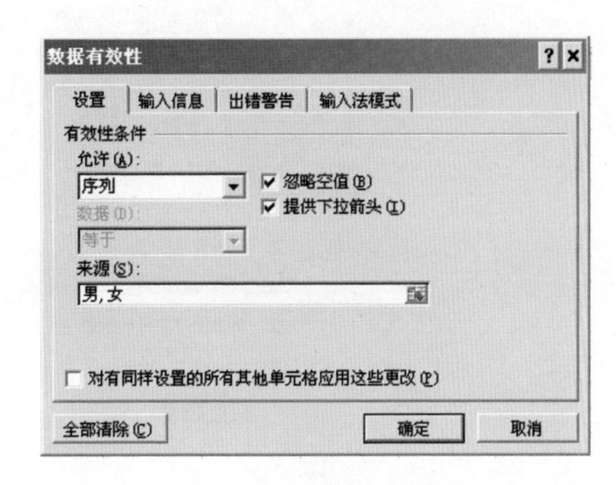

设置完后的效果如图 2-48 所示，B 列中产生一个下拉列表，对于打字慢的人来说这是一种福利，在输入性别时不需要打字了，直接点选一下就行。

如此这般设置，表格中“中性”“其他”“第三性”“Male”“Female”

	A	B	C	D
1	姓名	性别	手机号	工资
2		男		
3				
4		第三性		
5		Female		
6		Male		
7		其他		
8		中性		
9				
10				

图 2-48

仍然大量存在，这是怎么回事呢？注意，数据有效性是设置之后起作用的，也就是说，一般先设置数据有效性再输入数据，而不是输入数据之后再设置有效性。

如果需要在事先输入的内容中找出非法值，如图 2-48 中的 B 列只允许输入“男”或“女”，需要将不符合规范的数据全部显示出来，可以接图 2-47 所示操作之后，再按图 2-49 所示，点击【数据】选项卡，【数据工具】组中点击【数据有效性】，在下拉列表中选择【圈释无效数据】。

圈释之后的效果如图 2-50 所示，不符合条件的数据全都被圈选出来了。

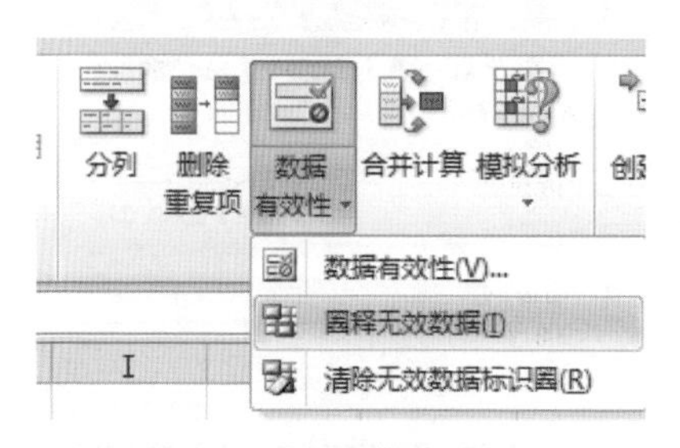

图 2-49

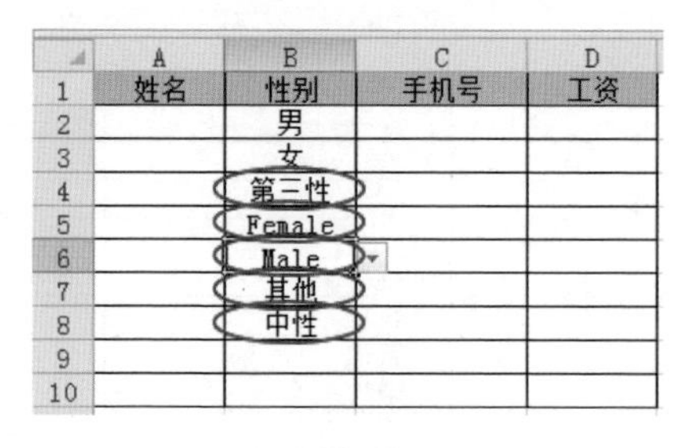

	A	B	C	D
1	姓名	性别	手机号	工资
2		男		
3		女		
4		第三性		
5		Female		
6		Male		
7		其他		
8		中性		
9				
10				

图 2-50

轻松一刻

中元节，月高风清的夜晚，偌大的办公室就剩新来的员工小王一个人在加班做表。在输入第 777 条记录的时候，只听“噔”的一声，突然弹出个对话框：“你输入的身份证位数不对，请检查！”小王吓得面如土色，大喊：“鬼呀！”夺门而出。哎，数据有效性害死人呀！ @officehelp

第三章

看上去很美：格式

我有两把“刷子”请你随便刷，我有一个样式保你遇变不惊，我能让你手动变自动，当然，给个条件我就变脸给你看……

不谢，我的名字叫“雷锋”，哦不，其实我的真名叫“格式”。

格式，就是指 Excel 工作表显示的状态。生活中，平时我们说“看上去很美”“显得很年轻”，并不是说真的美真的年轻，你懂的！同样，Excel 工作表单元格中看到数字 3，不一定就是 3，也可能是 3.1415926，看到数字 2，很有可能是“2.”。

字体的格式就不用多说了，如图 3-1 所示，改字体，改字号，加粗倾斜，“So easy”！

格式的对齐也不用多说了，如图 3-2 所示，缩进，合并居中，自动换行，“So easy”！

数字格式也不用多说了，如图 3-3 所示，百分号，千分隔，小数点，“So easy”！

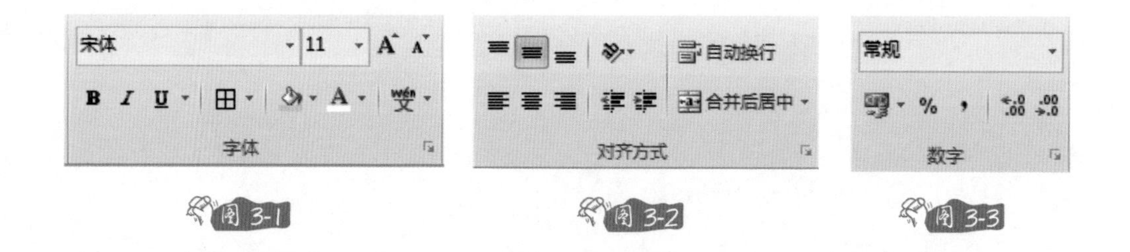

图 3-1　　图 3-2　　图 3-3

格式刷，样式，套用表格格式，条件格式以及自定义格式，这些可以说一说。下面我们就来聊一聊它们。

第1节 有两把刷子：格式刷

笔者一直认为Excel 2010是“有两把刷子”的，一把是“随便刷”，另一把是“反复刷”。

如图3-4所示，在【开始】选项卡【剪贴板】组中，通常能看到一个格式刷图标，这把“刷子”叫“随便刷”。

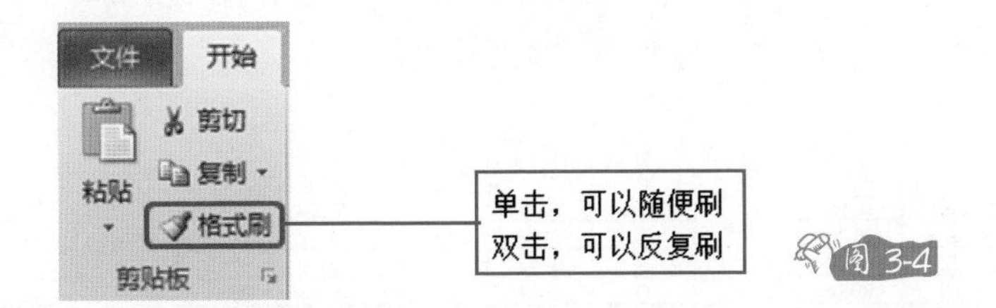

图3-4

关于格式刷的具体操作如下：如图3-5所示，选中有格式的单元格，然后点击“格式刷”，这时鼠标变成了刷子的形状，再用这个刷子刷另一个没有格式的单元格，单元格格式快速更改了。

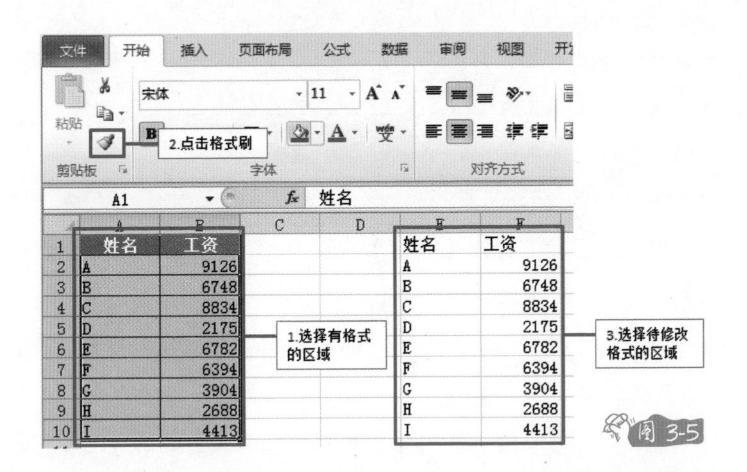

姓名	工资
A	9126
B	6748
C	8834
D	2175
E	6782
F	6394
G	3904
H	2688
I	4413

图3-5

但是，你会发现，这把“刷子”通常只能刷一次，如果需要多次使用格式刷，就要“反复刷”了。双击【格式刷】，就能连续反复使用，这就是我说的“反复刷”。

第2节 遇变不惊：样式

如果工作表中有好多个标题字段都需要改填充色为黄色，改文字为黑色、加粗，你肯定不想一个个地去设置格式，你会使用格式刷。好不容易一个个刷完了，上司又觉得改成蓝底白字效果更明显，你又得“反复刷”，一不小心就变成“油漆工”了！

如图 3-6 所示，标题字段需要改成黄底黑字，你会使用格式刷一个个刷吗？其实最担心的问题是需要反复修改。

	A	B	C	D	E	F	G	H	I	J	K
1	姓名	工资		姓名	工资		姓名	工资		姓名	工资
2	A	9126		A	9126		A	9126		A	9126
3	B	6748		B	6748		B	6748		B	6748
4	C	8834		C	8834		C	8834		C	8834
5	D	2175		D	2175		D	2175		D	2175
6	E	6782		E	6782		E	6782		E	6782
7	F	6394		F	6394		F	6394		F	6394
8	G	3904		G	3904		G	3904		G	3904
9	H	2688		H	2688		H	2688		H	2688
10	I	4413		I	4413		I	4413		I	4413

图 3-6

如何应对变化？这时，“样式”就能派上用场了。

样式可以看做是格式的集合。可以新建样式，将多种格式保存起来，方便以后套用样式和批量修改。

样式操作也非常简单，掌握以下几点即可。

1. 新建样式

如图 3-7 所示，点击【开始】选项卡，在【样式】组中，点击【单元格样式】，在出现的界面中，点击【新建单元格样式】。

在弹出的【样式】对话框中，输入样式名，然后点击【格式】进行格式的预设，如图 3-8 所示。

如图 3-9 所示，在弹出的【设置单元格格式】对话框中点击【填充】选项卡，设置填充色为黄色。

如图 3-10 所示，再点击【字体】选项卡，设置字形、字号、颜色，等等。

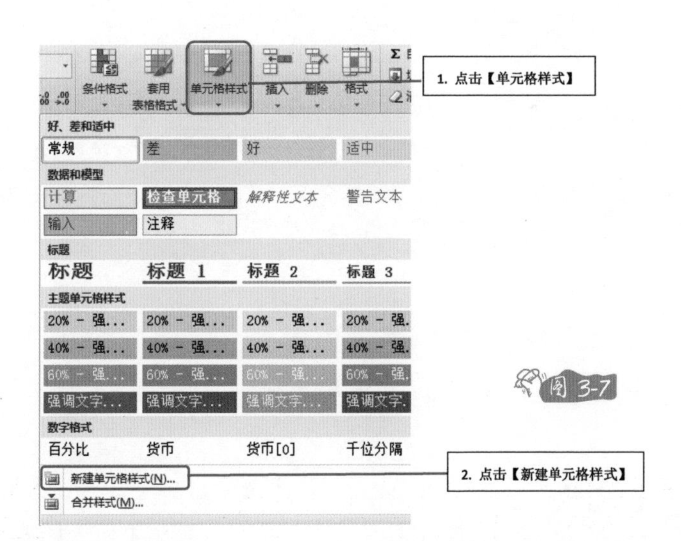

图 3-7

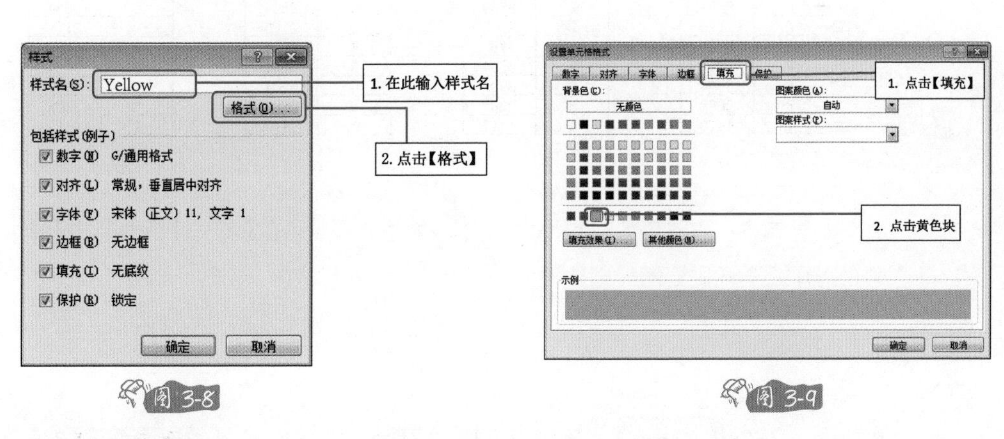

图 3-8

图 3-9

图 3-10

经过上述一系列操作，建立了一个名为“Yellow”的样式，该样式填充色为黄色，字体为黑色、加粗，字号为 12。

样式做好后，你会发现表格的标题并没有变化，仅仅是做了一个样式而已，也就是说，你仅是将一种格式的集合保存了下来，并没有应用到表格中去，那么，接下来该怎么应用呢?

2. 应用样式

需要将标题字段改为黄底黑字。

第一步：如图 3-11 所示，选择 A1:B1。

	A	B	C	D	E	F	G	H	I	J	K
1	姓名	工资		姓名	工资		姓名	工资		姓名	工资
2	A	9126		A	9126		A	9126		A	9126
3	B	6748		B	6748		B	6748		B	6748
4	C	8834		C	8834		C	8834		C	8834
5	D	2175		D	2175		D	2175		D	2175
6	E	6782		E	6782		E	6782		E	6782
7	F	6394		F	6394		F	6394		F	6394
8	G	3904		G	3904		G	3904		G	3904
9	H	2688		H	2688		H	2688		H	2688
10	I	4413		I	4413		I	4413		I	4413

图 3-11

第二步：如图 3-12 所示，点击【开始】选项卡，在【样式】组中点击【单元格样式】，找到刚才创建的名为“Yellow”的样式。

应用完之后，标题字段 A1:B1 套用过样式，效果如图 3-13 所示。

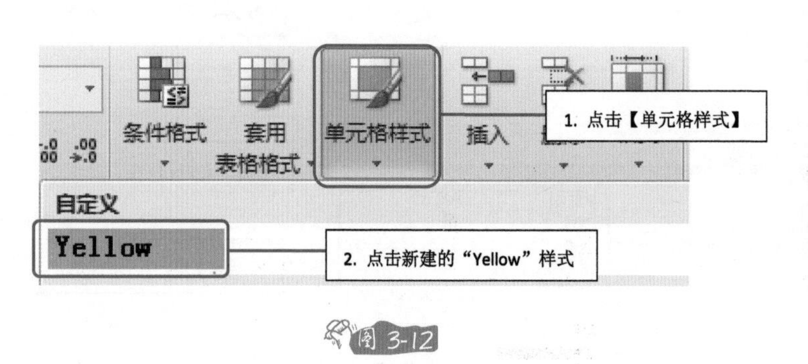

图 3-12

	A	B
1	姓名	工资
2	A	9126
3	B	6748
4	C	8834
5	D	2175
6	E	6782
7	F	6394
8	G	3904
9	H	2688
10	I	4413

图 3-13

第三步：使用 F4 键重复应用。如图 3-14 所示，选择 D1:E1，按 F4 键，选择 G1:H1，按 F4 键，选择 J1:K1，按 F4，标题字段都设置格式了。

	A	B	C	D	E	F	G	H	I	J	K
1	姓名	工资		姓名	工资		姓名	工资		姓名	工资
2	A	9126		A	9126		A	9126		A	9126
3	B	6748		B	6748		B	6748		B	6748
4	C	8834		C	8834		C	8834		C	8834
5	D	2175		D	2175		D	2175		D	2175
6	E	6782		E	6782		E	6782		E	6782
7	F	6394		F	6394		F	6394		F	6394
8	G	3904		G	3904		G	3904		G	3904
9	H	2688		H	2688		H	2688		H	2688
10	I	4413		I	4413		I	4413		I	4413

图 3-14

F4 键的作用是重复上一次的操作。如果设置字体格式，上一次操作是“加粗”，选择区域，按 F4 键即执行“加粗”的操作；如果上一次操作是“倾斜”，按 F4 键即执行“倾斜”的操作。如果你先执行“加粗”再执行“倾斜”，则按 F4 键只执行最后一次的操作，也就是“倾斜”。

3. 修改样式

或许你会困惑：不新建样式不也可以使用格式刷“随便刷”“反复刷”吗，为什么我还要建立样式呢？其实样式的好处主要体现在批量修改。

当 Excel 中所有标题字段都用过样式，被你改填充色为黄色，字体为黑色、加粗，字号为 12 号，这时候，老板突然在背后出现了……

他明确告诉你：这些单元格改填充色为蓝色，字体为白色、加粗，字号为 10 号，他觉得这样改要好看些。早知道他会提意见，你就该使用样式，这样你就不用格式刷一个个刷了，也不需要按 Ctrl 键一个个选择，你只需修改一下样式。这对于样式来说是一个小小的改变，对于表格来说则是一个大大的改变。整张表中只要应用过样式的单元格将全部被修改，具体操作如下。

如图 3-15 所示，点击【开始】选项卡，点击【样式】组，点击【单元格样式】，右击刚才设置过的“Yellow”样式，点击【修改】，再设置填充色为蓝色，字白色、加粗，字号为 10 号。

如此一来，这些单元格的格式全部变过来了，如图 3-16 所示。

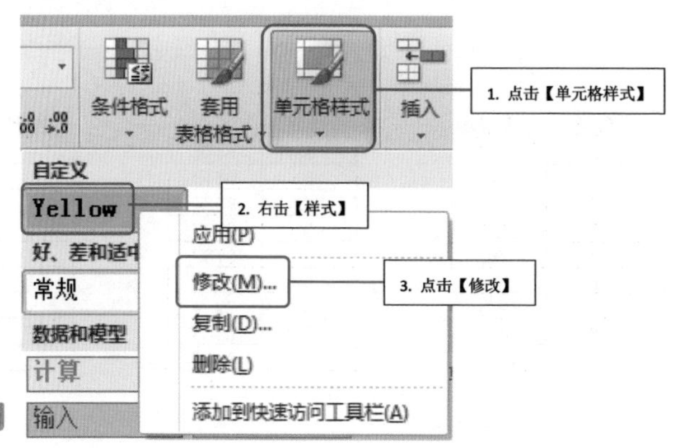

图 3-15

	A	B	C	D	E	F	G	H	I	J	K
1	姓名	工资		姓名	工资		姓名	工资		姓名	工资
2	A	9126		A	9126		A	9126		A	9126
3	B	6748		B	6748		B	6748		B	6748
4	C	8834		C	8834		C	8834		C	8834
5	D	2175		D	2175		D	2175		D	2175
6	E	6782		E	6782		E	6782		E	6782
7	F	6394		F	6394		F	6394		F	6394
8	G	3904		G	3904		G	3904		G	3904
9	H	2688		H	2688		H	2688		H	2688
10	I	4413		I	4413		I	4413		I	4413

图 3-16

第3节 手动变自动：套用表格格式

单元格样式只适用于单元格，针对于表格的格式并不适用。

假如你有如图 3-17 所示这样的几十张表格，从未设置过格式。

	A	B	C	D	E	F	G	H	I	J	K
1	姓名	工资		姓名	工资		姓名	工资		姓名	工资
2	A	9126		A	9126		A	9126		A	9126
3	B	6748		B	6748		B	6748		B	6748
4	C	8834		C	8834		C	8834		C	8834
5	D	2175		D	2175		D	2175		D	2175
6	E	6782		E	6782		E	6782		E	6782
7	F	6394		F	6394		F	6394		F	6394
8	G	3904		G	3904		G	3904		G	3904
9	H	2688		H	2688		H	2688		H	2688
10	I	4413		I	4413		I	4413		I	4413

图 3-17

	A	B	C	D	E	F	G	H	I	J	K
1	姓名	工资		姓名	工资		姓名	工资		姓名	工资
2	A	9126		A	9126		A	9126		A	9126
3	B	6748		B	6748		B	6748		B	6748
4	C	8834		C	8834		C	8834		C	8834
5	D	2175		D	2175		D	2175		D	2175
6	E	6782		E	6782		E	6782		E	6782
7	F	6394		F	6394		F	6394		F	6394
8	G	3904		G	3904		G	3904		G	3904
9	H	2688		H	2688		H	2688		H	2688
10	I	4413		I	4413		I	4413		I	4413

图 3-18

你需要快速设置格式，将所有表格添加边框，标题行改为蓝底白字，隔行改颜色，如图 3-18 所示。

你该怎么做呢？按 Ctrl 键一个个设置？用格式刷一个个刷格式？

好不容易几十张表都做好了，老板说还是改成暖色调，全部改成如图 3-19 所示的效果。

	A	B	C	D	E	F	G	H	I	J	K
1	姓名	工资		姓名	工资		姓名	工资		姓名	工资
2	A	9126		A	9126		A	9126		A	9126
3	B	6748		B	6748		B	6748		B	6748
4	C	8834		C	8834		C	8834		C	8834
5	D	2175		D	2175		D	2175		D	2175
6	E	6782		E	6782		E	6782		E	6782
7	F	6394		F	6394		F	6394		F	6394
8	G	3904		G	3904		G	3904		G	3904
9	H	2688		H	2688		H	2688		H	2688
10	I	4413		I	4413		I	4413		I	4413

图 3-19

天呀，“可怜的娃”又被老板的意见折磨，连一头撞死的心都有。

怎么办？怎么办？怎么办？

好在还有“套用表格格式”，下面跟我一步步来操作。

步骤一：如图 3-20 点击【开始】选项卡，在【样式】组中，点击【套用表格格式】，然后点击【新建表样式】。

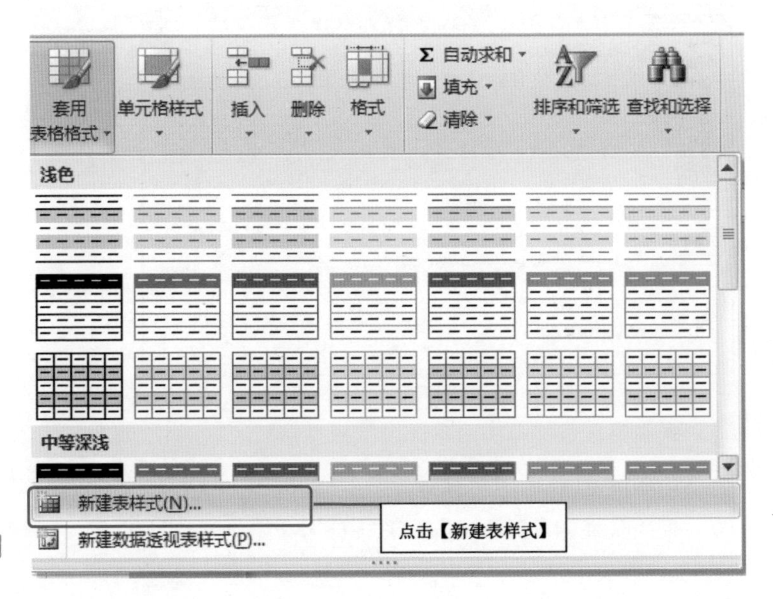

图 3-20

步骤二：设置自定义表格快速样式。如图 3-21 所示，名称框取名“自定义”，表元素中选择【整个表】，然后点击【格式】，即为整个表设置格式，在出现的【设置单元格格式】界面中，选择【边框】，选择【外边框】和【内部】，即为表格全部加上边框。

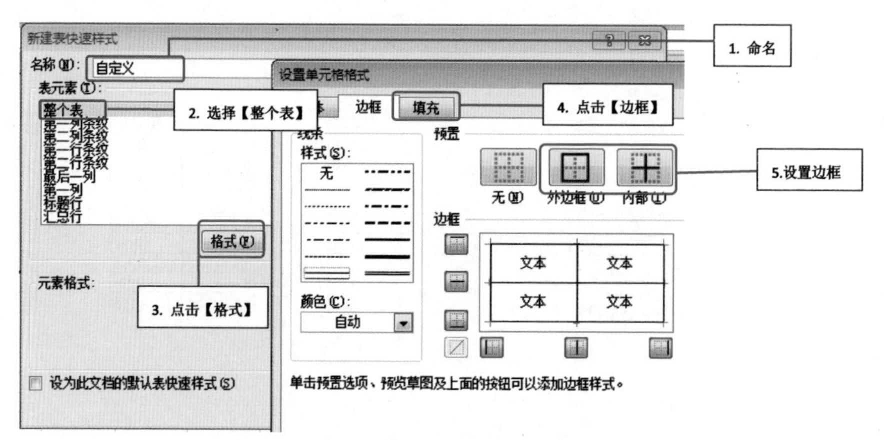

图 3-21

同样可以为“第一行条纹”“标题行”分别设置格式，“标题行”即标题字段的颜色，“第一行条纹”是设置隔行的颜色。注意勾选“设为此文档的默认表快速样式”。在右边可以看到预览的效果。

图 3-22

现在每个表格只需点击一个快捷键,整个表格格式就全部好了。如图 3-23 所示，选择 A1，使用快捷键“Ctrl+L”，A1:B10 区域格式设置好了；选择 D1，使用快捷键“Ctrl+L”，D1:E10 格式设置好了……

	A	B	C	D	E	F	G	H	I	J	K
1	姓名	工资		姓名	工资		姓名	工资		姓名	工资
2	A	9126		A	9126		A	9126		A	9126
3	B	6748		B	6748		B	6748		B	6748
4	C	8834		C	8834		C	8834		C	8834
5	D	2175		D	2175		D	2175		D	2175
6	E	6782		E	6782		E	6782		E	6782
7	F	6394		F	6394		F	6394		F	6394
8	G	3904		G	3904		G	3904		G	3904
9	H	2688		H	2688		H	2688		H	2688
10	I	4413		I	4413		I	4413		I	4413

图 3-23

快捷键“Ctrl+L”的作用是将单元格区域变成表，并且自动套用格式。

套用过格式的表格将和一般的单元格区域明显不同，最上方一行多了筛选，并且鼠标单击表格中任意数据，会出现【表格工具】。

需要将列表转为普通单元格区域时，可以点击【表格工具】，【设计】选项卡，然后点击【转换为区域】，如图 3-24 所示。

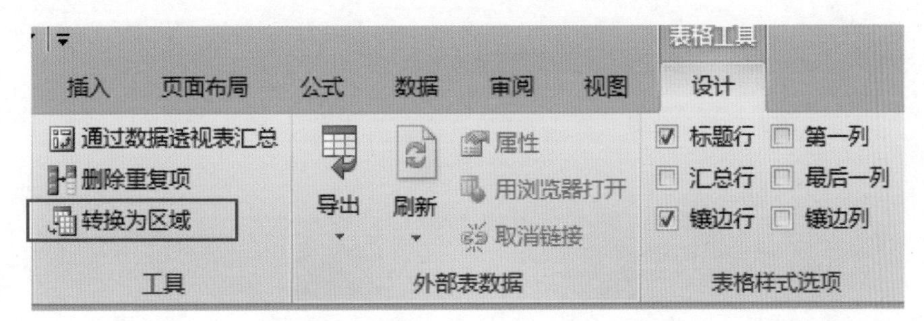

图 3-24

第4节 给点条件就变脸：条件格式

如图 3-25 所示表格中，其中有一个数字不是 3，而是 3.1415926，要求在下面单元格区域中找出这个异常值，这不是件容易的事吧？

可以用鼠标一个个点击单元格，然后在编辑栏一个个查看，如图 3-26 所示，但显然这不是个好方法。

如果使用条件格式，就可以很快地完成任务。

图 3-25

F9 | fx

	A	B	C	D	E	F	G	H
1	3	3	3	3	3	3	3	3

图 3-26

E1 | fx 3.1415926

	A	B	C	D	E	F	G	H
1	3	3	3	3	3	3	3	3

条件格式的作用就是快速标示特殊值，根据不同的条件设置不同的格式。下面举一些最常用的例子，让大家把这表格看得“清清楚楚明明白白真真切切”。

1. 突出显示单元格规则

如图 3-27 所示，在表格中如何将工资超过两万的标个颜色？

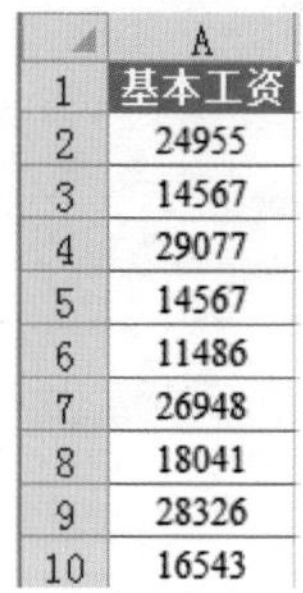

	A
1	基本工资
2	24955
3	14567
4	29077
5	14567
6	11486
7	26948
8	18041
9	28326
10	16543

图 3-27

图 3-28

排序，筛选，然后再标颜色？不用这么麻烦，用条件格式就可以轻松快速地办到。

具体操作如下：选择 A2:A10，如图 3-28 所示，点击【开始】选项卡，然后在【样式】组中点击【条件格式】。

在下拉列表中，点击【突出显示单元格规则】，点击【大于】，如图 3-29 所示。

接下来，在出现的对话框中，左边输入条件如“20000”，右边设置格式，默认【浅红填充色深红色文本】，如图 3-30 所示。你也可以设置成你想要的格式。

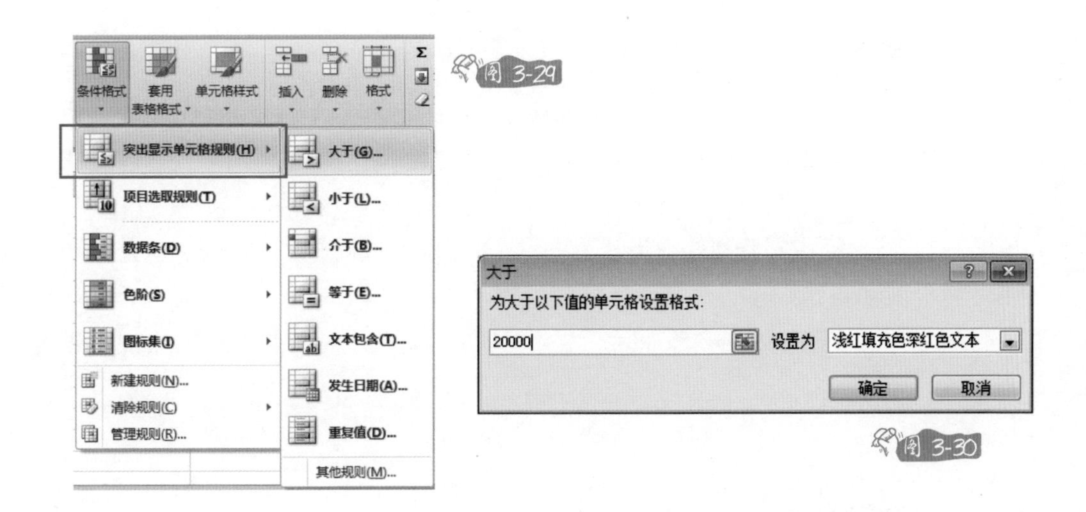

图 3-29

图 3-30

如图 3-31 是完成后的效果。谁工资高谁工资低一目了然！

对于数字可以设置大于、等于、小于，对于文本可以设置等于或包含，对于日期可设置昨天、今天、明天，上周、本周、下周，上个月、本月、下个月……如此类推。

2. 项目选取规则

如图 3-32 所示，想从表格中查看哪几个人工资高，工资最高的前三个人要请客，怎样做才能快速把工资最高的几个人“拎”出来呢？

	A
1	基本工资
2	24955
3	14567
4	29077
5	14567
6	11486
7	26948
8	18041
9	28326
10	16543

图 3-31

	A
1	基本工资
2	24955
3	14567
4	29077
5	14567
6	11486
7	26948
8	18041
9	28326
10	16543

图 3-32

选择区域 A1:A10，有多少选择多少，然后点击【开始】选项卡，在【样式】组中，点击【条件格式】，如图 3-33 所示。

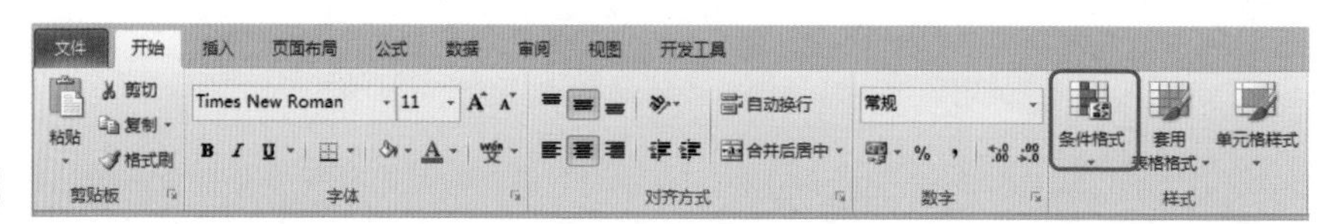

图 3-33

在下拉列表中，点击【突出显示单元格规则】，点击【大于】，如图 3-34 所示操作。

如图 3-35 所示，将左边文本框默认的 10 改为 3，即前三名，右边设置格式。

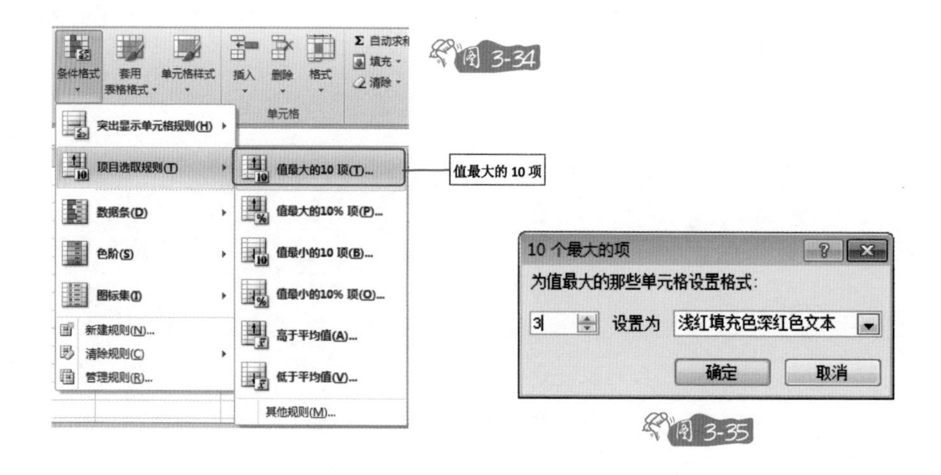

图 3-34

图 3-35

如图 3-36 是做出来的效果，这样一来很快就“逮住了”工资最高的三个人。

你也可以设置值最小的，最高的 10%，最低的 10%，高于平均值，低于平均值，等等，这些其实都大同小异。

3. 数据条

某些时候某些人是不愿意看密密麻麻的枯燥数字的，他就希望随便瞟上一眼就能知道数据的大小。这种时候，数据条可以帮你实现愿望。

具体操作如图 3-37 所示，点击【开始】选项卡，在【样式】组中点击【条件格式】，然后点击【数据条】，点击一种颜色效果。

效果如图 3-38 所示，光看看这颜色长短就粗略地知道数据大小了。

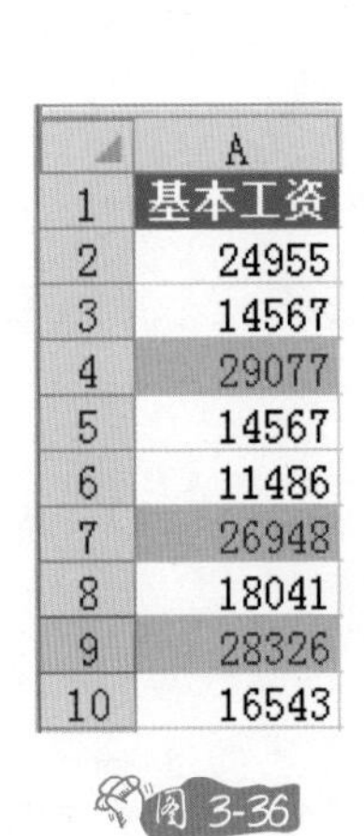

	A
1	基本工资
2	24955
3	14567
4	29077
5	14567
6	11486
7	26948
8	18041
9	28326
10	16543

图 3-36

图 3-37

4. 色阶

你也可根据数值设置色阶，数值越小的颜色越绿，数值越大的颜色越红，具体操作如图 3–39 所示。

完成后的效果如图 3–40 所示。温度越高越红，温度越低越绿。

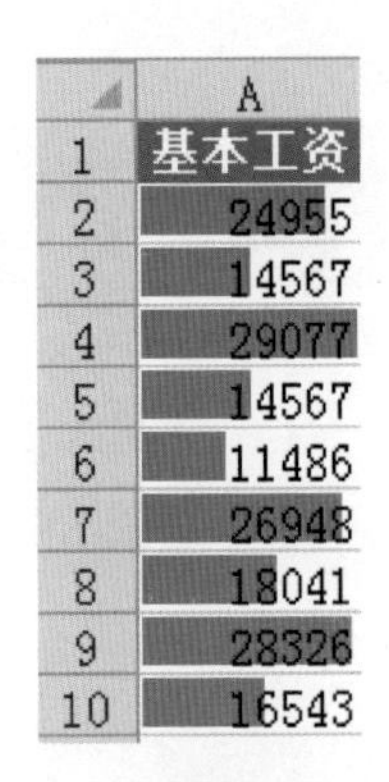

	A
1	基本工资
2	24955
3	14567
4	29077
5	14567
6	11486
7	26948
8	18041
9	28326
10	16543

图 3-38

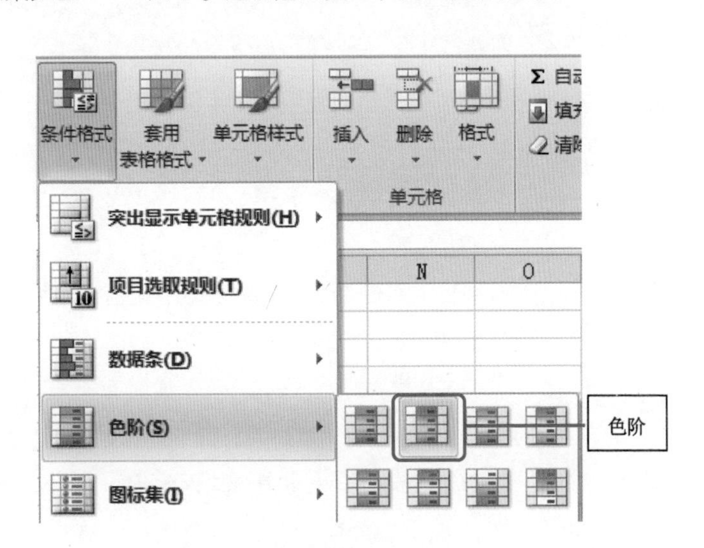

图 3-39

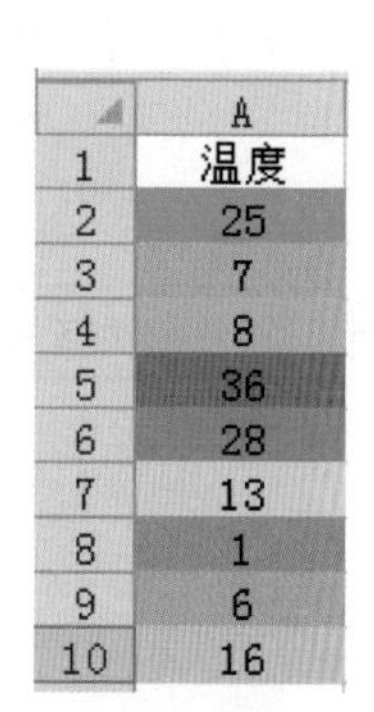

	A
1	温度
2	25
3	7
4	8
5	36
6	28
7	13
8	1
9	6
10	16

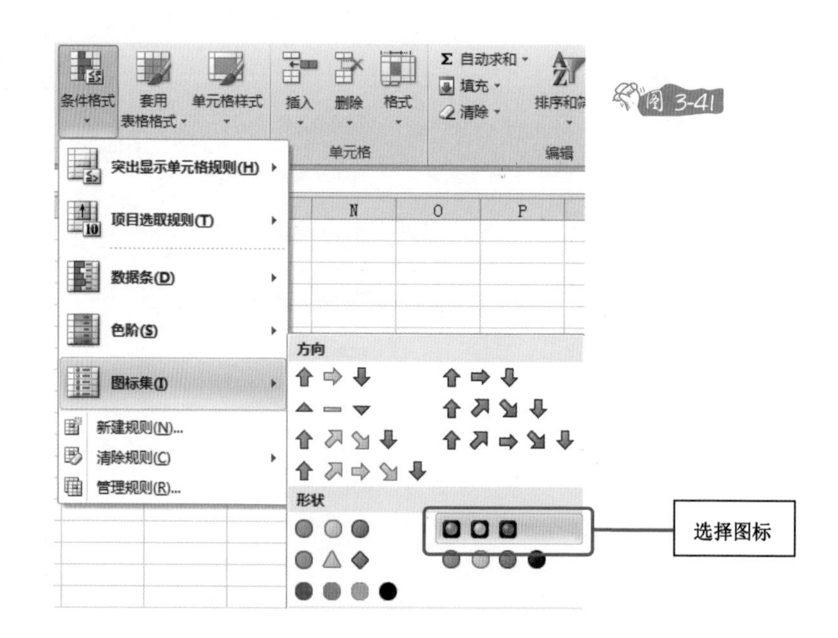

图 3-41

5. 图标集

例如我们要为成绩表设置图标集，分数超过 60 表示通过，显示为“绿灯”，分数在 50 ~ 60 之间的显示“黄灯”，分数 50 以下的亮起“红灯”。操作如下：

首先选择 A2:A10，如图 3-41 所示，点击【开始】选项卡，在【样式】组中点击【条件格式】。

然后在下拉列表中点击【图标集】，点击“红绿灯”，完成之后的效果如图 3-42 所示。

默认情况下，大于 66% 为绿灯，大于 33% 为黄灯，其他为红灯。

我们还可以进行设置，保持 A2:A10 选中状态，点击【条件格式】，在下拉列表中点击【管理规则】，然后点击【编辑格式规则】，在弹出的界面中作相关设置，如图 3-43 所示。

完成效果如图 3-44 所示，这时高于 60 分的通过，显示为“绿灯”，50 ~ 60 分的显示“黄灯”，而 50 分以下的则亮起了“红灯”。

除了红绿灯，也有很多其他图标，箭头、旗帜、信号指示等等。虽然有很多选择，但最好还是保持简单统一。整张表格千万不要搞得花花绿绿的，那样太难看了，让人眼花。

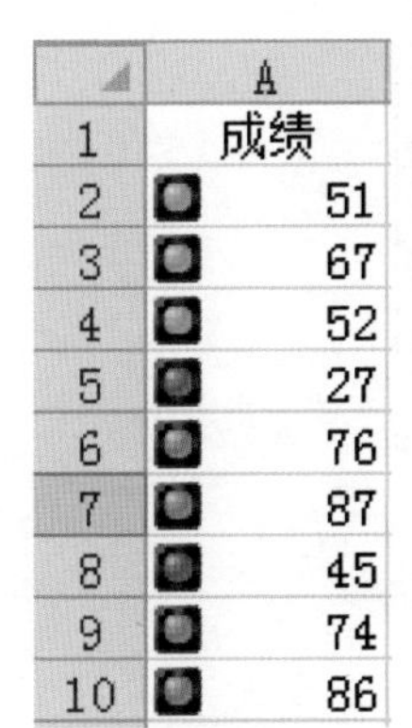

	A
1	成绩
2	51
3	67
4	52
5	27
6	76
7	87
8	45
9	74
10	86

图 3-42

图 3-43

	A
1	成绩
2	51
3	67
4	52
5	27
6	76
7	87
8	45
9	74
10	86

图 3-44

6. 解决冲突

假如我们为一个区域设置多个条件格式，会怎么样？比如设置一个条件格式，成绩大于 60 分的显示为红色；再设置另一个条件格式，成绩大于 80 分的显示蓝色。那么 87 分同时满足两个条件，到底是会显示红色还是蓝色呢？抑或是红加蓝变成的紫色？

其实这和你设置条件格式的顺序有关。

比如，第一步，选择 A2:A10，然后设置条件格式，大于 60 分的为红色；第二步，再选择 A2:A10，然后设置条件格式，大于 80 分的为蓝色。87 分最终显示为蓝色。

相反，如果第一步设置条件格式大于 80 分的为蓝色，第二步设置条件格式大于 60 分的为红色，则 87 分最终显示为红色。

可不可以控制这个顺序呢？当然。你可以进行规则管理，设置条件格式的优先权，如图 3–45 所示。

7. 清除条件格式

如果某些单元格有条件格式，需要清除条件格式，下面是常见的几种方法。

图 3-45

第一，使用格式刷。点击一个空白单元格，然后点击“刷子”，再点击有条件格式的单元格。不过，这样做并不准确，也许这个空白单元格事先存在某种格式，只是没有显示而已。

第二，使用清除格式功能。点击【开始】选项卡，点击橡皮擦下拉列表，点击【清除格式】，这样不仅仅清除了条件格式，还清除了所有的格式，包括原有的边框底纹等。这种做法也不够准确。

其实，清除条件格式应该从哪里来就回到哪里去。准确而又有效率的做法如下：如图 3-46 所示，在【条件格式】下拉列表中，点击【清除规则】【清除所选单元格的规则】。

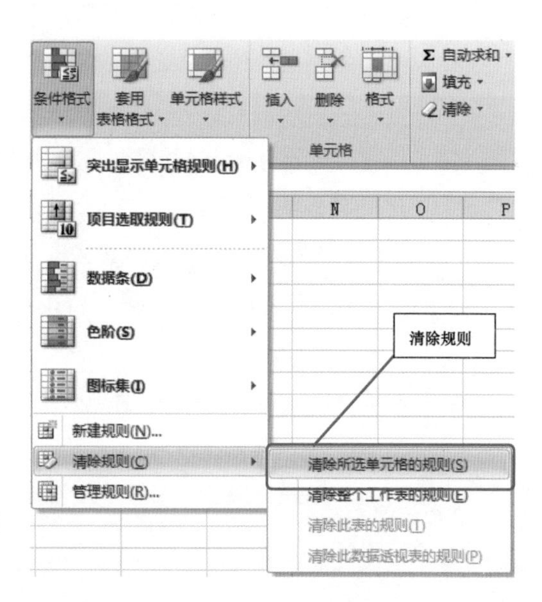

图 3-46

第 5 节 看不到我：自定义格式

有时我们为达到某种效果需要在表格旁添加辅助列，如果不想让辅助的数据显示出来，该怎么做呢？如图 3-47 所示，为了在图表中产生一根标准线，使用了 C 列作为辅助列。

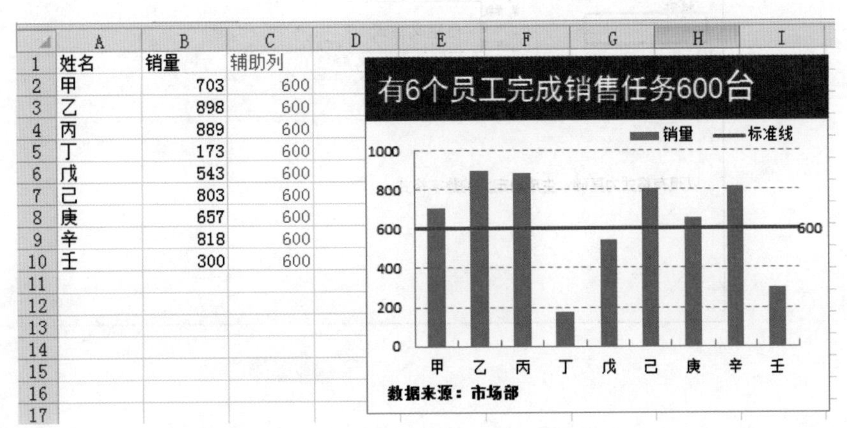

	A	B	C
1	姓名	销量	辅助列
2	甲	703	600
3	乙	898	600
4	丙	889	600
5	丁	173	600
6	戊	543	600
7	己	803	600
8	庚	657	600
9	辛	818	600
10	壬	300	600

图 3-47

如果不希望 C1:C10 的数据被别人看到，可以将该列选中，右击，隐藏。但是这样做太明显了，明眼人看到 A 列、B 列、D 列，一下就知道 C 列被隐藏了。

还有另一种常见的做法，选中 C1:C10，然后将字体改成白色——这是比较初级的做法，骗得了一般人但骗不了高手，因为当你选择这个区域时，C1:C10 的数据将被以蓝底白字给呈现出来。

拿出点专业精神来，下面跟我学做正确的操作。

选择需要隐藏的区域，如图 3-47 中的 C1:C10，然后“Ctrl+1”，在【设置单元格格式】对话框中，如图 3-48 所示选择【自定义】，然后在右边类型文本框中输入三个分号“;;;”。

这样做就对了。怎么样，看不到了吧？

或许你会奇怪，为什么三个分号就可以使辅助列隐藏起来？为什么不是两个，不是四个呢？为什么不是句号，不是逗号呢？

这就需要我们理解自定义格式代码的含义了。标准的自定义格式代码分

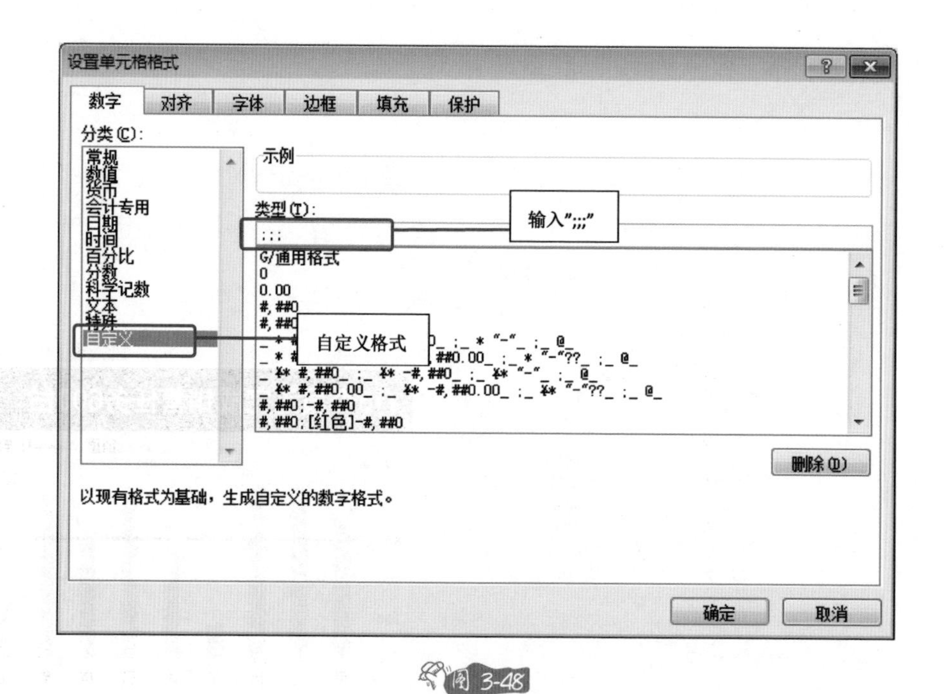

图 3-48

为四段，中间用三个分号隔开，代表意义为：正数的格式；负数的格式；零的格式；文本的格式。

如果用三个分号“;;;”，即表示：正数不显示；负数不显示；零不显示；文本不显示。

第四章

所见即所得——打印设置

好不容易输入了内容，设好了格式，插入了图表，做好了美化，一张完美大表在眼前晃呀晃，老板的赞赏在空中飘啊飘……好吧，就这样美美地当一回“表姐”啦。点击打印，顺手拿来……傻了眼了。怎么回事，图表被无情地劈剩一半，上头碍眼地多了一堆不知何物的“东东”……

做个好“表姐”，原来并不容易……

第 1 节 如果再回到从前：经典打印预览

如果用过 Excel 2003，你肯定熟悉如图 4-1 所示“打印预览”的界面。

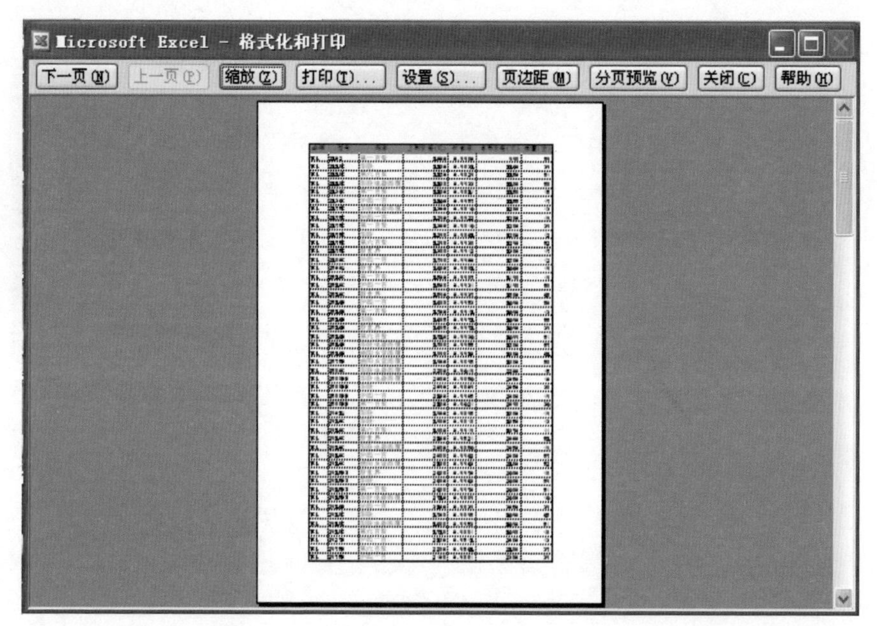

图 4-1

如果你用过 Excel 2007，你肯定熟悉如图 4-2 所示“打印预览”的界面。

可是，一打开 Excel 2010，你发现需要点击【文件】【打印】才能看到打印预览，而且界面看上去和以前大不一样了呀，如图 4-3 所示，打印预览显得比较小。你会一下子反应不过来，没办法接受，没办法适应。

图 4-2

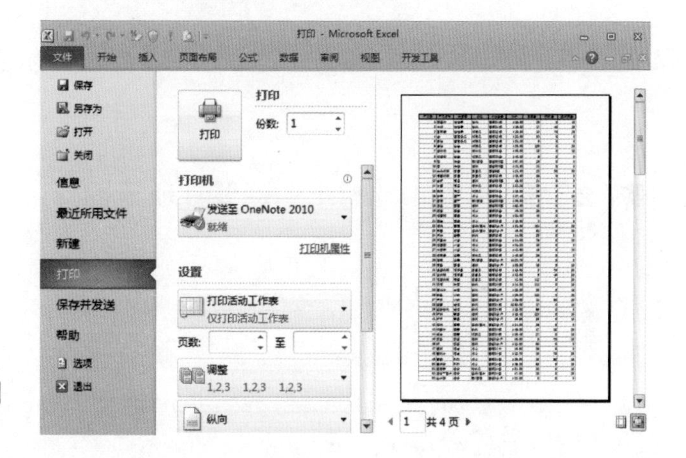

图 4-3

是的，有些习惯是不容易改变的。想在 Excel 2010 中找回曾经熟悉的打印预览界面其实很简单，请按如下步骤操作。

首先，在自定义快速访问工具栏任意一个选项卡上右击，再点击【自定义快速访问工具栏】。

在出现的界面中，点击【所有命令】，然后在下面的命令中找到【全屏打印预览】，如图 4-4 所示。在几百个命令中找到全屏打印预览不是件容易的事哦，好在“命令们”排列是有一定规律的，按字母排序，目测一下，【全屏打印预览】大概在黄金分割点处，然后点击【添加】。这样，在最上方一排工具栏中多出了一个按钮，没错，它就是传说中的【经典打印预览】。

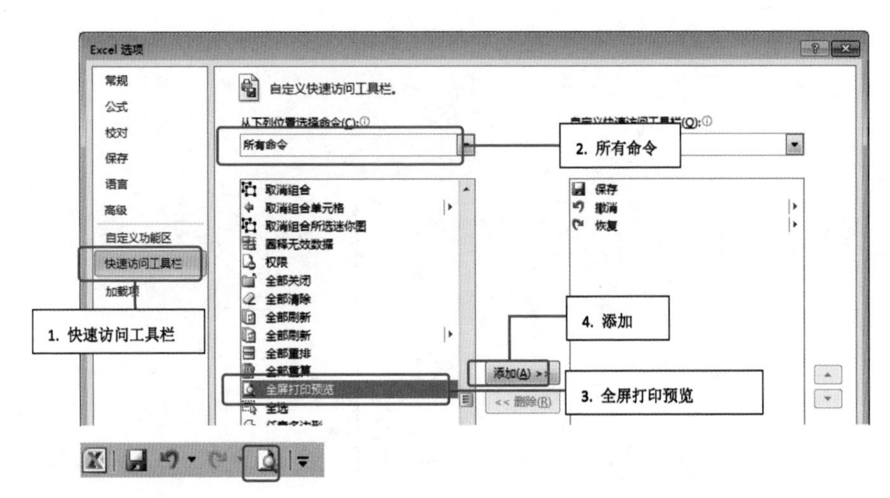

第2节 指哪儿打哪儿：设置打印范围

打印的时候，如果不指定精确的范围，可能会打印出莫名其妙的内容，既耽误时间又浪费纸张。

如图4-5所示，图上右边的说明文字是不需要打印出来的，该怎么办呢？改白色，隐藏，删除？

类别	单位数量	单价	库存量	订购量	再订购量	中止
饮料	每箱24瓶	¥18.00	39	0	10	TRUE
饮料	每箱24瓶	¥19.00	17	40	25	FALSE
调味品	每箱12瓶	¥10.00	13	70	25	FALSE
调味品	每箱12瓶	¥22.00	53	0	0	FALSE
调味品	每箱12瓶	¥21.35	0	0	0	TRUE
调味品	每箱12瓶	¥25.00	120	0	25	FALSE
特制品	每箱30盒	¥30.00	15	0	10	FALSE
调味品	每箱30盒	¥40.00	6	0	0	FALSE
肉/家禽	每袋500克	¥97.00	29	0	0	TRUE
海鲜	每袋500克	¥31.00	31	0	0	FALSE
日用品	每袋6包	¥21.00	22	30	30	FALSE
日用品	每箱12瓶	¥38.00	86	0	0	FALSE
海鲜	每袋500克	¥6.00	24	0	5	FALSE
特制品	每箱12瓶	¥23.25	35	0	0	FALSE
调味品	每箱30盒	¥15.50	39	0	5	FALSE
点心	每箱30盒	¥17.45	29	0	10	FALSE
肉/家禽	每袋500克	¥39.00	0	0	0	TRUE
海鲜	每袋500克	¥62.50	42	0	0	FALSE
点心	每箱30盒	¥9.20	25	0	5	FALSE

说明：
1.一个产品ID对应一个产品名称

2.中止列中TRUE表示该产品已停售

正确做法是：可以在左边数据中任意一个单元格单击，然后“Ctrl+A”，这样就可以全选数据区域，右边说明文字将不被选择，因为会逢空行空列断开。（如果没有空列，可以事先插入空列。）然后点击【页面布局】选项卡，点击【打印区域】，点击【设置打印区域】。这样一来说明文字就不会被打印出来了。

第3节 挤一挤总会有的：微调打印

“亲”，你遇到过这样的情况吗？打印的时候，A4 纸放不下所有内容，最最气人的是，最后一列跑到后面一页纸上去了。

这可咋办呢？把前面单元格的间距一个个拉小？貌似空间还是不够。

那就换一种方法吧。如图 4-6 所示，点击【视图】分页预览，然后拖动下面的蓝色虚线到外边框。

怎么样，挤一挤就有了，现在可以“坐”得下了。

同理，如果有好几列到纸张外面去了，可以考虑改成横向排版，设置方法如图 4-7 所示。

不管怎么说，微调打印只能微调，如果有太多列了也没有办法，不可能将上百列的数据打印在一张 A4 纸上，你说是吧？

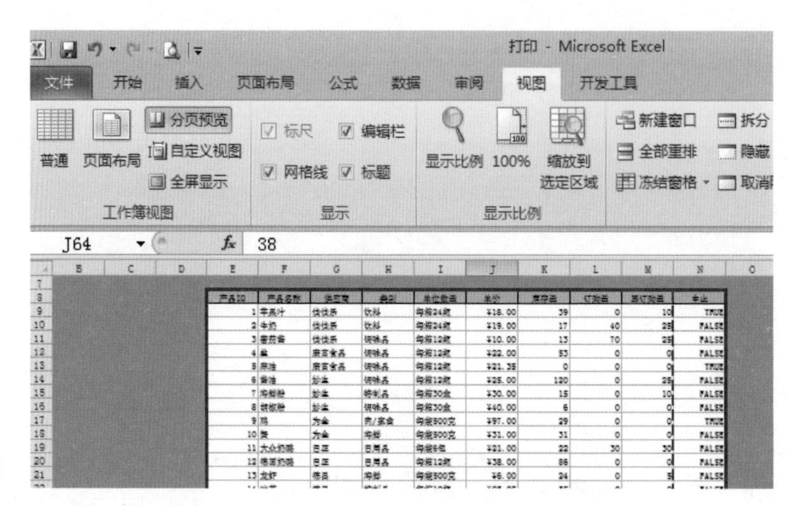

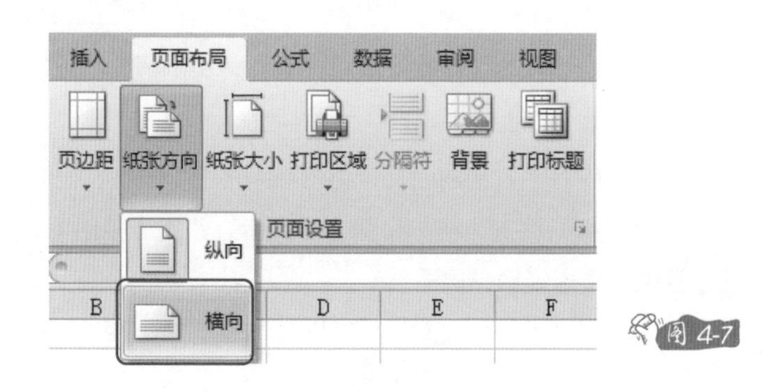

图 4-7

第4节 重复的事情简单做：重复标题行

打印的时候，如果表格过大，有几千行数据，打印第一张纸的话能够正常显示标题，但第二页开始都不能正常显示标题，若需要让每一页纸上都出现标题，每页每页复制的话可是会要半条命。

这种重复劳动可以变成非常简单的事。点击【页面布局】。

在弹出的【页面设置】中选【工作表】，设置【顶端标题行】。

这样一来，打印的时候，每张都有标题了。

第五章

人算不如电算——公式函数

是什么东西会“想你所想”，什么东西“善于表达”，什么东西“名不虚传”，什么东西“总是遇见你”，请“大胆做个假设”，但还是要“按规律办事”，它就会“满足你要求”，还与你来个“文字游戏”，送你“到你想去的地方去”……“当当当——”，答案揭晓——请看下面解释……

第1节 猜你所想：自动求和

求和是非常简单的，设置格式也是非常简单的，但求和的同时又设置格式就没那么简单，如图 5-1 所示表格，如果需要计算 A 列的数据与 B 列的数据之和，并且保持原有格式，该怎么做?

你会想，这还不简单吗，先计算 C2 的公式“=A2+B2”，然后直接向下拖动。结果却出人意料，如图 5-2 所示。C 列不再是蓝白相间的颜色，格式没了。

	A	B	C
1	北京	上海	汇总
2	83	27	
3	43	50	
4	92	94	
5	96	73	
6	72	83	
7	49	30	
8	49	35	
9	73	96	
10	32	2	

图 5-1

	A	B	C
1	北京	上海	汇总
2	83	27	110
3	43	50	93
4	92	94	186
5	96	73	169
6	72	83	155
7	49	30	79
8	49	35	84
9	73	96	169
10	32	2	34

图 5-2

其实常见的正确方法有以下几种。

方法一：先计算 C2 的公式，再计算 C3 的公式，然后选择 C2 和 C3，向下拉，结果如图 5-3 所示。

方法二：先计算 C1 公式，复制，然后选择 C3 到 C 列最后一行，右击，【选择性粘贴】，粘贴【公式】，如图 5-4 所示。

	A	B	C
1	北京	上海	汇总
2	83	27	110
3	43	50	93
4	92	94	
5	96	73	
6	72	83	
7	49	30	
8	49	35	
9	73	96	
10	32	2	

图5-3

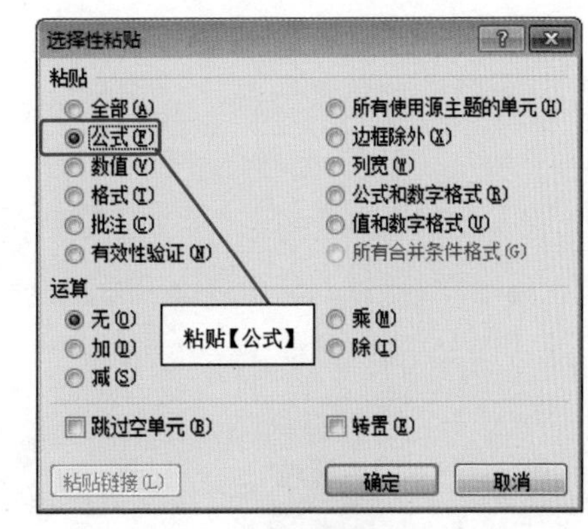

图5-4

方法三：直接向下填充，如图5-5所示，点击右下角小图标，选择【不带格式填充】。

以上三种方法，哪种方法比较快？貌似第三种方法比较快。想快，还有更快的方法。

最快速的方法：如图5-6所示，选择区域C2:C10，然后使用快捷键“Alt+=”，神一样的速度出现了！

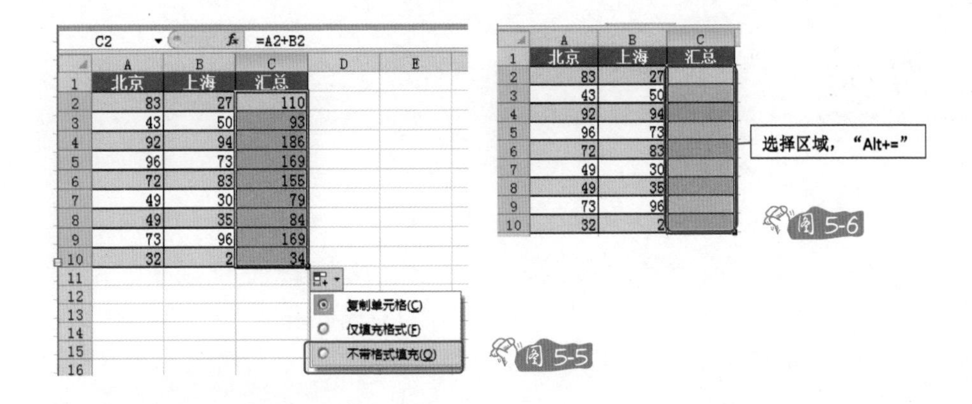

图5-5

图5-6

看明白怎么回事了吗？“Alt+=” 就是自动求和，如图5-7所示，选择单元格B6，按“Alt+=”，则计算上面上海的数量之和；选择B10，再按“Alt+=”，则计算上面北京的数量；再选B11，按“Alt+=”，这次居然是计算上面上海和北京的总和。哇，太“智能”了，Excel在猜你所想！鼠标点到B6，它猜你可能是想把上面上海的区域数据全部相加；鼠标放在B10，它猜你可能是想把所有北京区域的数据相加；鼠标放在B11，它猜你大概是想把北京和上海的数据再进行汇总。因为，大部分人都是这样的要求。不过，这功能也只能算是满足大多数人的要求。如果你想计算B2+B4+B7，没啥规律，关键时刻，还得靠手动。

	A	B
1	区域	数量
2	上海	58
3	上海	71
4	上海	99
5	上海	87
6		315
7	北京	73
8	北京	42
9	北京	18
10		133
11	总计	=SUM(B10, B6)

图 5-7

C1　fx　=A1&B1

	A	B	C
1	张	三	张三

图 5-8

第2节　善于表达：使用公式

数学与Excel既有相同之处又有不同的地方。

数学上，1 加 1 等于 2，在 Excel 中 1 加 1 还是等于 2。

数学上的公式是这么写的：“1+1=2”，Excel中的公式却这么写：“=1+1”。

数学上有加减乘除，Excel 中也有加减乘除，只不过运算符号的写法变为“+”“−”“*”“/”。

除了加减乘除，常见的运算符还有“^”“&”“>=”“<=”“<>”。

“^”这个是什么“东东”？答案是幂，数学运算中乘方的结果叫做幂。杨幂大家都知道，因为一家三口都姓杨，也就是“杨”的3次方，所以给她起名杨幂——开个玩笑。言归正传，Excel 中“^”表示“幂”，2 的 3 次方写做“2^3”，而“=2^3”结果显示为“8”。

“&”类似于拼结。假设A1内容为姓氏“张”，B1内容为名字“三”，C1设置公式“=A1&B1”，就可以将姓氏与名字拼结在一起，变为姓名，如图5-8所示。

第3节 动静结合：引用方式

Excel常见的引用方式有相对引用、绝对引用、混合引用，实际工作中用得非常多，必须熟练掌握并灵活应用。

1. 相对引用

“相对”是指包含公式的单元格的相对位置。

我们来看一下公式，如图5-9所示表格中，我们在C2单元格写入公式“=A2*B2”，C3、C4、C5等不需要一个个写公式。通常我们选择C2单元格，然后将鼠标移到右下角，当指针变为黑色小十字时按住向下拖动到C10，或者双击，后面的公式自动帮我们完成了。

这就是相对引用，打个比方，坐在教室里，如果我说“我左边的‘童鞋’”，这就是相对的说法，如果我本人的位置发生变化，那“我左边的”所指的对象将相应发生变化。

不妨将C2的公式理解成“左边的两个小伙伴相乘”。

公式中单元格是由列标和行号组成的，其中默认列标是字母，行号为数字。如果公式中单元格没有“$”符号，就是相对引用，如公式“=A2*B2”，其中A2、B2均为相对引用。公式向下复制时A2、B2会根据公式所在单元格C2的位置自动发生变化，这正是我们想要的结果。

2. 绝对引用

绝对引用指公式中单元格的位置永远不变。

先看如图5-10所示这张表格，其中A5为总计，需要计算各行所占总计的百分比。通常做法是在 B2 中输入公式“=A1/A5”，然后向下拖动填充。

C2 =A2*B2

	A	B	C
1	单价	数量	总价
2	4	2	8
3	1	6	
4	6	4	
5	3	10	
6	9	10	
7	6	10	
8	10	1	
9	9	1	
10	10	4	

图 5-9

B1 =A1/A5

	A	B	C
1	10	0.1	
2	20		
3	30		
4	40		
5	100		

图 5-10

这时你会发现公式出错了，结果如图 5-11 所示，为什么会出错呢？为什么此时公式不可以向下拖动呢？

这是因为上述公式“=A1/A5”中没有“$”号锁定，所以也是相对引用。

不妨将 B1 的公式理解成“左边的第一个小伙伴除以左边的第五个小伙伴”。相对于 B1 来说，“左边的第一个小伙伴”为 A1，“左边的第五个小伙伴”为 A5，也就是“A1/A5”，所以正确；但相对于 B2 来说，“左边的第一个小伙伴”为 A2，“左边的第五个小伙伴”为 A6，也就是“A2/A6”，所以错误。

事实上，单元格 B1 的公式向下填充，公式中的分子 A1、A2、A3、A4 需要变化，公式中的分母应该固定不变，永远除以 A5，所以应该将 B1 的公式改成“=A1/$A$5”。具体修改方法如图 5-12 所示，点击 B1，然后在编辑栏中选择 A5，按一次 F4 键。

公式中行与列前面都有加“$”，如“$A$5”，这就是绝对引用。打个比方，坐在教室里，如果我说“第几列第几排的‘童鞋’”，这就是绝对位置，就

	A	B
1	10	0.1
2	20	#DIV/0!
3	30	#DIV/0!
4	40	#DIV/0!
5	100	

图 5-11

VLOOKUP =A1/$A$5

	A	B	C
1	10	=A1/$A$5	
2	20		
3	30		
4	40		
5	100		

图 5-12

算我本人的位置发生变化，“第几列第几排的‘童鞋’”所指的对象还是同一个人。

修改后的公式“=A1/$A$5”我们不妨理解成“左边的一个小伙伴除以A列第5行的小伙伴”。

综上所述，如果公式所引用的单元格需要根据公式所在的单元格位置变化而变化，则不需要锁定，也就是用相对引用；如果不管公式所在单元格怎么改变，公式中所引用的单元格位置均不变，则需要绝对引用。

3. 混合引用

前面我们学习过，公式中的单元格号码是由列标字母与行号数字组成的，如果单元格行号与列标前均无“$”字符，则是相对引用，如果公式中的单元格行号、列标前均加了“$”字符，则为绝对引用。某些情况下，公式中只有行号或只有列标前加了“$”字符的，这就是混合引用。

何时会用到混合引用呢？为了便于理解，先来举一个简单的例子。

如果公式不需要向下或向右填充，则不需要考虑锁定。如图5-13所示表格，只需要计算A2乘以B1，计算结果放在B2中，B3、B4后面不需要计算，就可以在B2中直接写公式“=A2*B1”，无需考虑相对引用或绝对引用。

如果公式需要向下或向右填充，这时候就需要考虑是否需要绝对引用，否则必须一个一个往单元格里写公式。

如图5-14所示表格，需要计算A2乘以B1，A3乘以B1，A4乘以B1……一直到A10乘以B1。这时B2的公式应该改为“=A2*$B$1”，将公式中B1选中，然后按一次F4键，公式中的“B1”就会变为“$B$1”，然后向下拖动公式。

B2 fx =A2*B1

	A	B	C
1		1	
2	1	1	
3	2		
4	3		
5	4		
6	5		
7	6		
8	7		
9	8		
10	9		

图5-13

B2 fx =A2*$B$1

	A	B	C
1		1	
2	1	1	
3	2	2	
4	3	3	
5	4	4	
6	5	5	
7	6	6	
8	7	7	
9	8	8	
10	9	9	

图5-14

如果不清楚该锁定 A2 还是锁定 B1，不妨手动写上几个公式找其中的规律。如图 5-15 所示表格可以看出，公式中 A2、A3、A4、A5 需要变化，不能锁定，而公式中 B1 必须锁定。

对于初学者来说，可能搞不清楚到底该锁定行还是该锁定列，保险起见，公式如果只向下填充或只向右填充，不需要考虑混合引用，如果某个单元格需要考虑锁定，那就是行列一起锁。

只有公式既向右填充，同时又向下填充，才需要考虑混合引用，也就是说在公式中仅锁定行或仅锁定列。

如图 5-16 所示，需要做一张九九口诀表，一一得一，一二得二，二二得四……希望在 B2 中输入一个公式，然后可以直接向右、向下拖动完成这张表。

	A	B
1		1
2	1	=A2*B1
3	2	=A3*B1
4	3	=A4*B1
5	4	=A5*B1
6	5	
7	6	
8	7	
9	8	
10	9	

图 5-15

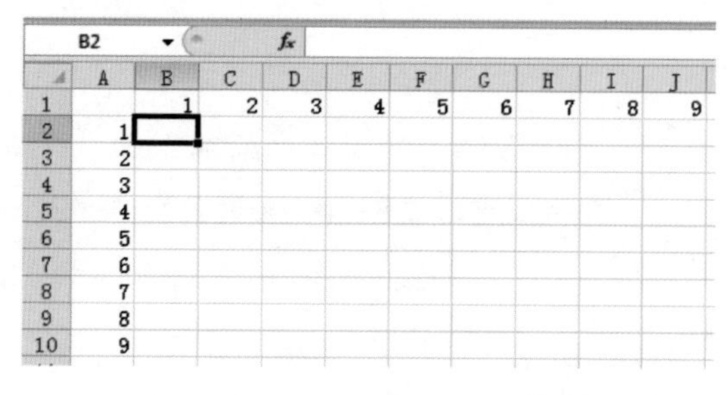

B2 fx

	A	B	C	D	E	F	G	H	I	J
1		1	2	3	4	5	6	7	8	9
2	1									
3	2									
4	3									
5	4									
6	5									
7	6									
8	7									
9	8									
10	9									

图 5-16

可以在 B2 中输入公式“=A2*B1”，然后选中公式中的 A2，按三次 F4 键；再选中公式中的 B1，按两次 F4 键，将公式“=$A2*B$1”（不断地按 F4 键可以改变锁定的状态，相对引用如“A2”，绝对引用如“$A$2”，混合引用如“A$2”或“$A2”）确定，再将公式向右拖动，B2:B9 的公式全部写好了。再选择 B2:B9，向下拖动，整张表的公式就都做好了。

怎么理解 B2 的公式“=$A2*B$1”呢？不妨先填几个公式，找找规律。

先看公式中“*”左边的单元格怎么锁定。如图 5-17 所示，公式向右填充时，“A2*B1”“A2*C1”“A2*D1”“A2*E1”……A2 固定不变，所以，我们暂且在公式中锁定 A2：“=$A$2*B1”。但如果公式向下填充，将固定乘以 A2，这样就出错了。当向下填充时，公式改为“=$A2*B1”，也就是列锁定，行不锁定。

	A	B	C	D	E	F	G	H	I	J
1		1	2	3	4	5	6	7	8	9
2	1	=A2*B1	=A2*C1	=A2*D1	=A2*E1					
3	2	=A3*B1								
4	3	=A4*B1								
5	4	=A5*B1								
6	5									
7	6									
8	7									
9	8									
10	9									

图 5-17

将公式中前半部分锁定之后，再来看后继操作。

同样，看公式中“*”后面部分，公式向下拖动填充时，固定乘以 B1，所以暂时锁定：“$B$1”，但公式向右填充，列发生变化，行不变，即“B$1”。

	A	B	C	D	E	F	G	H	I	J
1		1	2	3	4	5	6	7	8	9
2	1	=$A2*B1	=$A2*C1	=$A2*D1	=$A2*E1					
3	2	=$A3*B1								
4	3	=$A4*B1								
5	4	=$A5*B1								
6	5									
7	6									
8	7									
9	8									
10	9									

图 5-18

综合起来，修改后的公式如图 5-19 所示。

这样一来就可以快速向右、向下拖动了。混合引用有点难理解，我们可以这样理解：B2 的公式“=$A2*B$1”中的 $A2 指列绝对引用、行相对引用，B$1 指行绝对引用、列相对引用。

在相对引用、绝对引用、混合引用之间切换，可以按 F4 键，注意，有些电脑需要按“Fn+F4”。

步骤一：选定包含该公式的单元格；

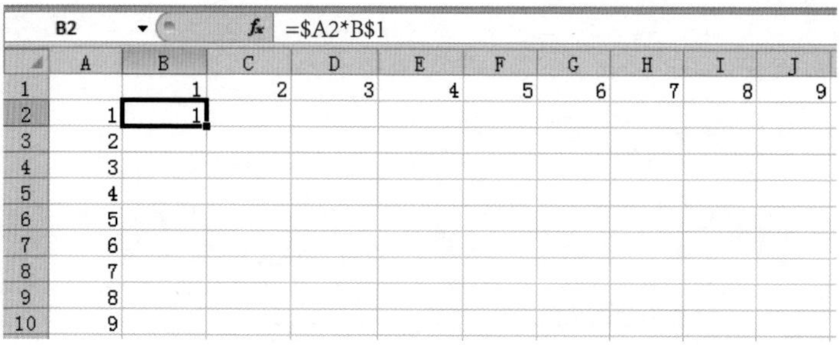

B2 fx =$A2*B$1

	A	B	C	D	E	F	G	H	I	J
1		1	2	3	4	5	6	7	8	9
2	1	1								
3	2									
4	3									
5	4									
6	5									
7	6									
8	7									
9	8									
10	9									

图 5-19

步骤二：在编辑栏中选择要更改的单元格并按 F4 键；

步骤三：每次按 F4 键时，Excel 会在以下组合间切换：

①按第一次，绝对列与绝对行，例如“$A$1”；

②按第二次，相对列与绝对行，例如“A$1”；

③按第三次，绝对列与相对行，例如“$C1”；

④按第四次，相对列与相对行，例如“C1”。

你也可以在英文输入状态下按“Shift+4”，手动输入“$”。

第 4 节 名不虚传：名称引用

总结一下前面讲的几种引用：

相对引用，相当于说“我左边的第几个人”，如果我本人在屋里来回走动，“左边的第几个”的位置相对来说就变动了。

绝对引用相当于说“第几排第几个人”，无论我本人在屋里怎样晃荡，第几排第几列永远是固定的那个人。

但每次说第几排第几列也不方便，可以给他取个名字，比如张三，那么这就是名称引用。

名称引用主要有以下几种方法命名：

1. 名称框命名

如图 5-20 所示，选择区域，然后在名称框直接输入名称，回车。

应用名称：如果已经为某个单元格命名，在公式中就可以调用该名字。如图 5-21 所示，在 B1 中输入公式“=A1/total”，因为“total”就是 A5，名称引用是不需要锁定的，公式向下拖动填充时，“total”永远指的是 A5。

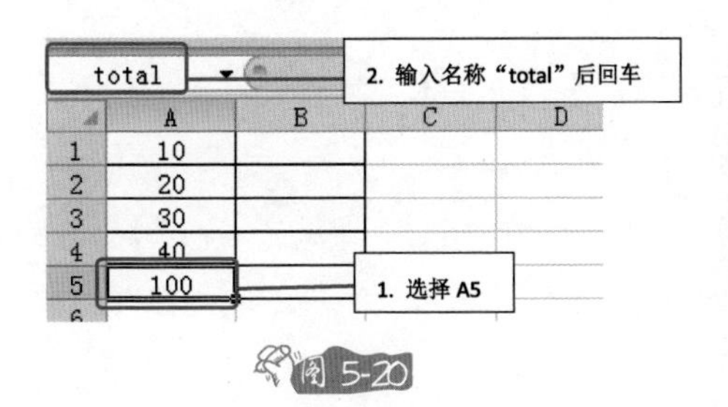

图 5-20

图 5-21

2. 使用定义名称

如图 5-22 所示，选择 A5，点击【公式】【定义名称】。

图 5-22

在弹出的对话框中输入名称“total”以及引用的位置，如图 5-23 所示。

名称需要符合一定的规范，不能以数字开始，不能有空格，不能有特殊符号，如“#”“￥”“%”“…”“@”，不能与 Excel 内部冲突，比如不能命名为 A1，因为 A1 就是指第一列第一行……想偷懒不记这些规则？要知道，如果命名出错，就会弹出错误提示信息，如图 5-24 所示。

知错就改，再换个正确名称也不迟。另外，名称是支持中文的，但建议最好用英文或拼音字母，主要是方便以后修改或删除。

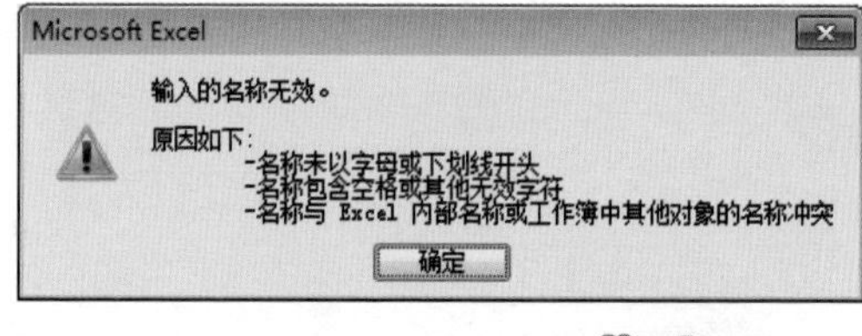

图 5-23　图 5-24

修改、删除名称还是点击【公式】【名称管理器】，然后在弹出的对话框中修改，如图 5-25 所示。

可以看到该工作簿中的名称列表，切换到英文输入法。随便选择一个，然后按首字母，将可以快速跳转到以该字母为首的名称中。如果是中文就得一个个用眼睛去找了，所以如果用中文命名最终还是苦了自己。

3. 根据所选内容创建

如图 5-26 所示，表格中 A 列命名为“Beijing”，B 列命名为“Shanghai”，这是如何做到的呢?

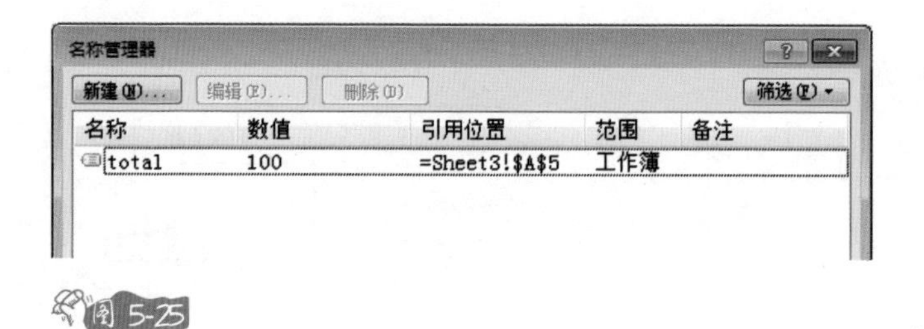

图 5-25

	A	B
1	Beijing	Shanghai
2	83	27
3	43	50
4	92	94
5	96	73
6	72	83
7	49	30
8	49	35
9	73	96
10	32	2

图 5-26

可以点击数据表A1:B10,然后点击【公式】选项卡中【根据所选内容创建】,如图 5-27 所示。

然后在出现的界面中勾选【首行】，如图 5-28 所示，这样表格区域每列均以首行标题作为名称。

点击【公式】【名称管理器】，会弹出对话框，如图 5-29 所示，可查看已经命名的区域。

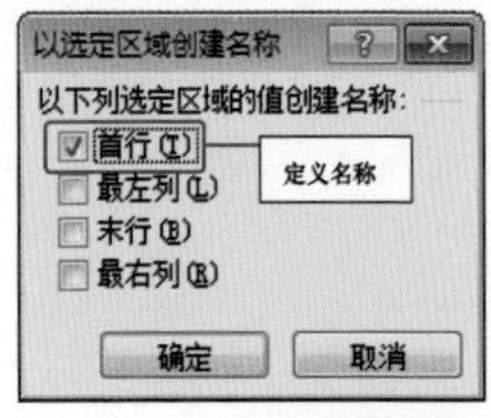

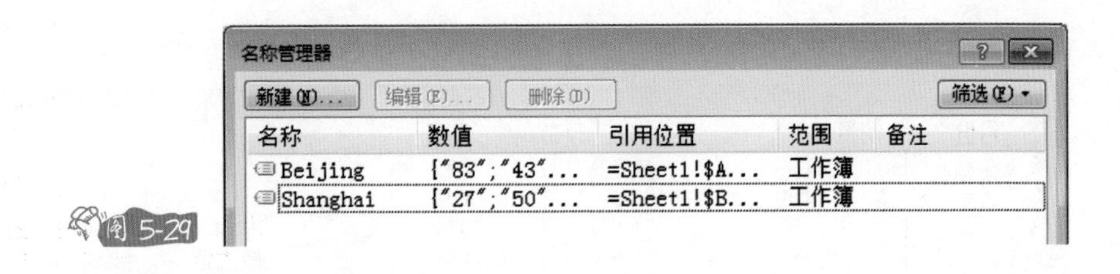

第5节 我总遇见你：最常见的几个函数

如果需要将A1+A2+A3+A4+A5+A6+A7+A8……一直加到A100，你肯定不想一个一个计算，你没这么多时间。

有了函数就方便多了，你只需告诉它计算方式——通常指函数名称，如“SUM”就是求和函数，然后告诉它计算范围——通常指参数。针对上述问题，你只需在结果单元格中输入函数“=SUM(A1:A100)”，Excel立即帮你算出最终答案。

Excel中函数就是指预先设置好的公式，它会进行计算并返回结果。函数名称是系统提供的，参数是由用户提供的。

除了“SUM”函数，“COUNT”“MAX”“MIN”“AVERAGE”，这些都是

Excel 中使用频繁的一些函数，相信很多人都用过。

“MAX”函数：获取最大值；

“MIN”函数：获取最小值；

“AVERAGE”函数：获取平均值；

“COUNT”函数：计算数值个数。

值得一提的是“COUNT”函数，可能你一直对它有所误解。问个问题，如图 5-30 所示，统计以下区域，设置函数“=COUNT(A2:A13)”，运算结果是多少呢？

	A	B
1	月份	销量
2	1月	108
3	2月	190
4	3月	37
5	4月	187
6	5月	7
7	6月	
8	7月	96
9	8月	162
10	9月	120
11	10月	187
12	11月	55
13	12月	16

设置函数

图 5-30

	A	B	C	D	E
1	月份	销量			
2	1月	108			
3	2月	190			
4	3月	37		求和	=SUM(B2:B13)
5	4月	187		最大值	=MAX(B2:B13)
6	5月	7		最小值	=MIN(B2:B13)
7	6月	159		平均值	=AVERAGE(B2:B13)
8	7月	96		计数	=COUNT(B2:B13)
9	8月	162			
10	9月	120			
11	10月	187			
12	11月	55			
13	12月	16			

图 5-31

最简单的往往是使用最频繁的。

最简单的往往也是容易被忽视的。

很多人认为上述问题的答案是 12，正确答案不是 12，而是 0。“COUNT”函数是用来计算数值个数的，所选区域内一个数值都没有，全是字符串，所以答案为 0。

需要返回 12，应该用“COUNTA()”函数，返回的是计算非空单元格。如果计算空值的单元格，可以使用“COUNTBLANK()”函数。

如果需要为 B2:B13 分别求和，得出最大值、最小值、平均值以及计算数值的个数，主要有以下两种方法。

方法一：如图 5-31 所示，分别在 E4:E8 单元格输入公式。

方法二：使用工具栏上的按钮。英文不是很好的朋友有福了，你不需要记这几个函数。

以求和为例，先选择答案所在的单元格，如 E4，然后点击【开始】选项卡，在【编辑】组中找到【自动求和】下拉列表，如图 5-32 所示。

你将看到最常用的五个函数，然后点击【求和】，如图 5-33 所示。

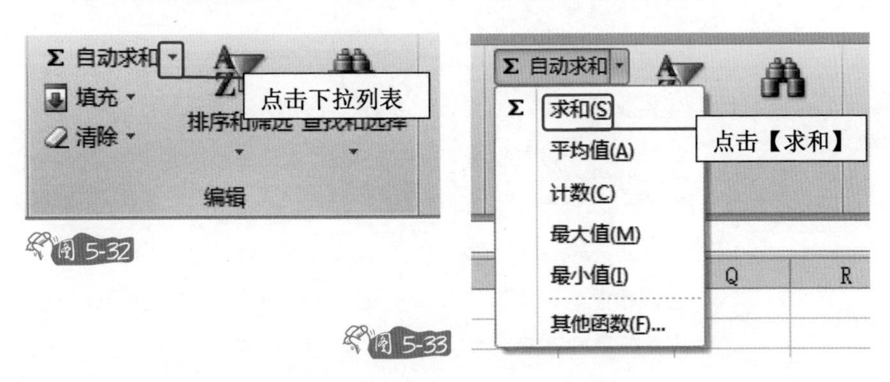

图 5-32

图 5-33

这时 E4 单元格将出现“SUM”函数，同时选中了一个区域“=SUM(B4:D4)”。保持选中的状态（抹黑状态），重新选择区域，选择 B2:B13，然后回车。

“MAX”函数、“MIN”函数、“AVERAGE”函数、“COUNT”函数计算方法与此相同。

名称引用最主要的作用是方便反复调用某个区域。

不管你是用上面的哪种方法，你都是在做一件事情，那就是反复地选择了 B2:B13 这个区域。这时候我们为区域命名。具体操作如下：

选择 B2:B13，然后在名称框中输入名称如“Sales”，回车。这样 B2:B13 这个区域就有了名字，以后需要调用的时候就可以这么写，如“=SUM(Sales)”，接下来分别这样写“=MAX(Sales)”“=MIN(Sales)”“=AVERAGE(Sales)”“=COUNT(Sales)”，这样一来就不用重复地选择五次区域了。

第 6 节 大胆做个假设：“IF”函数

“IF”也是应用相当广泛的一个函数，根据不同的条件执行不同的操作，返回不同的结果。

如果成绩大于 60 分显示及格。

如果工资大于 3500 元，交个人所得税。

如果业绩达到 10000 元，提成奖金。

这样的例子信手拈来，一抓一大把，一装一火车。

我们先来做一个简单的“IF”函数。如图 5-34 所示，需要将成绩按等级进行划分，如果成绩大于 90 分则显示“优秀”，否则显示“一般”。

建议初学者不要这样写“=IF(IF(IF……)”，主要是因为如果嵌套层数多了，后果就是数不清后面究竟有几个反括号了。

可以这样做：选择 B2 单元格，然后按快捷键“Shift+F3”，显示【公式】选项卡，在如图 5-35、图 5-36 所示界面中选择全部函数，找到“IF”函数。Excel 自带 300 多个函数，怎样快数找到“IF”函数呢？我们可以切换到英文输入法，点击第一个函数“ABS”，然后按一下字母键“I”键，这样就能快速跳转到以字母“I”为首的函数了，“IF”正好是第一个以字母“I”为首的函数。

图 5-34

	A	B
1	成绩	等级
2	98	
3	86	
4	78	
5	34	
6	20	
7	66	

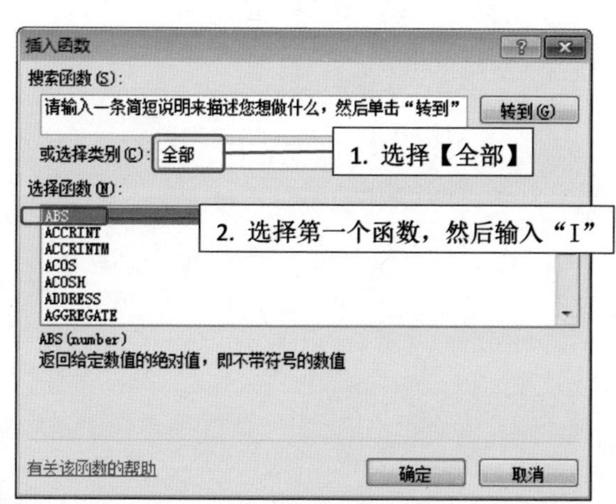

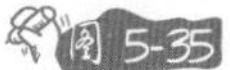

图 5-35

插入函数

搜索函数(S):

请输入一条简短说明来描述您想做什么，然后单击“转到”　转到(G)

或选择类别(C): 全部

选择函数(N):

HEX2OCT
HLOOKUP
HOUR
HYPERLINK
HYPGEOM.DIST
HYPGEOMDIST
IF

自动跳转到IF函数

IF(logical_test,value_if_true,value_if_false)
判断是否满足某个条件，如果满足返回一个值，如果不满足则返回另一个值。

有关该函数的帮助　确定　取消

图5-36

然后点击“IF”函数，将出现如图5-37所示对话框。

函数参数

IF

Logical_test = 逻辑值
Value_if_true = 任意
Value_if_false = 任意

=

判断是否满足某个条件，如果满足返回一个值，如果不满足则返回另一个值。

Logical_test 是任何可能被计算为 TRUE 或 FALSE 的数值或表达式。

计算结果 =

有关该函数的帮助(H)　确定　取消

“IF”函数一共有三个参数，“logical_test”“value_if_true”“value_if_false”，翻译为中文，意思为“条件判断”“成立时”“不成立时”，如图5-38所示完成这个公式。

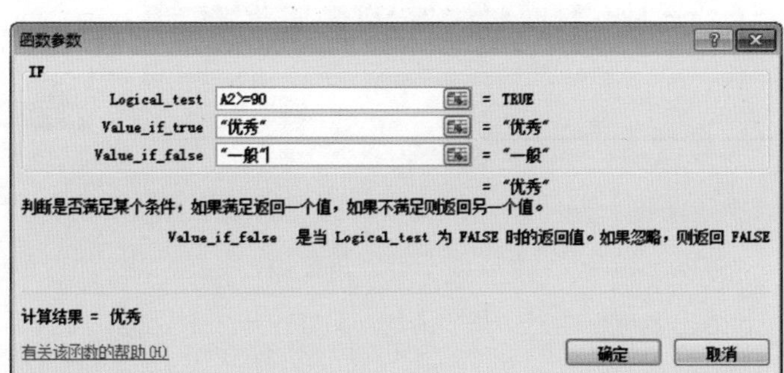

如果存在三种情况呢？比如成绩大于 90 分，显示“优秀”；成绩大于、等于 60 分，显示“及格”；其他显示“补考”。

“Value_if_false”这一栏中，因为小于 90 分需要再作判断，所以光标放在该栏中，删除原有的“一般”，然后点击编辑栏左边的名称框中的“IF”函数，你将发现又弹出一个“IF”函数的界面，如图 5-39 所示，你需要再次设置 IF 函数。

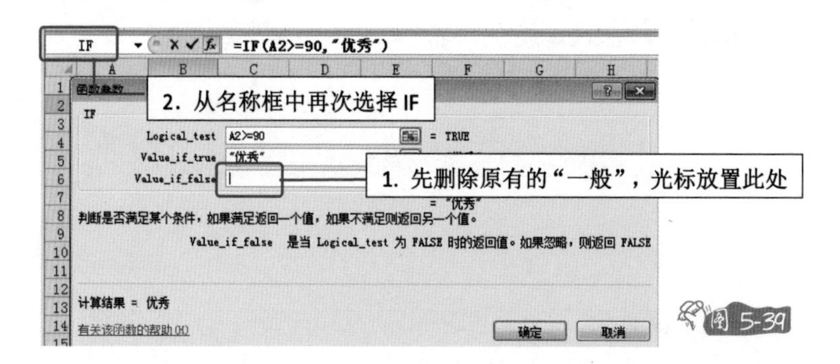

图 5-39

现在如法炮制，这一次是与 60 分作比较，因为剩下的都是小于 90 分的，所以在“logical_test”这一栏中不要写成“90>=A2>=60”，这是画蛇添足了，正确的应该写“A2>=60”。

“Value_if_true”栏中写“及格”，“Value_if_false”栏中写“补考”，如图 5-40 所示。

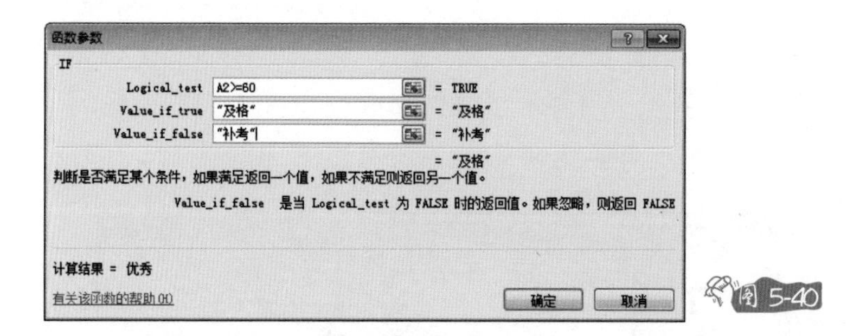

图 5-40

如果还要进一步判断，比如小于 60 分的，大于 0 分的为“补考”，否则显示“数据出错”，因为成绩不可以是负数，同样，将上述对话框中“补考”删除，再点击名称框中的“IF”函数，又弹出一个对话框，可作新一轮设置。

或许你有疑问："IF"函数最多能嵌套多少层呢？满足一下你的好奇心：Excel 2003 最多能嵌套 7 层，Excel 2007 以后的版本最多允许 64 个 IF 嵌套。虽然 Excel 允许这么多层嵌套，但图 5-41 中这样的函数，我是坚决不认同的。难道这个世界上其他的函数都"死光光了"吗？当公式函数写到第三行、第四行，你就该考虑是不是有其他的方法了！

IF(E2="奶黄包",H2*200,IF(E2="杂粮烧卖",H2*25,IF(E2="酸梅汤（张小宝）",H2*10,IF(E2="玉米窝窝头",H2*25,IF(E2="五芳斋豆沙粽子",H2*50,IF(E2="五芳斋肉粽子",H2*50,IF(E2="紫薯包",H2*50,IF(E2="麻糕（香甜味）",H2*45,IF(E2="麻糕（椒盐味）",H2*45,IF(E2="饭团（甜味）",H2*24,H2))))))))))

图 5-41

根据不同的情况，可以用不同的方法，有时可以用"VLOOKUP"代替，有时可以用"INDEX"代替，有时可以用"CHOOSE"代替。兵无常势，水无常形，随机应变而已。

对于"IF"函数滥用自己却从未"凌乱"的人，笔者实在佩服，好眼力！

第 7 节 两者都要有："AND"函数

通过上节的学习，我们已经掌握了"IF"函数的基本用法，下面再讲讲进阶用法。

如图 5-42 中，如果想设置函数，当 A 列语文成绩大于 60 分时，C 列显示"及格"，那么 C 列的公式应该这么写："=IF(A2>=60,"及格","补考")"。

但如果要 A 列语文成绩大于 60 分，并且 B 列数学成绩大于 60 分才显示及格，否则补考，该怎么设置呢？

如果公式这样写"=IF(A2>=60,B2>=60,"及格","补考")"就不对了，"IF"函数最多支持三个参数。

	A	B	C
1	语文	数学	等级
2	28	73	
3	51	89	
4	69	96	
5	94	77	
6	12	50	
7	37	76	
8	65	82	
9	95	10	

图 5-42

我们可以修改一下：“=IF(AND(A2>=60,B2>=60),"及格","补考")”。

也就是说，单个条件时“IF”函数公式应该这样写：“=IF(条件判断，成立时，不成立时)”。多个条件同时满足时，“IF”函数嵌套“AND”函数：“=IF(AND(条件1，条件2,……),成立时，不成立时)”。

如果将函数中的“AND”更改为“OR”函数，就是或者关系，也就是多个条件只要满足其中一个条件即可，“=IF(AND(条件1，条件2,……),成立时，不成立时)”改为“=IF(AND(A2>=60,B2>=60),"及格","补考")”，就是说，或者语文大于60分，或者数学大于60分，只要满足其中任意一个条件就显示为“及格”，一个条件都不满足则显示为“补考”。

第8节 按规律办事：公式函数规律

在Excel中输入函数的过程中，我们可以看到如图5-43所示的提示。

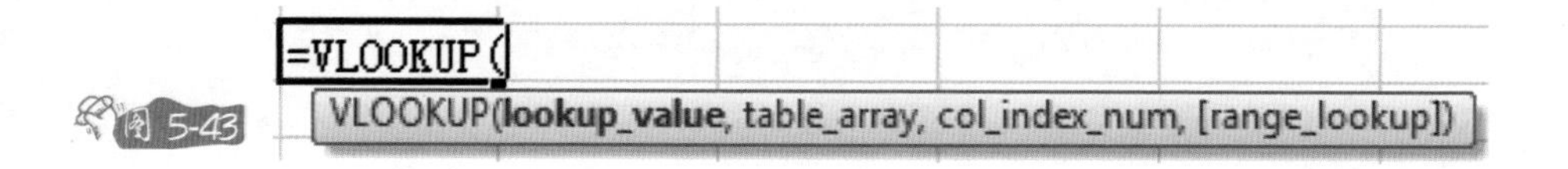

图 5-43

输入函数时必须先输入“=”，然后输入函数名称，函数名称后面紧接着输入括号，并且括号是成对出现的，其中括号内部的表示函数的参数， 比 如“VLOOKUP(**lookup_value**, table_array, col_index_num,[range_lookup])”在参数中有些是加粗显示的，表示当前的位置，比如在设置查找值的时候，第一个参数加粗，在设置查找范围时，第二个参数加粗。参数中如果有“[]”，表示该参数允许省略的写法。

函数其实是有很多规律的，如果我们掌握这些规律，在输入函数的时候就可以减少错误的发生，下面是笔者概括的一些规律。

①公式函数以“=”开始，后接函数名称、括号，括号成对出现。

②任何函数均有返回值。

③函数将自动更新。

④函数中如果有字符串需加引号。

⑤参数之间用逗号隔开。

⑥所有字符用英文半角。

⑦函数不区分大小写。

⑧参数最少 0 个，最多 255 个，有些函数参数个数固定，有些参数可省略。

第 9 节 满足你要求：常见统计函数

1. “SUMIF”函数

“SUM”是求和函数，“IF”是条件判断函数，“SUMIF”即条件求和函数，也就是对满足条件的单元格求和。

如图 5-44 表格中，需要按地区进行汇总。相信有人会这么做：筛选出北京的，求和；筛选出上海的，求和；筛选出广州的，再求和……几十个城市够人忙活的。

遇到这种情况，“SUMIF”就可以派上用场，“SUMIF(range, criteria, [sum_range])”，这个函数一共只有三个参数：区域，条件，求和区域。

如果我需要统计上海区域的数据，可以这么写函数“=SUMIF(A2:A8,"上

图5-44

	A	B
1	区域	销量
2	上海	10
3	北京	30
4	广州	20
5	上海	30
6	北京	10
7	上海	30
8	深圳	10

	A	B	C	D	E	F
1	区域	销量			区域	
2	上海	10			上海	
3	北京	30			北京	
4	广州	20			广州	
5	上海	30			上海	
6	北京	10			北京	
7	上海	30			上海	
8	深圳	10			深圳	
9						

图5-45

海",B2:B8)”，也就是在A2:A8范围中统计满足条件区域为“上海”的数据，计算B2:B8对应的汇总。不过，像这样北京、广州、深圳……一个个地改区域，也不方便。

不妨将条件改为单元格引用，这样就可以只写一个公式，向下填充。跟着我按照下面一步步操作。

第一步：将A列数据复制到E列，如图5-45所示。

第二步：选中E列，然后点击【数据】选项卡，点击【删除重复项】，如图5-46所示。

图5-46

这样一来，将出现【删除重复项】选项卡，如图5-47所示，因为已经勾选了【区域】，也就是说将区域中重复项取唯一值。

这样做的结果如图5-48所示：

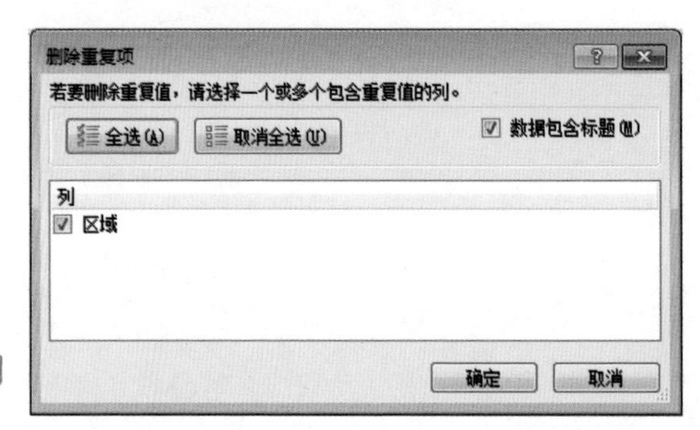

图5-47

E	F
区域	
上海	
北京	
广州	
深圳	

图5-48

第三步：F1 单元格输入“汇总”，F2 单元格中输入公式“=SUMIF(A2:A8,E2,B2:B8)”，结果如图 5-49 所示。

	E	F
1	区域	汇总
2	上海	70
3	北京	
4	广州	
5	深圳	

图 5-49

	A	B	C	D	E	F
1	区域	销量			区域	汇总
2	上海	10			上海	70
3	北京	30			北京	40
4	广州	20			广州	20
5	上海	30			深圳	10
6	北京	10				
7	上海	30				
8	深圳	10				

图 5-50

到了这一步，如果还需要统计北京、广州、深圳的数据，你可能会直接选中 F2 向下拖动填充，如图 5-50 所示，看上去好像对了，没什么问题，其实问题蛮严重的。

点击 F5 单元格，如图 5-51 所示可以看到公式中区域已经变成 A5:A11，求和的范围也变成 B5:B11。在这个公式中，不管怎么向下填充，区域固定是 A2:A8，求和区域固定是 B2:B8，只是其中的条件需要从 E2、E3、E4、E5 分别由上海变为北京、广州、深圳。所以公式“=SUMIF(A2:A8,E2,B2:B8)”将区域 A2:A8 选中，按 F4 键锁定，同样，选中 B2:B8，按 F4 键锁定，再向下填充，应该变为“=SUMIF($A$2:$A$8,E2,$B$2:$B$8)”。公式中 E2 单元格不锁定，因为需要变为 E3、E4、E5，如果对相对引用和绝对引用不是很清楚，请参照前面讲过的相关内容。

SUMIF =SUMIF(A5:A11, E5, B5:B11)

SUMIF(range, criteria, [sum_range])

	A	B	C	D	E	F
1	区域	销量			区域	汇总
2	上海	10			上海	70
3	北京	30			北京	40
4	广州	20			广州	20
5	上海	30			深圳	=SUMIF(A5
6	北京	10				
7	上海	30				
8	深圳	10				
9						
10						
11						

图 5-51

	A
1	工资
2	1500
3	3000
4	1800
5	4000
6	1800
7	3000

图 5-52

在“SUMIF(range, criteria, [sum_range])”这个函数中，我们注意到第三个参数有“[]”，有中括号的参数表示该参数可以省略。当区域与求和区域为同一个范围时，该参数可以省略。

如图 5-52 所示，需要对工资大于 2000 元的进行汇总。我们可以使用公式“=SUMIF(A2:A7,">2000")”。

另外，条件参数中可使用通配符（包括问号 “?” 和星号 “*” ）。问号匹配任意单个字符；星号匹配任意一串字符。如图 5-53 所示，使用公式“=SUMIF(A2:A6,"* 肉 ",B2:B6)”，指对最后一个字为“肉”的产品统计数量，如果使用公式“=SUMIF(A2:A6,"? 肉 ",B2:B6)”，可以理解为对第二个字为“肉”并且名称只能是两个字的产品统计数量。

	A	B
1	产品	数量
2	猪肉	10
3	鸡蛋	23
4	牛肉	20
5	鸡肉	30
6	龙虾	50

图 5-53

	A	B	C	D	E	F
1	城市	地区	产品名称	日期	单价	数量
4393	石家庄	华北	杂粮烧卖	2012-3-30	1.6	327
4394	上海	华东	杂粮烧卖	2012-11-23	1.6	221
4395	沈阳	东北	杂粮烧卖	2011-12-12	1.6	399
4396	杭州	华东	杂粮烧卖	2012-1-17	1.6	109
4397	天津	华北	杂粮烧卖	2011-12-3	1.6	257
4398	武昌	华中	杂粮烧卖	2012-8-20	1.6	280
4399	昆明	西南	杂粮烧卖	2012-6-17	1.6	260
4400	重庆	西南	杂粮烧卖	2013-3-29	1.6	255
4401	长春	东北	杂粮烧卖	2012-1-3	1.6	113
4402	长沙	华中	杂粮烧卖	2011-8-17	1.6	104
4403	郑州	华中	杂粮烧卖	2012-7-24	1.6	170

图 5-54

类似的函数还有“AVERAGEIF()”，也就是条件计数，操作方法与“SUMIF”完全相同。

上述例子比较简单，主要是方便初学者理解。下面以一张大表格为例，结合名称引用，教大家快速求和的方法。

如图 5-54 所示，几千行数据，需要按地区汇总数量。

步骤一：删除重复项。

将 B 列数据复制到 H 列，点击【数据】【删除重复项】，得到如图 5-55 所示的效果。

步骤二：为区域命名。

	A	B	C	D	E	F	G	H
1	城市	地区	产品名称	日期	单价	数量		地区
2	北京	华北	葱油花卷	2011-10-15	0.6	359		华北
3	福州	华东	葱油花卷	2012-9-4	0.6	116		华东
4	广州	华南	葱油花卷	2012-8-2	0.6	137		华南
5	哈尔滨	东北	葱油花卷	2012-9-22	0.6	294		东北
6	海口	华南	葱油花卷	2012-6-9	0.6	258		华中
7	汉口	华中	葱油花卷	2012-5-13	0.6	310		西南
8	杭州	华东	葱油花卷	2011-9-5	0.6	236		
9	合肥	华东	葱油花卷	2013-4-12	0.6	258		
10	河北	华北	葱油花卷	2012-9-24	0.6	246		
11	柳州	华南	葱油花卷	2012-10-29	0.6	103		

图 5-55

先点击 A1，然后“Ctrl+A”选择全表，点击【公式】【根据所选内容创建】。

做完上述步骤，在【公式】【名称管理器】中将发现该表中每一列均命名为一个名称，如图 5-56 所示。

图 5-56
图 5-57

步骤三：输入公式。如图 5-57 所示，在表格 I2 中输入以下公式：“=SUMIF(地区 ,H2, 数量)”。因为“地区”即指 B 列的数据，“数量”即指 F 列的数据。

2.“COUNTIF”函数

“COUNT”是计数，“IF”是条件判断，“COUNTIF”也就是对满足条件的单元格计数，即指定条件区域计数。

比起“SUMIF”，“COUNTIF”使用更简单，一共有两个参数，“=COUNTIF(range, criteria)”，分别是区域和条件。在运用“COUNTIF”函数时要注意，当参数条件为表达式或文本时，必须用引号，否则将提示出错。

如图 5-58 所示表格中，需要计算上海出现的次数，可以使用公式

“=COUNTIF(A2:A8,"上海")”。

如果要计算销量大于20出现的次数，可以使用公式“=COUNTIF(B2:B8,">20")”，取条件范围都需要加引号，因为文本或表达式必须加引号，如果是单元格则不需要。

如图5-59所示表格中，则可以用“=COUNTIF($A$2:$A$8,E2)”这个公式，E2单元格不需要加引号，但区域范围需要锁定。F2公式写好后可以直接向下填充。

	A	B
1	区域	销量
2	上海	10
3	北京	30
4	广州	20
5	上海	30
6	北京	10
7	上海	30
8	深圳	10

图 5-58

F2 =COUNTIF($A$2:$A$8,E2)

	A	B	C	D	E	F
1	区域	销量			区域	次数
2	上海	10			上海	3
3	北京	30			北京	
4	广州	20			广州	
5	上海	30			深圳	
6	北京	10				
7	上海	30				
8	深圳	10				
9						

图 5-59

3.“SUMIFS”函数

“SUM”是求和，“IF”是条件判断，“SUMIF”就是条件求和，再加复数形式“S”，也就是指多条件求和。对区域中满足多个条件的单元格中数据求和，就可以用到“SUMIFS”函数。

如图5-60所示，需要找出上海销量大于20的数据，再对其进行汇总，这时就可以用到“SUMIFS”函数。

	A	B
1	区域	销量
2	上海	10
3	北京	30
4	广州	20
5	上海	30
6	北京	10
7	上海	30
8	深圳	10

图 5-60

	A	B
1	区域	销量
2	上海	10
3	北京	30
4	广州	20
5	上海	30
6	北京	10
7	上海	30
8	深圳	10

图 5-61

“SUMIFS(sum_range, criteria_range1, criteria1, [criteria_range2, criteria2], ...)” 其中参数分别指求和区域、条件区域 1、条件 1、条件区域 2、条件 2……

针对上述问题，可以用以下公式：“=SUMIF(B2:B8,A2:A8,"上海",B2:B8,">20")”，求和范围为 B2:B8。第一个范围 A2:A8 满足第一个条件“上海”，第二个范围 B2:B8 满足条件“>20”，就这么简单！

4. “COUNTIFS”函数

“COUNTIFS(criteria_range1, criteria1, [criteria_range2, criteria2], ...)”，其中参数分别为条件区域 1、条件 1、条件区域 2、条件 2……

如图 5-61 所示的表格，需要计算上海销量大于 20 出现的次数，这时就可以用到“COUNTIFS”函数。

公式“=COUNTIFS(A2:A8,"上海",B2:B8,">20")”可以这么理解：第一个范围 A2:A8，满足条件“上海”；第二个范围 B2:B8，满足条件“>20”。

接下来做一个综合练习：

如图 5-62 所示表格中，需要设置公式，完成以下四个任务：①统计男员工人数。②统计工人工资汇总。③统计修理车间男员工基本工资汇总。④统计女工人数。

	A	B	C	D	E	F
1	姓名	性别	年龄	部门	职称	基本工资
2	陈癸酉	男	20	修理车间	助工	836
3	褚甲戌	男	46	后勤组	工人	898
4	冯壬申	男	34	办公室	技术员	920
5	李丁卯	男	41	修理车间	助工	936
6	钱乙丑	女	31	修理车间	工人	892
7	孙丙寅	男	33	后勤组	工人	868
8	王辛未	女	40	后勤组	工人	1002
9	吴己巳	男	40	办公室	工程师	1158
10	赵甲子	男	33	修理车间	工程师	1238
11	郑庚午	女	32	修理车间	助工	961
12	周戊辰	女	35	修理车间	工人	932

答案如下：

①统计男员工人数：“=COUNTIF(B2:B12,"男")”。

②统计工人工资汇总：“=SUMIF(E2:E12,"工人", F2:F12)”。

③统计修理车间男员工基本工资汇总："=SUMIFS(F2:F12,B2:B12,"男",D2:D12,"修理车间")"。

④统计女工人数："=COUNTIFS(B2:B12,"女",E2:E12,"工人")"。

5. "SUMPRODUCT()"函数

"SUM()"函数用来求和，"PRODUCT()"函数用来求乘积，"SUMPRODUCT()"即用来计算相乘相加。

如图 5-63 所示，设置公式"=SUM(A1:A4)"，相当于"1+2+3+4"，答案为 10。设置公式"=PRODUCT(A1:A4)"，即相当于"1×2×3×4"，答案为 24。

先看下面一个例子，如图 5-64 所示表格，需要计算单价 × 数量，最后汇总。即 A2×B2+A3×B3+A4×B4+A5×B5+A6×B6+A7×B7。可以使用"SUMPRODUCT"函数，设置公式"=SUMPRODUCT(A2:A7,B2:B7)"即可。

	A	B	C
1	1		=SUM(A1:A4)
2	2		
3	3		=PRODUCT(A1:A4)
4	4		

图 5-63

	A	B
1	单价	数量
2	1	20
3	2	10
4	3	5
5	4	6
6	5	2
7	6	4

图 5-64

实际工作上经常需要应用到"SUMPRODUCT()"函数。例如，如图 5-65 所示的表格需要计算销售业绩，常规公式为"=B4*$B$1+C4*$C$1+D4*$D$1+E4*$E$1"，使用"SUMPRODUCT"函数的公式则为"=SUMPRODUCT($B$1:$E$1,B4:E4)"。

注意事项：

"=SUMPRODUCT（array1,array2,array3, … array255）"，其中参数为数组 1、数组 2、数组 3……数组 255。参数数组必须具有相同的维数，否则，函数将返回错误值"#VALUE!"。也就是说"=SUMPRODUCT(A1:A4,B1:B5)"，因为 A1:A4 为四个数，而 B1:B5 为五个数，这种公式将出现错误。

上述操作是"SUMPRODUCT"最基础的用法，我们还可以用"SUMPRODUCT"进行多条件计数。

话说 2006 年以前，也就是 Excel 2007 版之前，是没有"COUNTIFS"这

F4 fx =B4*$B$1+C4*$C$1+D4*$D$1+E4*$E$1

	A	B	C	D	E	F
1	单价	¥18.00	¥12.00	¥7.00	¥1.00	
2						
3	商品	A	B	C	D	销售业绩
4	甲	63	46	45	22	¥2,023.00
5	乙	28	75	91	59	
6	丙	77	95	50	52	
7	丁	30	32	89	55	
8	戊	41	15	29	32	
9	己	88	54	43	88	
10	庚	49	63	69	60	

图 5-65

个函数的，那时候“SUMPRODUCT”正大行其道。

如上图 5-62 所示表格，需要统计女工人数。

多条件计数，也就是统计满足条件的个数。

利用“SUMPRODUCT”进行多条件计数，语法如下：“=SUMPRODUCT((条件 1)*(条件 2)*(条件 3)* …(条件 n))”，所以这里公式应该这么写：“=SUMPRODUCT((B2:B12="女")*(E2:E12="工人"))”。

我们还可以用“SUMPRODUCT”来进行多条件求和。

需要统计修理车间男工人基本工资汇总，利用“SUMPRODUCT”进行多条件求和，语法如下：“= SUMPRODUCT((条件 1)*(条件 2)*(条件 3)*…(条件 n)*求和区域)”。

所以这里的公式我们应该这么写才对：“= SUMPRODUCT((B2:B12="男")*(D2:D12="工人")*(F2:F12))”。

第10节 文字游戏：常见文本函数

1. “LEFT”函数

使用“LEFT”函数可以根据所指定的字符数，返回文本字符串中第一个字符或前几个字符。

“LEFT”函数语法：“= LEFT (text,num_chars)”。

参数释义：文本，数字。

实例：“= LEFT ("ABCDEFG",3) ”，结果为“ABC”。

实例说明：从“ABCDEFG”字符串左边取三个字符。

2. “RIGHT”函数

使用“RIGHT”函数可以根据所指定的字符数返回文本字符串中最后一个或多个字符。

“RIGHT”函数语法：“= RIGHT (text,num_chars)”。

参数释义：文本，数字。

实例：“= RIGHT ("ABCDEFG",3) ”，结果为“EFG”。

实例说明：从“ABCDEFG”字符串右边取三个字符。

3. “MID”函数

使用“MID”函数可以从字符串中返回指定数目的字符。

“MID”函数语法：“=MID(text,start_num,num_chars)”。

参数释义：文本，起始位置，个数。

实例：“=MID("ABCDEFG",2,3) ”，结果为“BCD”。

实例说明：从“ABCDEFG”字符串中的第 2 个字符开始取连续 3 个字符。

4. “LEN”函数

使用“LEN”函数可以计算文本字符串中字符的个数。

“LEN”函数语法：“= LEN(text)”。

参数释义：文本。

实例：“=LEN("ABCDEFG")”，结果为“7”。

实例说明：计算字符串“ABCDEFG”一共有几个字符。

如图 5-66 所示，需要检查身份证号的长度，很多人会一个个去数，1，2，3……下面跟着我做：在 B1 单元格输入公式：“=LEN(A1)”。答案自动出来了，就这么简单。

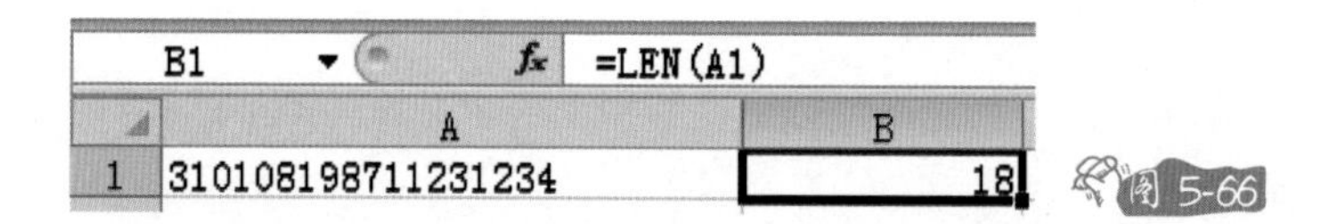

图 5-66

5. “REPT”函数

使用“REPT”函数可以按照定义的次数重复显示文本，相当于复制文本。

“REPT” 函数语法：“REPT(text,number_times)”。

参数释义：文本，次数。

实例：“= REPT("★",5)”，结果为“★★★★★”。

实例说明：重复输入 5 次“★”。

如图 5-67 所示，需要将所有编号变为 6 位数，不足 6 位的添加 0。

	A	B	C	D
1	21			000021
2	3456			003456
3	234			000234
4	1			000001
5	34567			034567

图 5-67

综合应用以上函数，操作步骤如下：

首先在 B1 单元格输入函数“=REPT("0",6)”，即得到“000000”。其次在 C1 单元格输入公式“=B1&A1”，即得到“00000021”。第三步在 D1 单元格输入公式“=RIGHT(C1,6)”，即得到“000021”。如图 5-68 所示，以下类推。

	A	B	C	D
1	21	000000	00000021	000021
2	3456	000000	0000003456	003456
3	234	000000	000000234	000234
4	1	000000	0000001	000001
5	34567	000000	00000034567	034567

图 5-68

6. “FIND”函数

使用“FIND”函数可以查找一个文本在另一个文本中的位置。

“FIND”函数语法：“=FIND(find_text, within_text, [start_num])”。

参数释义：查找值，包含要查找文本的文本，指定要从其开始搜索的字符。

实例 1：“=FIND("E","EXCELVBA",1)”，结果为“1”。

实例 1 说明：从“EXCELVBA”中第 1 位字符开始查找，查找到“E”位于第 1 位。

实例 2：“=FIND("E","EXCELVBA",2)”，结果为“4”。

实例 2 说明：从“EXCELVBA”中第 2 位字符开始查找，查找到“E”位于第 4 位。

实际应用中，“FIND”函数可以用来查找某个值在字符串中是否存在，也可以获取其位置。

如图 5-69 所示，需要将 A 列表格中的文件名取出，除了对照 A 列手动输入文件名外，我们还可以使用“LEFT”函数。

公式如下：“=LEFT(A1,FIND(".",A1)-1)”，可以这么理解：先查找“.”在字符串中的位置，再从字符串中左边提取字符，取的位数为“.”的位置减去 1，如图 5-70 所示。

	A	B	C	D
1	abc.xls			abc
2	ab.xls			ab
3	abcde.doc			abcde
4	abcdef.ppt			abcdef
5	abcd.xls			abcd

图 5-69

	A	B	C	D
1	abc.xls			=LEFT(A1,FIND(".",A1)-1)
2	ab.xls			=LEFT(A2,FIND(".",A2)-1)
3	abcde.doc			=LEFT(A3,FIND(".",A3)-1)
4	abcdef.ppt			=LEFT(A4,FIND(".",A4)-1)
5	abcd.xls			=LEFT(A5,FIND(".",A5)-1)

图 5-70

第 11 节 今夕是何夕：常见日期函数

在单元格中输入“=TODAY()”，回车，将显示当天的日期。用快捷键“Ctrl+;”也能显示当天日期，但两者是有区别的，函数会自动更新，也就是说，第二天打开表格，输入了公式“=TODAY()”的单元格将变为显示这一天的日期，而使用了“Ctrl+;”的日期则没有变，还是头天的。

仔细琢磨你会发现，“TODAY()”这个函数有点奇怪，上面我们讲述过的函数中括号里面都有内容，而这个函数括号里面什么也没有。这是一个无参函数，也就是说里面没有参数。

在 Excel 中，有些函数如“SUM”函数，参数不能为空，必须有内容，你可以这么写“=SUM(1,2,3)”，但是你不可以写“SUM()”；而有些函数有时有参数，有时没有参数，如“COLUMN()”，返回当前的列号，如果是在 B1 中输入“=COLUMN()”,当前列为 2,也就是返回 2,如果你在 C1 中输入“=COLUMN()”,即当前列为 3，也就是说返回 3，我们也可以用“=COLUMN(B1)”返回 B1 所在的列号，无论在哪个单元格输入“=COLUMN(B1)”都将返回 B1 所在的列号，与当前列无关。

常见的日期时间函数应用有以下几种。

“=TODAY()”：返回系统当前的日期，也就是当天的日期，这和电脑设置有关。比如你电脑的时间是 2013 年 9 月 21 日，那么输入“=TODAY()”也就返回“2013 年 9 月 21 日”。

“=NOW()”：返回系统当前的日期和时间，也就是现在的时间，这和电脑设置有关。比如你电脑的时间是 2013 年 9 月 21 日 12:30:34，那么输入“=NOW()”也就返回“2013 年 9 月 21 日 12:30:34”。

“=YEAR(serial_number)”：返回某日期对应的年份。返回值为 1900 到 9999 之间的整数。

“=MONTH(serial_number)”：返回某日期对应的月份。返回值为 1 到 12 之间的整数。

“=DAY(serial_number)”：返回某日期对应的天数，用整数 1 到 31 表示。

结合实际工作中的应用，如图 5-71 所示，一张表格可能有几万行数据，你需要找出 2012 年的数据。

可以在 B1 单元格输入公式“=YEAR(A1)”，将可以找出哪些是 2013 年的数据，哪些是 2012 年的数据。如图 5-72 所示，有了这个依据就可以根据数据的不同年份而做进一步的操作。

比如 A1:A7，需要将 2012 年的日期标红色，可以在条件格式中写入公式。选择区域 A1:A7，然后点击【开始】，点击样式组中【条件格式】，在新建规则中使用公式，使用如下公式“=YEAR(A1)=2012”，点击【格式】设置成

	A
1	2013-7-23
2	2013-9-14
3	2013-4-5
4	2012-7-26
5	2013-6-12
6	2013-5-19
7	2013-7-29

图 5-71

B1 =YEAR(A1)

	A	B
1	2013-7-23	2013
2	2013-9-14	2013
3	2013-4-5	2013
4	2012-7-26	2012
5	2013-6-12	2013
6	2013-5-19	2013
7	2013-7-29	2013

图 5-72

B1 =DATE(LEFT(A1,4),MID(A1,5,2),RIGHT(A1,2))

	A	B	C	D
1	20130723	2013-7-23		
2	20130914	2013-9-14		
3	20130405	2013-4-5		
4	20130726	2013-7-26		
5	20130612	2013-6-12		
6	20130519	2013-5-19		
7	20130729	2013-7-29		

图 5-73

红色。

以上公式解释如下：年份为 2012 年，因为 A1 使用了相对引用，从而判断 A2、A3、A4 一直到 A7，只要是 2012 年的即标红色。如果有一万行数据，可以很快将一万行中数据为 2012 年的标红色。

综合应用日期时间函数，还可以处理不规范的日期。

如果单元格的日期格式为“20130406”，那么可以用函数进行转换，在 B1 单元格输入公式“=DATE(LEFT(A1,4),MID(A1,5,2),RIGHT(A1,2))”，即 A1 左边四位为日期的年份，将 A1 单元格中数据从第 5 位起取两位数作为月份，将 A1 单元格中右边两位数作为日期。

处理完后的效果如图 5-73 所示。

我们还可以综合应用日期时间函数，根据身份证数据提取日期。

18 位身份证号码，1~6 位为地区代码；7~10 位为出生年份；11~12 位为出生月份；13~14 位为出生日期；15~17 位为顺序号，并能够根据顺序号判断性别，奇数为男，偶数为女；第 18 位为校验码。

如图 5-74 所示，输入公式“=DATE(mid(A1,7,4),mid(A1,11,2),mid(A1,13,2))”，回车，即可提取日期。

15 位身份证号码，1~6 位为行政区划编码，7~12 位是出生日期（年份占用 2 位），最后 3 位是顺序号。顺序号如果是奇数为男性，偶数为女性。

输入公式：“=DATE(mid(A1,7,2),mid(A1,9,2),mid(A1,11,2))”，回车，即可提取日期。

如果表格中的数据既有 15 位又有 18 位，可以采取以下混合提取方法。

针对 18 位身份证号码，公式为“=DATE(mid(A1,7,4),mid(A1,11,2),mid

(A1,13,2))”，记为公式 1；针对 15 位身份证号码，公式为“=DATE(mid(A1,7,2),mid(A1,9,2),mid(A1,11,2))”，记为公式 2。完整的公式即为：“=IF(LEN(A1)=18,DATE(mid(A1,7,4),mid(A1,11,2),mid(A1,13,2)),DATE(mid(A1,7,2),mid(A1,9,2),mid(A1,11,2)))”，如图 5-75 所示，B 列显示常规数字“32104”，而非日期。

再选中 B 列，“Ctrl+Shift+3”，快速转为日期格式，如图 5-76 所示。

B1 fx =DATE(MID(A1,7,4),MID(A1,11,2),MID(A1,13,2))

	A	B
1	310103198711231234	1987-11-23

B1 fx =IF(LEN(A1)=18,DATE(MID(A1,7,4),MID(A1,11,2),MID(A1,13,2)), DATE(MID(A1,7,2),MID(A1,9,2),MID(A1,11,2)))

	A	B	C	D	E	F
1	310103871123123	32104				
2	310103198711231234	32104				

	A	B
1	310103871123123	1987-11-23
2	310103198711231234	1987-11-23

Excel 里还隐藏有一个“DATEDIF”函数，这个函数在帮助和插入公式里是找不到的。使用这个函数可以返回两个日期之间的年月日间隔数。

“DATEDIF”函数语法为“= DATEDIF(start_date,end_date,unit)”，三个参数分别为起始日期、终止日期、单位。

起始日期代表时间段内的第一个日期或起始日期，终止日期代表时间段内的最后一个日期或结束日期，单位为所需信息的返回类型。

单位中“Y”代表时间段中的整年数；“M”代表时间段中的整月数；“D”代表时间段中的天数；“MD”代表起始日期和终止日期天数的差，忽略日期中的月和年；“YM”代表起始日期和终止日期月数的差，忽略日期中的日和年；“YD”代表起始日期和终止日期中天数的差，忽略日期中的年。

结合实际工作应用，为了更容易理解，我们以图 5-77 为例。假设某个员工入职日期为 2008 年 9 月 4 日，在 2010 年 8 月 7 日这一天，需要计算该员工的工龄。

其中A1单元格中数据为“2008-9-4”，A3单元格为“2010-8-7”，如果需要统计相差的年数，用公式“=YEAR(A3)-YEAR(A1)”，答案为“2”，这是一个错误的结果，因为相差并没有两年，只有到了2010-9-4才是两年。所以正确的公式应该为“=DATEDIF(A1,A3,"Y")”，答案为“1”，即1年。第二步设置公式“=DATEDIF(A1,A3,"YM")”，答案为“11”，即11个月。第三步设置公式“=DATEDIF(A1,A3,"MD")”，答案为“3”，即3天。综上所述，该员工的工龄共计1年11个月又3天。最后设置公式“=DATEDIF(A1,A3,"M")”，答案为“23”，也就是一共23个月。

依此类推，也可以计算你来到这个世界上多少天了。假设你的出生年月为“1983-1-1”，可以用以下公式：“=DATEDIF(“1983-1-1”,TODAY,"D")”。

L25

	A	B	C	D	E	F	G	H	I
1	2008-9-4								
2									
3	2010-8-7								
4									
5			Y	1		1年		整年数	
6									
7									
8			M	23		23个月		整月数	
9									
10									
11			D	702		702天		总共相差多少天	
12									
13									
14			MD	3		3天		忽略年份和月份	
15									
16									
17			YM	11		11个月		忽略天和年	
18									
19									
20			YD	337		337天		忽略日期中的年	
21									

图 5-77

第12节 有效获取信息：信息函数

顾名思义，信息类函数一般可以获取一定的信息。这些函数本身是非常简单的，以下是几个常用的信息类函数。

“ISNUMBER(value)”：检查一个值是否为数值，返回“TRUE”或“FALSE”。

“ISTEXT(value)”：检查一个值是否为文本，返回“TRUE”或“FALSE”。

“ISBLANK(value)”：检查一个值是否为空白单元格，返回“TRUE”或“FALSE”。

“ISEVEN(value)”：检查一个值是否为奇数，返回“TRUE”或“FALSE”。

“ISODD(value)”：检查一个值是否为偶数，返回“TRUE”或“FALSE”。

“ISNA(value)”：检查一个值是否为错误值，返回“TRUE”或“FALSE”。

“ISERROR(value)”：检查一个值是否为任意错误值，返回“#N/A”“#VALUE!”“#REF!”“#DIV/0!”“#NUM!”“#NAME?”或“#NULL!”。

这些函数有什么用呢？结合实际工作上的应用来说明。

在做数据透视表的时候，假设某列数值有一万多行，但是其中有一个值为文本，那么做数据透视表时将该列拖放在数值项中，默认变为计数而不是求和。面对一万多行的数据，你能快速查出哪些单元格是非数值的吗？

如图 5-78 所示为简化过的表格。在单元格 A5 里统计 A1:A4 的值，答案为“6”，其中有一个单元格可能是文本，请找出。

可以在 B1 中输入公式“=ISTEXT(A1)”，公式向下填充，这时发现 B2 为“TRUE”，说明 B2 为文本，这样就可以到 B2 单元格快速检查错误了。

A5 =SUM(A1:A4)

	A	B	C	D
1	2			
2	2			
3	2			
4	2			
5	6			

图 5-78

第13节 千般算计：数学三角函数

数学三角函数对于一般用户来说用得不是很多，你又不是数学家，“赛英”“可赛英”（sin、cos）啥的真是好讨厌。下面列举一些 Excel 可能用到的数学函数，仅作简单介绍。

“ABS(number)”：返回数据的绝对值。负数返回正数，正数还是返回正数。例如“=ABS(-12)”，返回“12”；“=ABS(12)”，返回“12”。

“INT(number)”：向下取整数。例如“=INT(8.9)”，返回8，“=INT(-8.9)”，返回“-9”。

“TRUNC(number, [num_digits])”：取整数部分。例如“=INTC(8.9)”，返回8。处理负数时，例如=TRUNC(-8.9)，直接将小数后的部分去除，返回-8。

“ROUND(number,num_digits)”：将数字四舍五入为指定的位数。例如“=ROUND(23.456,2)”，返回“23.46”，小数点后保留两位；“=ROUND(23.456,0)”，返回23，不保留小数位。通常用在做工资单的时候，进行四舍五入从而得到整数值。

当然实际操作中，比如计算工资的时候，四舍五入不一定适合，工资多给了，员工没意见，工资给少了，有些员工心里可能会有抱怨，所以做工资单的时候，可以考虑用“ROUNDUP”函数，可以轻松解决这个问题。

“ROUNDUP”函数可以向上返回值。如果用“=ROUND(12345.3,0)”，返回的是“12345”，这样员工实际上少拿了三毛钱，但如果用“=ROUNDUP(12345.3,0)”，返回的是“12346”，员工就能多拿七毛钱。另外，“ROUNDDOWN”函数用来向下（绝对值减小的方向）舍去数字。例如“=ROUNDDOWN(12345.3,0)”，返回的是“12345”。

“MOD(number, divisor)”：返回两数相除的余数。两个参数分别是被除数和除数。例如“=MOD(23,2)”，返回“1”；“=MOD(24,2)”，返回“0”。

实际应用中，“MOD”函数可以结合“ROW()”实现隔行设置颜色。如图5-79

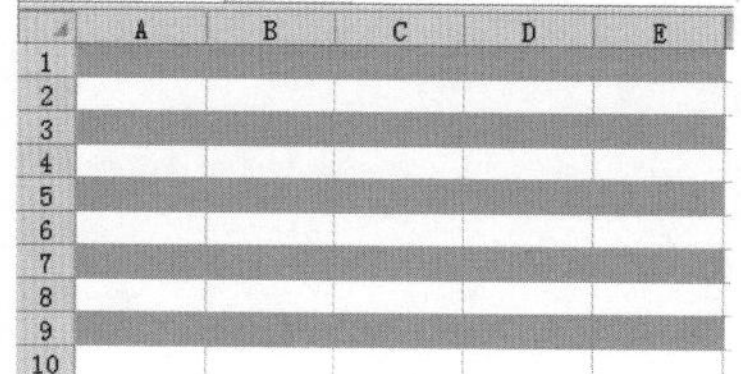
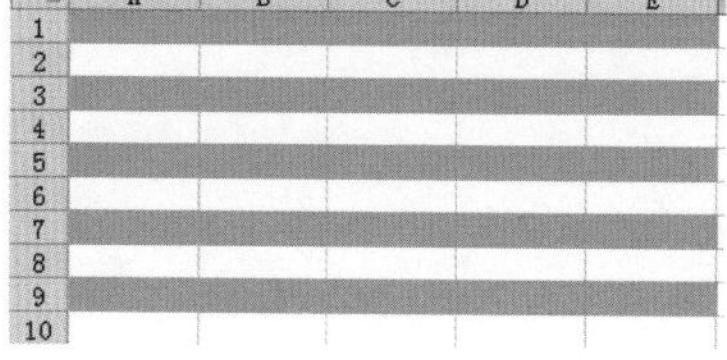

图5-79

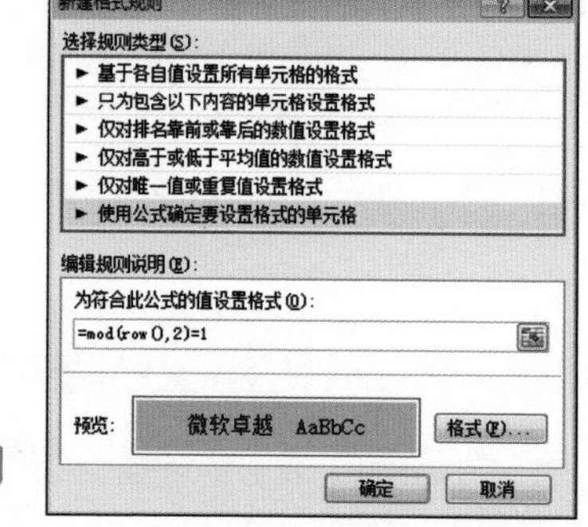

图5-80

所示表格中，需要将A1:E15中逢奇数行设置黄色，如果一行行设置比较麻烦，按Ctrl键选择不相邻的行再设置格式也不方便。如果有几十行几百行显然不是好方法。

这时可以使用公式来进行批量设置。选择一个区域，如A1:E15，然后点击【开始】，点击样式组中【条件格式】，在【新建格式规则】中使用公式。如图5-80所示，使用公式“=MOD(ROW(),2)=1”，点击【格式】设置成黄色。

这里的“ROW()”属于无参函数，返回当前的行号，和前面“COLUMN()”返回当前的列号用法差不多。“=MOD(ROW(),2)=1”即当前行号除以2余数为1，也就是为奇数行设置了格式。

第14节 给我一个起点：“OFFSET”函数

“OFFSET”函数在实现动态范围的时候非常管用，下面我们来学习它的具体用法。

“OFFSET”函数完整语法为“OFFSET(reference, rows, cols, [height], [width])”，参数分别为起始单元格，行偏移，列偏移，连续选择几行，连续选择几列。最后两个参数使用了中括号，这两个参数有时可以省略。

如图5-81所示表格，如果在F6单元格设置公式“=OFFSET(A1,2,3)”，可以理解为从A1单元格开始，行向下偏移2，列向右偏移3，所以返回“278”。

如果将公式改为“=OFFSET(A1,2,3,4,1)”，可以理解为从A1开始，行向下偏移2，列向右偏移3，连续选择4行，连续选择1列，如图5-82所示。但在一个单元格里写这个公式是错误的，因为返回的是一个区域，是四个单元格，四个单元格的值不可能保存在一个单元格里面。

如果用“SUM”函数“罩住”它就对了，改成“=SUM(OFFSET(A1,2,3,4,1))”，其实就是“=SUM(D3:D6)”。

现在你搞清楚了吧？

F6 =OFFSET(A1,2,3)

	A	B	C	D	E	F
1	区域	年份	季度	招生人数		
2	浦东区	2006	4	250		
3	浦西区	2006	3	278		
4	浦东区	2007	2	478		
5	浦西区	2007	4	649		
6	浦东区	2006	3	654		278
7	浦西区	2006	1	678		
8	浦东区	2007	1	946		
9	浦东区	2007	2	986		
10						

图 5-81

“=OFFSET(A1,0,0)”，什么情况？对了，就是从 A1 开始，行不动，列不动。

“=OFFSET(A1,0,0,9,4)”，什么情况？对了，就是从 A1 开始，行不动，列不动，连续选择 9 行，连续选择 4 列，也就是选择区域 A1:D9。

那么“OFFSET”函数有什么用呢？它最大的用处就在于动态的范围调用。

如图 5-83 所示表格，在 D2 单元格中可以选择数字（D2 是用有效性设置的），其中选择 1，则统计 1 月份的数据；选择 2，则统计 1 月和 2 月的和；选择 3，则统计 1 月到 3 月的累积值；以此类推，选择 6，就统计 1 月到 6 月的累积值。这里如果使用“IF”函数就“弱爆了”。长长的公式如下：“=IF(D2=1,B1,IF(D2=2,SUM(B1:B2),IF(D2=3,SUM(B1:B3),IF(D2=4,SUM(B1:B4),IF(D2=5,B1:B5,B1:B6)))))”。而使用“OFFSET”函数就非常简洁：“=SUM(OFFSET(B1,0,0,D2,1))”。

F6 =OFFSET(A1,2,3,4,1)

	A	B	C	D	E	F
1	区域	年份	季度	招生人数		
2	浦东区	2006	4	250		
3	浦西区	2006	3	278		
4	浦东区	2007	2	478		
5	浦西区	2007	4	649		
6	浦东区	2006	3	654		654
7	浦西区	2006	1	678		
8	浦东区	2007	1	946		
9	浦东区	2007	2	986		

图 5-82

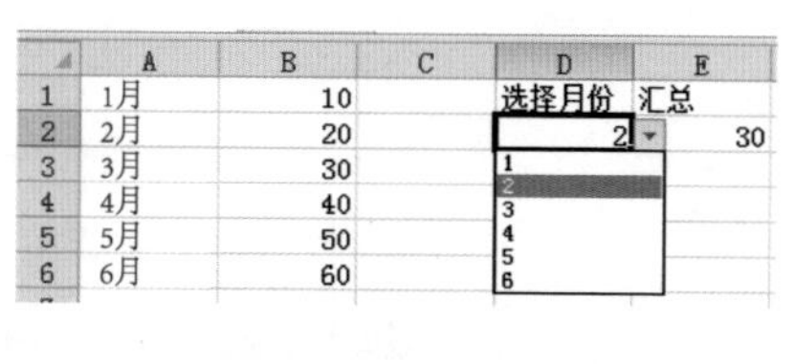

	A	B	C	D	E
1	1月	10		选择月份	汇总
2	2月	20		2	30
3	3月	30		1	
4	4月	40		2 3 4	
5	5月	50		5	
6	6月	60		6	

图 5-83

上述公式中“OFFSET(B1,0,0,D2,1)”为一个范围：从 B1 开始，行不偏移，列不偏移，连续的行数由 D2 的数字决定，连续选择 1 列，该范围由 D2 单元格的值决定，如果是 2，则选择 2 行，如果是 6，则选择 6 行。“OFFSET”函数就是这样实现动态的范围引用的。

第15节 到你想去的地方去："INDEX"函数

"INDEX"函数通常有两种用法，一是数组形式，二是引用形式。这里介绍引用形式，平常工作中这种情况更多一些。

"INDEX" 函 数 完 整 语 法 为"INDEX(reference,row_num,column_num,area_num)"，其中参数分别为：区域，第几行，第几列，第几个区域。

第一种情况：单行中引用。

如图 5-84 所示表格中，B4 单元格设置公式"=INDEX(A1:F1,4)"，可以理解为区域 A1:F1 中的第四个值，即返回"丁"。

第二种情况：单列中引用。

如图 5-85 所示表格中，C3 单元格设置公式"=INDEX(A1:A8,5)"，可以理解为区域 A1:A8 中的第五个值，即返回"5 月"。

B4 =INDEX(A1:F1,4)

	A	B	C	D	E	F
1	甲	乙	丙	丁	戊	己
2						
3						
4		丁				

图 5-84

C3 =INDEX(A1:A8,5)

	A	B	C	D
1	1月			
2	2月			
3	3月		5月	
4	4月			
5	5月			
6	6月			
7	7月			
8	8月			

图 5-85

第三种情况：行列交叉区域中引用。

如图 5-86 所示表格中，如果所选的是行列交叉的区域，则需要明确告知第几行第几列。公式"=INDEX(B2:F9,2,3)"可以理解成区域 B2:F9 中的第 2 行第 3 列，所以返回"70"。

第四种情况：多个区域中引用。

如 图 5-87 所 示 表 格 中， 在 单 元 格 H4 中 设 置 公 式"=INDEX((B2:F9,A12:C18),2,3,2)"，最后一个参数决定选择区域 1 还是选择区域 2，所以该公式可以理解为选择第 2 个区域 A12:C18，如果是

"=INDEX((B2:F9,A12:C18),2,3,1)"，则选择第一个区域 B2:F9。

以上介绍的是"INDEX"函数的单独用法，实际工作中，通常"INDEX"函数会结合其他函数一起使用。

C12 | 第一列 | 第二列 | 第三列

	A	B	C	D	E	F
1		甲	乙	丙	丁	戊
2	第一行	22	45	47	44	52
3	第二行	98	12	70	71	37
4	3月	15	74	100	43	68
5	4月	15	8	60	66	41
6	5月	87	4	56	17	13
7	6月	0	66	42	68	82
8	7月	4	72	30	1	24
9	8月	67	44	40	93	82
10						
11						
12			70			

图 5-86

H4 | =INDEX((B2:F9,A12:C18),2,3,2)

	A	B	C	D	E	F	G	H
1		甲	乙	丙	丁	戊		
2	1月	22	45	47	44	52		
3	2月	98	12	70	71	37		
4	3月	15	74	100	43	68		26
5	4月	15	8	60	66	41		
6	5月	87	4	56	17	13		
7	6月	0	66	42	68	82		
8	7月	4	72	30	1	24		
9	8月	67	44	40	93	82		
10								
11								
12	姓名	性别	年龄					
13	甲	男	26					
14	乙	女	25					
15	丙	男	39					
16	丁	女	36					
17	戊	女	35					
18	己	女	27					

图 5-87

第 16 节 找准自己的位置："MATCH"函数

使用"MATCH"函数可以查找一个值在一个区域中的位置。

"MATCH" 函数语法："MATCH(lookup_value,lookup_array,[match_type])"，其中参数分别为：查找值，查找范围，查找类型。

如果查找值与查找范围中的值完全相同，查找类型用 0，这点和"VLOOKUP"函数类似。

如图 5-88 所示表格中，如果想知道"F"在 A1:G1 中的位置，就可以用"MATCH"函数进行查找。

查找类型为"0"是精确查找；查找类型为"1"时，查找小于或等于查找值的最大数值在查找区域中的位置，查找区域必须按升序排列。

如图 5-89 所示表格中，查找 87 在 B1:E1 中的位置，如果用公式"=MATCH(C3,B1:E1,0)"，查找类型用"0"，属于精确查找，因为 B1:E1 中根本不存在 87，即返回“#N/A”，代表数值不存在。

将查找类型改为“1”就对了，返回“3”，由此可以知道 87 分在第三档。如图 5-90 所示，第一档为“0”，第二档为“60”，第三档为“80”，第四档为“90”。

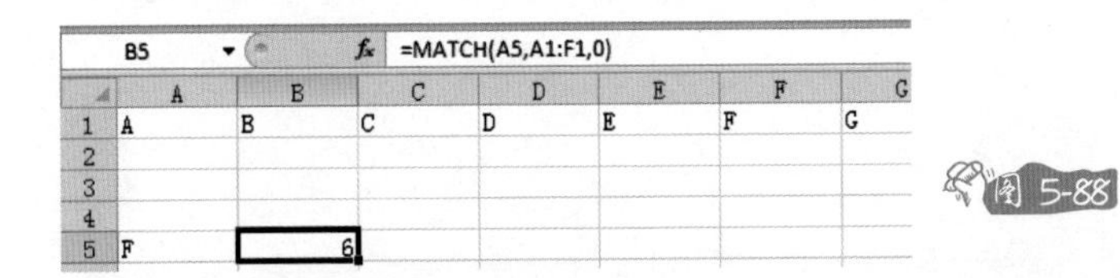

B5 =MATCH(A5,A1:F1,0)

	A	B	C	D	E	F	G
1	A	B	C	D	E	F	G
2							
3							
4							
5	F	6					

图 5-88

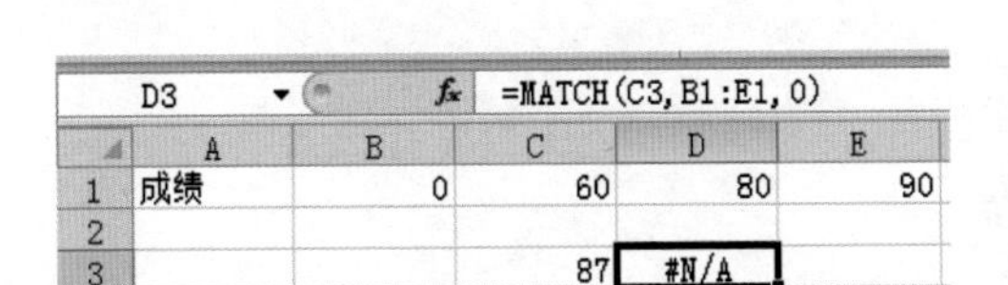

D3 =MATCH(C3, B1:E1, 0)

	A	B	C	D	E
1	成绩	0	60	80	90
2					
3			87	#N/A	

图 5-89

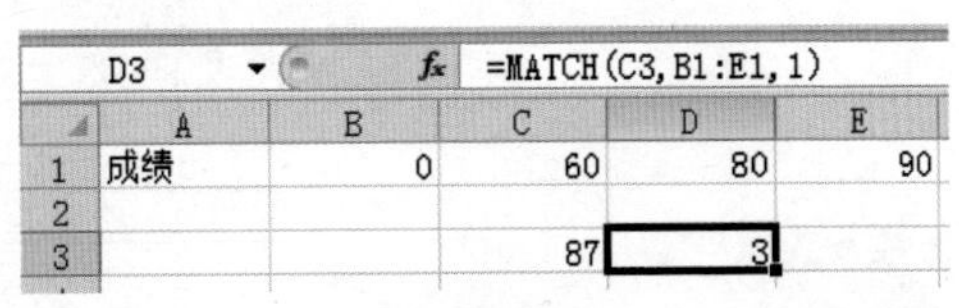

D3 =MATCH(C3, B1:E1, 1)

	A	B	C	D	E
1	成绩	0	60	80	90
2					
3			87	3	

图 5-90

当查找类型为“-1”时，查找大于或等于查找值的最小数值在查找区域中的位置，查找区域必须按降序排列。操作与以上类似。

第17节 黄金搭档：“INDEX”函数与“MATCH”函数的综合应用

简单地说，“MATCH”函数用来查找一个值在一个范围中的位置，“INDEX”函数用来查找一个范围中的第几个值是多少。孤立地看，这两个函数作用不大，但如果将两者结合起来使用，“威力”可大了。

如图 5-91 所示的表格中，想找到电视机所对应的单价，就可以综合运用“INDEX”“MATCH”函数。

H2 单元格设置公式“=INDEX(C2:C4,3)”，返回“3000”，因为 C2:C4

中第三行是“3000”，如此知道“电视机”在第三行，则可以设置公式“=INDEX(C2:C4,3)”。如果这张表有一万行，不知道电视机在D2：D10000中是第几行，就可以结合“MATCH”函数查“电视机”在D2:D10000中的位置。

完整的公式为“=INDEX(C2:C4,MATCH(G2,D2:D4,0))”。

再举一个例子。如图5-92所示表格中，“INDEX”结合“MATCH”近似查找，可返回成绩的等级。例如87分，如果精确查找，返回“#N/A”，参数改成1，则可以获知87分在第三档，最后返回“良”。

H2 | fx

	A	B	C	D	E	F	G	H
1			单价	产品			产品	单价
2			50	电灯			电视机	
3			200	电话				
4			3000	电视机				

图5-91

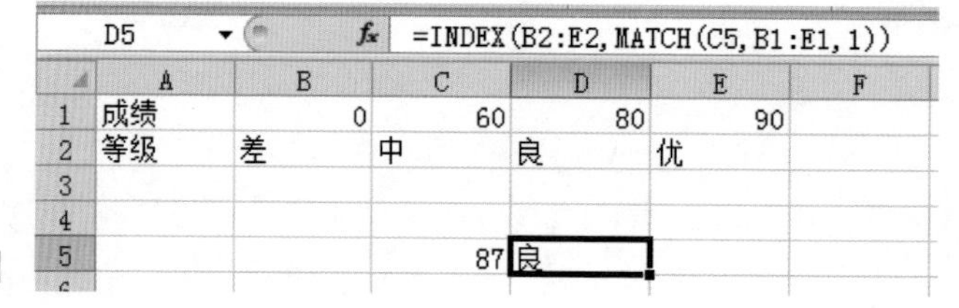

D5 | fx =INDEX(B2:E2,MATCH(C5,B1:E1,1))

	A	B	C	D	E	F
1	成绩	0	60	80	90	
2	等级	差	中	良	优	
3						
4						
5			87	良		

图5-92

第18节 别那么直接：“INDIRECT”函数

使用“INDIRECT”函数可以实现间接的引用。这个函数本身是非常简单的，它的作用是能将文本字串转换为可以引用的单元格。

如图5-93所示表格中，B3单元格中有文本字符串D3，C8设置如下公式“=INDIRECT(B3)”，那么最终的结果就是由B3指向的单元格D3所在的值，返回“丙”。

利用“INDIRECT”函数还可实现多表快速统计。假设有如图5-94所示

C8 　f_x =INDIRECT(B3)

	A	B	C	D
1		D1		甲
2		D2		乙
3		D3		丙
4		D4		丁
5		D5		戊
6				
7				
8			丙	

图5-93

	A
1	性别
2	男
3	女
4	男
5	女
6	
7	
8	

北京表

	A
1	性别
2	男
3	男
4	男
5	女
6	女
7	女
8	

上海表

	A
1	性别
2	男
3	女
4	女
5	女
6	女
7	
8	

天津表

	A
1	性别
2	男
3	男
4	男
5	男
6	男
7	女
8	

广州表

图5-94

的四张表格，需要在汇总表中统计男生的个数。

用“COUNTIF”函数就可以做到，但需要分别选择这四张表，输入四个公式，如图5-95所示。

如果A列已经存在表格的名字，用“INDIRECT”函数就很方便了。将B2中的公式“=COUNTIF(北京!A:A,"男")”改为“=COUNTIF(INDIRECT(A2&"!A:A"),"男")”就可以向下填充了，如图5-96所示。

	A	B
1		个数
2	北京	=COUNTIF(北京!A:A,"男")
3	上海	=COUNTIF(上海!A:A,"男")
4	天津	=COUNTIF(天津!A:A,"男")
5	广州	=COUNTIF(广州!A:A,"男")

图5-95

B2 　f_x =COUNTIF(INDIRECT(A2&"!A:A"),"男")

	A	B	C	D	E	F
1		个数				
2	北京	2				
3	上海	3				
4	天津	1				
5	广州	5				

图5-96

第19节 海量数据查找：“VLOOKUP”函数

如果说Excel初学者用得最多的一个函数是“SUM”函数，大家都没意见吧？如果说Excel函数中高级用户用得最多的一个函数首推“VLOOKUP”，你信吗？不管你信不信，反正我是信了。“VLOOKUP”函数用得好，在百万数据中提取需要的数值如囊中取物，手到擒来。

场景一：如图 5-97 所示表格，这是一张常见的客户信息表。

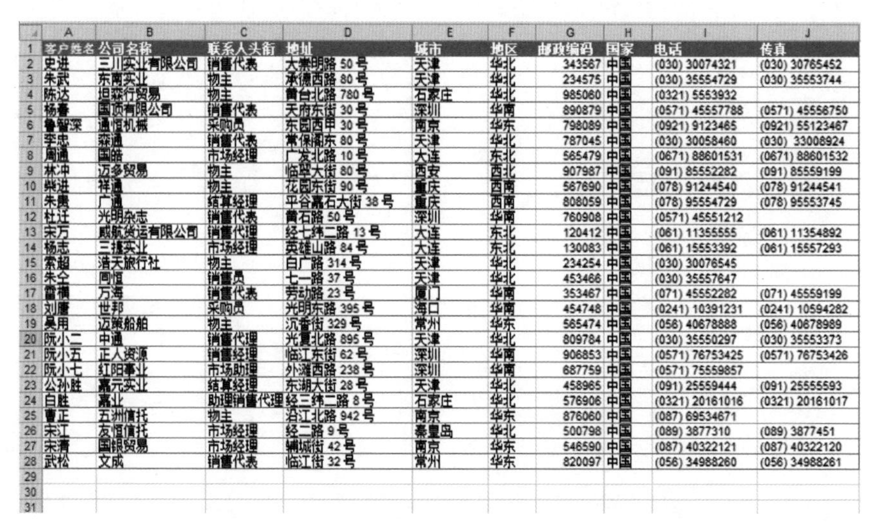

	A	B	C	D	E	F	G	H	I	J
1	客户姓名	公司名称	联系人头衔	地址	城市	地区	邮政编码	国家	电话	传真
2	史进	三川实业有限公司	销售代表	大崇明路 50 号	天津	华北	343567	中国	(030) 30074321	(030) 30765452
3	朱武	东南实业	物主	承德西路 80 号	天津	华北	234575	中国	(030) 35554729	(030) 35553744
4	陈达	坦森行贸易	物主	黄台北路 780 号	石家庄	华北	985060	中国	(0321) 5553932	
5	杨春	国顶有限公司	销售代表	天府东街 30 号	深圳	华南	890879	中国	(0571) 45557788	(0571) 45556750
6	鲁智深	通恒机械	采购员	东园西甲 30 号	南京	华东	798089	中国	(0921) 9123465	(0921) 55123467
7	李忠	森通	销售代表	常保阁东 80 号	天津	华北	787045	中国	(030) 30058460	(030) 33008924
8	周通	国皓	市场经理	广发北路 10 号	大连	东北	565479	中国	(0671) 88601531	(0671) 88601532
9	林冲	迈多贸易	物主	临翠大街 80 号	西安	西北	907987	中国	(091) 85552282	(091) 85559199
10	柴进	祥通	物主	花园东街 90 号	重庆	西南	567690	中国	(078) 91244540	(078) 91244541
11	朱贵	广通	结算经理	平谷嘉石大街 38 号	重庆	西南	808059	中国	(078) 95554729	(078) 95553745
12	杜迁	光明杂志	销售代表	黄石路 50 号	深圳	华南	760908	中国	(0571) 45551212	
13	宋万	威航货运有限公司	销售代理	经七纬二路 13 号	大连	东北	120412	中国	(061) 11355555	(061) 11354892
14	杨志	三捷实业	市场经理	英雄山路 84 号	大连	东北	130083	中国	(061) 15553392	(061) 15557293
15	索超	浩天旅行社	物主	白广路 314 号	天津	华北	234254	中国	(030) 30076545	
16	朱仝	同恒	销售员	七一路 37 号	天津	华北	453466	中国	(030) 35557647	
17	雷横	万海	销售代表	劳动路 23 号	厦门	华南	353467	中国	(071) 45552282	(071) 45559199
18	刘唐	世邦	采购员	光明东路 395 号	海口	华南	454748	中国	(0241) 10391231	(0241) 10594282
19	吴用	迈策船舶	物主	沉香街 329 号	常州	华东	565474	中国	(056) 40678888	(056) 40678989
20	阮小二	中通	销售代理	光复北路 895 号	天津	华北	809784	中国	(030) 35550297	(030) 35553373
21	阮小五	正人资源	销售经理	临江东街 62 号	深圳	华南	906853	中国	(0571) 76753425	(0571) 76753426
22	阮小七	红阳事业	市场助理	外滩西路 238 号	深圳	华南	687759	中国	(0571) 75559857	
23	公孙胜	嘉元实业	结算经理	东湖大街 28 号	天津	华北	458965	中国	(091) 25559444	(091) 25555593
24	白胜	嘉业	助理销售代理	经三纬二路 8 号	石家庄	华北	576906	中国	(0321) 20161016	(0321) 20161017
25	曹正	五洲信托	物主	沿江北路 942 号	南京	华东	876060	中国	(087) 69534671	
26	宋江	友恒信托	市场经理	经二路 9 号	秦皇岛	华北	500798	中国	(089) 3877310	(089) 3877451
27	宋清	国银贸易	市场经理	辅城街 42 号	南京	华东	546590	中国	(087) 40322121	(087) 40322120
28	武松	文成	销售代表	临江街 32 号	常州	华东	820097	中国	(056) 34988260	(056) 34988261
29										
30										
31										

图 5-97

把客户的信息保存在 Excel 中，过了一段时间，你需要根据客户的姓名查找出客户的电话号码，如图 5-98 所示，你需要找到下面这些人的电话号码。

翻遍整张表格，用眼睛一个个查找？太累了！或许你会想到用“Ctrl+F”查找，然后再把对应的电话号码手动复制过来。这个方法可行，但是太麻烦了。

客户姓名	电话
宋江	
朱武	
杜迁	
李忠	
史进	

图 5-98

个税免征额 3500 元　（工资薪金所得适用）

级数	全月应纳税所得额	全月应纳税所得额（不含税级距）	税率(%)	速算扣除数
1	不超过 1,500 元	不超过 1455 元的	3	0
2	超过 1,500 元至 4,500 元的部分	超过 1455 元至 4155 元的部分	10	105
3	超过 4,500 元至 9,000 元的部分	超过 4155 元至 7755 元的部分	20	555
4	超过 9,000 元至 35,000 元的部分	超过 7755 元至 27255 元的部分	25	1,005
5	超过 35,000 元至 55,000 元的部分	超过 27255 元至 41255 元的部分	30	2,755
6	超过 55,000 元至 80,000 元的部分	超过 41255 元至 57505 元的部分	35	5,505
7	超过 80,000 元的部分	超过 57505 元的部分	45	13,505

图 5-99

场景二：如图 5-99 所示表格，这是一张常见的个人所得税税率表。

你想查找月薪 20000 元对应的税率是多少，用“IF”函数？嵌套太多层，眼睛都要花了。

场景三：如图 5-100 所示，想找出两张表的名单有什么不同，也就是说想进行对比，看 A 表中的姓名在 B 表中是否查找得到。

以上场景中，“VLOOKUP”函数都能派上用场。只要是需要查找引用的地方，

姓名	性别			姓名	性别
张晓丽	女			朱务诚	男
朱务诚	男			许国强	男
许国强	男			廉施	男
郭凤高	女			严诚忠	男
廉施	男			李觉民	男
严诚忠	男			张晓丽	女
赵娜	女			郭凤高	女
李觉民	男			李娜	女
赵玉平	女			赵玉平	女

图 5-100

你总能看到“VLOOKUP”忙碌的身影。

面对大张表格，没有“VLOOKUP”的日子是过不下去的。如果没有“VLOOKUP”你就得火眼金睛一个个搜索，头昏眼花手抽筋（背景音乐响起：借我借我一双慧眼吧）……

有了“VLOOKUP”函数，这些事情就交给电脑处理吧，你只要写好第一个公式，就可以向下填充，其他要查找的数据可以快速一一查找，烦恼没了。

轻松一刻

一个人，两只眼睛，三张表格，四处观望，耗五六小时，七上八下查找，“九九”得不到结果，累得十分够呛！不会用“VLOOKUP”函数就是这个下场。

@officehelp

1. “VLOOKUP”函数的具体用法

关于“VLOOKUP”函数在工作中的具体应用，先来看个简化过的例子。如图 5-101 所示，需要根据产品名“电视机”找到对应的单价。假设有几万行数据，这时你的眼睛和时间明显不够用了，“VLOOKUP”函数“闪亮登场”，来看看“VLOOKUP”是怎么做到的。

	A	B	C	D	E	F	G	H
1			产品	单价			产品	单价
2			电灯	50			电视机	
3			电话	200				
4			电视机	3000				
5								
6								

图 5-101

“VLOOKUP”函数完整语法为“=Vlookup(lookup_value,table_array,col_index_num,range_lookup)”，它有四个参数，分别为：查找值，查找范围，

返回列，查找类型。

查找值：如果要在价格表中查找某个产品的单价，则应该将产品名作为查找值，虽然你实际上需要的是价格，但你还是需要通过产品名进行查找，所以“电视机”就是你需要查找的值，注意 G2 和 C4 均是“电视机”，但应该用 G2 进行查找，因为数据量大的话你不知道 C 列有没有“电视机”。所以这里查找值就是“G2”。

查找范围：针对图 5-101 所示表格，很多用户的习惯是选择 C:D 列，主要是因为表特别大，几万行数据选择列比较方便，大部分情况下选择 C:D 不会出错。但严格来说，这种范围是不准确的，如果表的下方还有其他数据，有可能会返回“出错”。

就像图 5-102 所示的这张签到表，你如果需要查看某个人的姓名，眼睛不需要看最上方的标题行，你会直接从编号 01 这行开始往下看。如果看到 09 行还查找不到某个人，你就会认为不存在这个人，不需要再向下查找了。所以图 5-101 所示表格查找范围准确来说应该是 C2:D4。

返回列：指需要返回的结果在查找范围中的列数，注意，不是它本身的列数，而是它在查找范围中的列数。如图 5-103 所示表格中，假设需要根据产品名称查找其对应的单价，单价即所需要查找的结果，也就是返回值。单价本身是在 D 列，也就是第 4 列，但是单价在查找范围 C2:D4 中是第 2 列，所以这里的返回列是“2”。

查找类型：查找类型分为两种，一种是精确查找，一种是近似匹配。精确查找就是查找值与查找范围中的值必须完全相同。“电视机”必须是“电视机”，不可以是“电视”，也不能前后有空格，必须得一模一样，这就是精确查找。

很多人会认为近似匹配就是文本模糊查找，只要输入“电”，就能找出“电灯”“电话”“电视机”……包含“电”的全部找出来，其实这真的是“好大的一个误会”。近似匹配一般指数值按等级查找。如图 5-104 所示表格中，我想查出 89 是在哪一个等级，如果精确查找，根本没有 89 分，就会出错，这里就要用近似匹配。

如果使用“VLOOKUP”函数精确查找，最后一个参数用“false”或“0”；

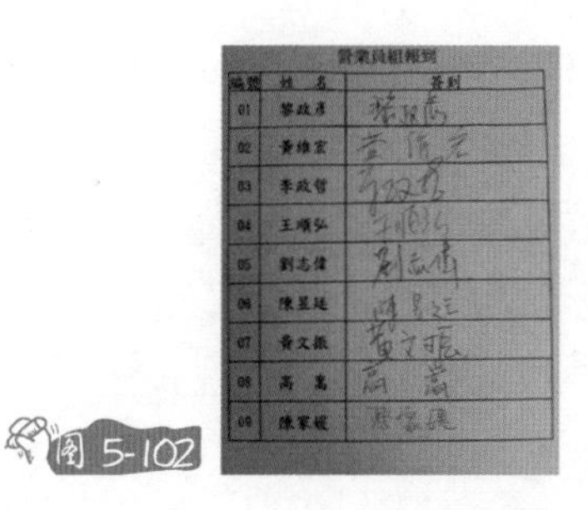

图 5-102

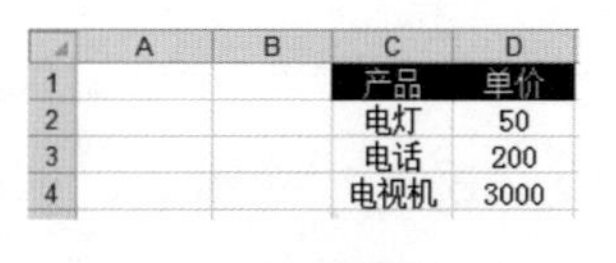

	A	B	C	D
1			产品	单价
2			电灯	50
3			电话	200
4			电视机	3000

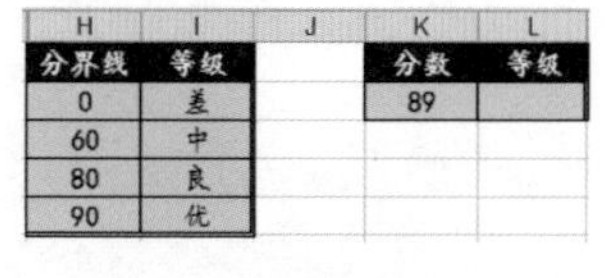

H	I	J	K	L
分界线	等级		分数	等级
0	差		89	
60	中			
80	良			
90	优			

如果使用“VLOOKUP”函数近似匹配，则最后一个参数用“True”“1”或省略。

综上分析，我们可以知道，要根据姓名查找出对应的电话，这应该是精确查找，所以最后一个参数用“False”或“0”。如图 5-105 所示，H2 单元格的公式应该这样写：“=VLOOKUP(G2,C2:D4,2,0)”。

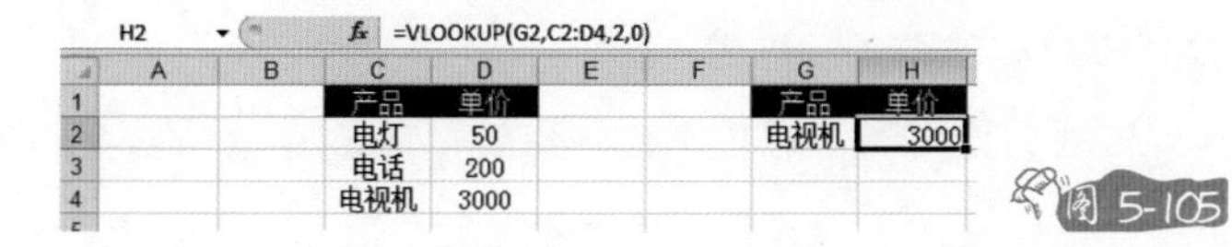

H2 =VLOOKUP(G2,C2:D4,2,0)

	A	B	C	D	E	F	G	H
1			产品	单价			产品	单价
2			电灯	50			电视机	3000
3			电话	200				
4			电视机	3000				

图 5-105

2. 使用“VLOOKUP”函数进行多列查找

再来以一张大一点的表格为例，看看“VLOOKUP”函数是如何实现多列查找的。如图 5-106 所示表格中，需要将 A34:A38 范围内对应的电话号码查找出来。

	A	B	C	D	E	F	G	H	I	J
1	客户姓名	公司名称	联系人头衔	地址	城市	地区	邮政编码	国家	电话	传真
21	阮小五	正人资源	销售经理	临江东街 62 号	深圳	华南	906853	中国	(0571) 76753425	(0571) 76753426
22	阮小七	红阳事业	市场助理	外滩西路 238 号	深圳	华南	687759	中国	(0571) 75559857	
23	公孙胜	嘉元实业	结算经理	东湖大街 28 号	天津	华北	458965	中国	(091) 25559444	(091) 25555593
24	白胜	嘉业	助理销售代理	经三纬二路 8 号	石家庄	华北	576906	中国	(0321) 20161016	(0321) 20161017
25	曹正	五洲信托	物主	沿江北路 942 号	南京	华东	876060	中国	(087) 69534671	
26	宋江	友恒信托	市场经理	经二路 9 号	秦皇岛	华北	500798	中国	(089) 3877310	(089) 3877451
27	宋清	国银贸易	市场经理	辅城街 42 号	南京	华东	546590	中国	(087) 40322121	(087) 40322120
28	武松	文成	销售代表	临江街 32 号	常州	华东	820097	中国	(056) 34988260	(056) 34988261
29										
30										
31										
32										
33	客户姓名	电话	公司名称	地址	邮政编码					
34	宋江									
35	曹操									
36	杜迁									
37	李忠									
38	史进									

B34 单元格的公式可以这样设置：“=VLOOKUP(A34,A1:K28,9,0)”。查找值为 A34，查找范围为 A1:K28，返回列为 9，查找类型为精确查找。

且慢，查找值为 A34，查找范围是 A1:K28，查找类型为精确查找，这些都好理解。请问，这个返回列为第 9 列，怎么知道是第 9 列呀？

想知道“电话”在标题行中是第几个值，可以用“MATCH”函数，如图 5-107 所示。

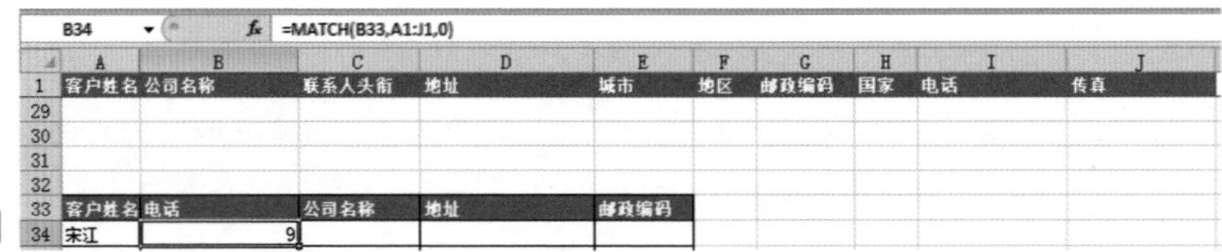
B34 =MATCH(B33,A1:J1,0)

	A	B	C	D	E	F	G	H	I	J
1	客户姓名	公司名称	联系人头衔	地址	城市	地区	邮政编码	国家	电话	传真
29										
30										
31										
32										
33	客户姓名	电话	公司名称	地址	邮政编码					
34	宋江	9								

图 5-107

把这个公式嵌套在“VLOOKUP”中，修改后的公式为：“=VLOOKUP(A34,A2:J28,MATCH(B33,A1:J1,0),0)”。

B34 的公式设置好了，后面还有多列都需要查找，你肯定不想一列列输入公式。能不能设置一个公式，直接向右拖向下填充呢？如图 5-108 所示，试试看……出错了。

B34 =VLOOKUP(A34,A2:J28,MATCH(B33,A1:J1,0),0)

	A	B	C	D	E
1	客户姓名	公司名称	联系人头衔	地址	城市
30					
31					
32					
33	客户姓名	电话	公司名称	地址	邮政编码
34	宋江	(089) 3877310	#N/A	#N/A	#N/A
35	曹操	#N/A	#N/A	#N/A	#N/A
36	杜迁	#N/A	#N/A	#N/A	#N/A
37	李忠	#N/A	#N/A	#N/A	#N/A
38	史进	#N/A	#N/A	#N/A	#N/A

图 5-108

把公式修改一下，将 B34 的公式改成“=VLOOKUP($A34,$A$2:$J$28,MATCH(B$33,$A$1:$J$1,0),0)”，再向右向下拖动。如图 5-109 所示，很好，很快就做好了。

33	客户姓名	电话	公司名称	地址	邮政编码
34	宋江	(089) 3877310	友恒信托	经二路 9 号	500798
35	曹操	#N/A	#N/A	#N/A	#N/A
36	杜迁	(0571) 45551212	光明杂志	黄石路 50 号	760908
37	李忠	(030) 30058460	森通	常保阁东 80 号	787045
38	史进	(030) 30074321	三川实业有限	大崇明路 50 号	343567

图 5-109

3. 处理使用“VLOOKUP”函数时出现的“#N/A”错误

眼尖的你可能会发现，图 5-109 所示表格中第 2 行好像有问题。注意，这是因为查找不到，查找范围内的名字大都是《水浒传》的人物，只有曹操是《三国演义》里的人物，所以找不到很正常，如果找到了，那才是真的错了。

如果出现这种错误，该怎么办呢?

很多人看到“#N/A”，不知道是什么情况，往往以为公式写错了。针对这种情况，最好作个设置，显示为“查找不到”，或者也可以美观一点，将单元格设为空白。通常这样做：先复制，再选择性粘贴值，然后替换，将“#N/A”替换成“查找不到”，或替换为空值。这样做，以后如果有数据更新，结果将永远不会变化，因为公式已经被删除。

如图 5-110 所示表格，根据产品名称查找价格，很容易找到产品单价为 3000，只需要在 H2 中设置公式，如图 5-110 所示。

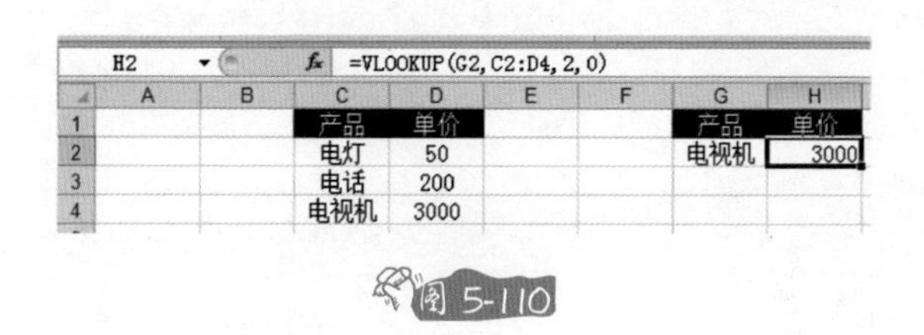
H2 =VLOOKUP(G2,C2:D4,2,0)

	A	B	C	D	E	F	G	H
1			产品	单价			产品	单价
2			电灯	50			电视机	3000
3			电话	200				
4			电视机	3000				

图 5-110

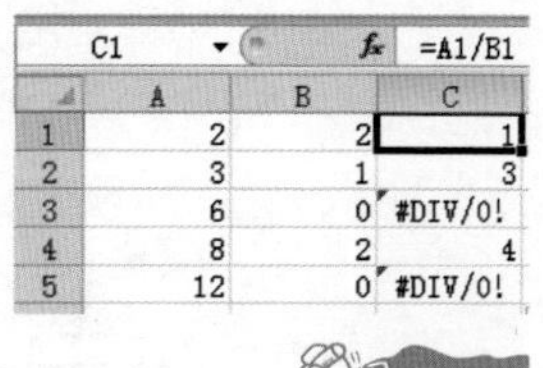
C1 =A1/B1

	A	B	C
1	2	2	1
2	3	1	3
3	6	0	#DIV/0!
4	8	2	4
5	12	0	#DIV/0!

图 5-111

但是如果想在 C2:D4 中查找啤酒的价格，在 H2 设置公式“=VLOOKUKP(G2,C2:D4,2,0)”，我们会发现返回“#N/A”，因为名称为“啤酒”的产品在 C2:D4 范围中并不存在，所以出错。

我们可以用“IFERROR”函数来解决此类问题。

“IFERROR”函数可以用来捕获和处理公式中的错误。如果公式的计算结果为错误，则返回指定的值；否则将返回公式的结果。

“IFERROR”函数完整语法：“=IFERROR(value, value_if_error)”，其中两个参数为公式、错误时要返回的值。如图 5-111 所示的表格，将 A1/B1，并且公式向下复制，可以发现因为 B3 和 B5 单元格为 0，所以对应的 C3 和 C5 出现除 0 错误。

将 C1 的公式进行更改，改为“=IFERROR(A1/B1," ")”，即如果出错，将显示空字符串值。

如图 5-112，将 H2 公式“=VLOOKUKP(G2,C2:D4,2,0)”更改为“=IFERROR(VLOOKUP(G2,C2:D4,2,0),"不存在")”，如果出错，将返回为“不存在”。

4. 利用“ISNA”函数进行不匹配查询

IFERROR 函数是 OFFICE 2007 版之后新增的函数，如果早期的版本，遇到“#N/A”错误，该怎么处理呢？那就稍微麻烦一些，公式得写这么长：“=IF(ISNA(VLOOKUP(G2,C2:D4,2,0))=TRUE,"查找不到",VLOOKUP(G2,C2:D4,2,0))”。

“ISNA”函数结合 IF 函数，可以理解为：条件成立时，返回一个公式；条件不成立时，返回另一个公式。所以上述公式可以这么理解：返回的值进行判断是否为“#N/A”错误，如果是，显示为“查找不到”，否则进行“VLOOKUP”查找。

如图 5-113 所示表格，想知道 A 表中每个人的名字是否在 B 表中存在。我们可以在 D3 先设置以下公式：“=VLOOKUP(B3,$F$3:$G$11,1,0)”，向下填充，如果找到，则显示 B 表中对应的姓名，否则显示“#N/A”错误。

	A	B	C	D	E	F	G
1		A表				B表	
2		姓名	性别	判断是否存在		姓名	性别
3		张晓丽	女			朱务诚	男
4		朱务诚	男			许国强	男
5		许国强	男			廉施	男
6		郭凤高	女			严诚忠	男
7		廉施	男			李觉民	男
8		严诚忠	男			张晓丽	女
9		赵娜	女			郭凤高	女
10		李觉民	男			李娜	女
11		赵玉平	女			赵玉平	女
12							

图 5-112

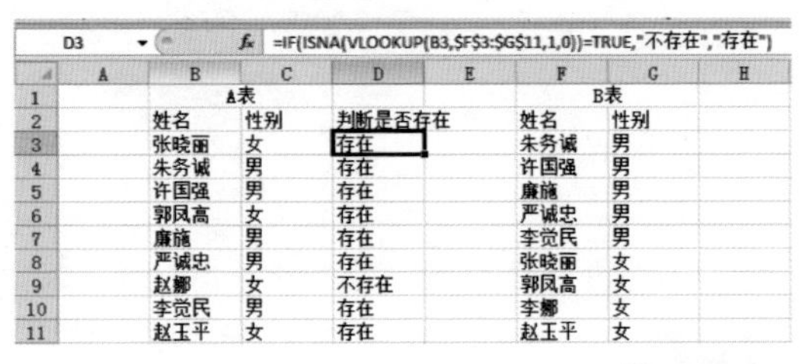

D3 =IF(ISNA(VLOOKUP(B3,$F$3:$G$11,1,0))=TRUE,"不存在","存在")

	A	B	C	D	E	F	G	H
1		A表				B表		
2		姓名	性别	判断是否存在		姓名	性别	
3		张晓丽	女	存在		朱务诚	男	
4		朱务诚	男	存在		许国强	男	
5		许国强	男	存在		廉施	男	
6		郭凤高	女	存在		严诚忠	男	
7		廉施	男	存在		李觉民	男	
8		严诚忠	男	存在		张晓丽	女	
9		赵娜	女	不存在		郭凤高	女	
10		李觉民	男	存在		李娜	女	
11		赵玉平	女	存在		赵玉平	女	

图 5-113

可以看到 D9 单元格出错，也就是单元格 B9 内的名字在 B 表中查找不到。

将 D3 的公式进行更改，改成“=ISNA(VLOOKUP(B3,$F$3:$G$11,1,0))”，向下填充，单元格将出现“FALSE”或“TRUE”，说明是否存在“#N/A”错误。存在错误，显示为“TRUE”，即查找值在查找范围中不存在。

再结合“IF”函数：“=IF(ISNA(VLOOKUP(B3,$F$3:$G$11,1,0))=TRUE,"不存在","存在")”，如图 5-113 所示，这样就可以知道 A 表中的某条记录在 B 表中有无对应的记录。

5. “VLOOKUP”效率提升篇

在使用“VLOOKUP”的过程中，如何实现更快的操作?

还是以前面 5-106 的大张表格为例，需要根据姓名在固定的范围中查找出电话号码。

如图 5-114 所示，输入“VLOOKUP”（可以直接输入“=VL”），然后按 Tab 键，后面的字符串自动输完。

查找范围选择 A2:J28，可以选择 A2，然后使用快捷键“Ctrl+Shift+ 向右键”“Ctrl+Shift + 向下键”，这样就不用一直拖动滚动条，没完没了地向右拖向下拖。

锁定范围，应该在公式中选择 A2:J28，然后按 F4 键，而不是一个个按“Shift+4”输入“$”，如图 5-115 所示。

返回列可以用“MATCH”嵌套，不用一列列手动计算，如图 5-116 所示。

公式中最后一个参数用“0”代替“FALSE”，输入一个数字总比输入五个字母要快得多。

多列需要查找，用混合引用来实现，不用一列列去查找，如图5-117所示。

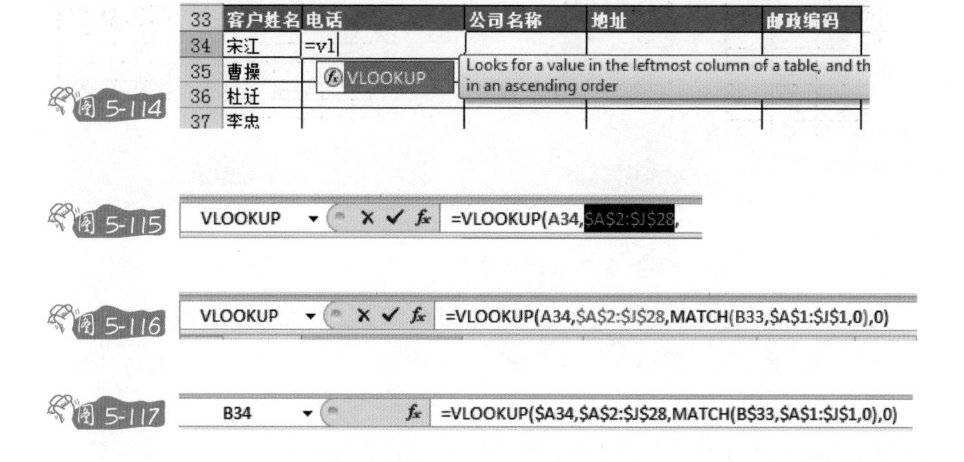

图 5-114

图 5-115

图 5-116

图 5-117

出错处理用“IFERROR ”，不用替换，也不用“ISNA”函数，如图 5-118 所示。

综上所述，每一步操作，我们都可以想想是否可以再快一些，这样整个

B35 =IFERROR(VLOOKUP($A35,$A$2:$J$28,MATCH(B$33,$A$1:$J$1,0),0),"不存在")

	A	B	C	D	E	F	G	H	I	J
1	客户姓名	公司名称	联系人头衔	地址	城市	地区	邮政编码	国家	电话	传真
27	宋清	国银贸易	市场经理	辅城街 42 号	南京	华东	546590	中国	(087) 40322121	(087) 40322120
28	武松	文成	销售代表	临江街 32 号	常州	华东	820097	中国	(056) 34988260	(056) 34988261
29										
30										
31										
32										
33	客户姓名	电话	公司名称	地址	邮政编码					
34	宋江	(089) 3877310	友恒信托	经二路 9 号	500798					
35	曹操	不存在	不存在	不存在	不存在					
36	杜迁	(0571) 45551212	光明杂志	黄石路 50 号	760908					
37	李忠	(030) 30058460	森通	常保阁东 80 号	787045					
38	史进	(030) 30074321	三川实业有限	大崇明路 50 号	343567					

图 5-118

操作过程就会快很多了。

6. “VLOOKUP”近似匹配

如图 5-119 所示表格，假设需要进行等级判断，成绩如果大于 90 分显示“优”，大于 80 分显示“良”，大于 60 分显示“中”，小于 60 分则显示为“差”。大家都知道，这用“IF”函数就可以实现。

B2 单元格设置公式：“=IF(A2>=90,"优",IF(A2>=80,"良",IF(A2>=60,"中","差")))”，但如果等级多，嵌套就多了，公式就长了，很难理解了，容易出错。

B2 =IF(A2>=90,"优",IF(A2>=80,"良",IF(A2>=60,"中","差")))

	A	B	C	D	H	I	J	K
1	统计学	等级	等级		分界线	等级		
2	89	良			0	差		
3	99	优			60	中		
4	92	优			80	良		
5	68	中			90	优		
6	97	优						
7	62	中						
8	79	中						

图 5-119

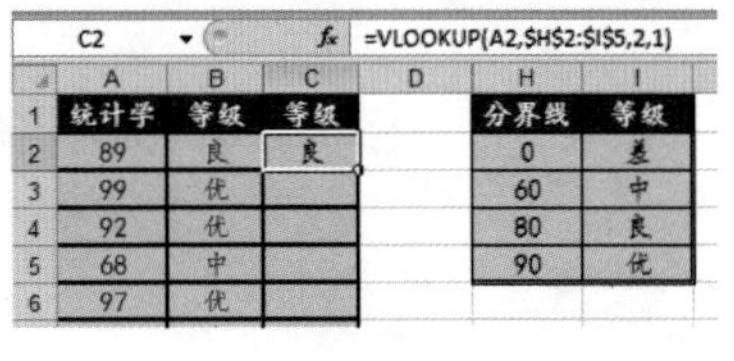
C2 =VLOOKUP(A2,$H$2:$I$5,2,1)

	A	B	C	D	H	I
1	统计学	等级	等级		分界线	等级
2	89	良	良		0	差
3	99	优			60	中
4	92	优			80	良
5	68	中			90	优
6	97	优				

图 5-120

其实这活儿“VLOOKUP”函数也能干。

如果在 C2 设置公式“=VLOOKUP(A2,H2:I5,2,0)”，最后一个参数用“0”，也就是精确查找，猜猜看会怎么样？答案是显示“#N/A”错误，因为在查找范围中 H2:I5 中 89 分根本就不存在，所以出错。最后一个参数修改为“1”，再试试看。

最后一个参数用“1”，也就是近似匹配。近似匹配的工作原理是这样的：用 89 在查找范围 H2:I5 的第一列中依次比较，先看 89 是否大于 0，如果成立，再继续看是否大于 60；如果成立，继续和 80 比较；如果成立，继续和 90 比较；

没有大于 90，返回 80 对应的记录，然后返回其对应的列。近似匹配要求查找范围中第一列必须为升序。这其实是范围内部作循环判断。

注意查找范围也必须绝对引用。如图 5-120 所示，在 C2 设置好公式后，可以快速向下填充。

7. “VLOOKUP”参数省略用法

我们知道，“VLOOKUP”函数通常有两种查找类型，一是精确查找，最后一个参数用“FALSE”或“0”；二是近似匹配，最后一个参数用“TRUE”或“1”。你有没有看到过“VLOOKUP”函数公式中最后一个参数是“2”的情况？

先看下面一个例子。

如图 5-121 所示表格中，C2 设置公式“=VLOOKUP(A2,$H$2:$I$5,2)”，这个公式中最后一个参数是“2”，这是怎么回事？

原来，这是将最后一个参数给省略掉了，我们差点被骗了。

在输入“VLOOKUP”函数公式的时候，最后一个参数带有中括号，表示可以省略。在这里，省略代表近似匹配。在近似匹配的时候，输入“1”比输入“TRUE”要快些，而什么也不输比输入“1”更快——只有懒人才会不断地想到懒办法。

精确查找其实也可以省略最后一个参数，来看看下面的用法。

如图 5-122 所示表格，根据产品名称查找价格，很容易找到产品单价为 3000，只需要在 H2 单元格设置公式“=VLOOKUP(G2,C2:D4,2,0)”，这个公式可以进一步简化为“=VLOOKUP(G2,C2:D4,2,)”，这两个公式是等价的，但是注意最后一个逗号不能省略，否则就变成近似匹配了。

新手写的公式可能会比较长，但是容易理解，不容易出错；高手写的公式可能会比较短，通常不容易理解。工作需要高效率，我提倡能省就省。看似省一小步，其实是一大进步。

C2 =VLOOKUP(A2,$H$2:$I$5,2)

	A	B	C	D	H	I
1	统计学	等级	等级		分界线	等级
2	89	良	良		0	差
3	99	优			60	中
4	92	优			80	良
5	68	中			90	优

图 5-121

H2 =VLOOKUP(G2, C2:D4, 2, 0)

	A	B	C	D	E	F	G	H
1			产品	单价			产品	单价
2			电灯	50			电视机	3000
3			电话	200				
4			电视机	3000				

图 5-122

“VLOOKUP”说它查询匹配厉害，“LOOKUP”就笑了；“IF”说它逻辑判断厉害，“CHOOSE”就笑了；“SUM”说它求和厉害，“SUBTOTAL”就笑了；“SUMIF”说它条件求和厉害，“SUMPRODUCT”就笑了；“INDEX”说它引用厉害，“INDIRECT”就笑了；“FIND”说它查找厉害，“SEARCH”就笑了；“LEFT”“RIGHT”说它们截取字符厉害，“MID”就笑了……

@Excel_函数与公式

第20节 三“键”合璧：数组公式

数组公式，可以理解为一组数进行计算。数组公式和一般的公式主要有两个区别：一是在公式中出现花括号；二是输完公式后不是直接回车，而是“Ctrl+Shift+回车键”。

数组公式是比较复杂的公式，如果不了解，照着抄一遍也还是会出错。

先看简单的公式。如图5-123所示表格，需要根据单价和数量计算出总价。一般的做法是在C2单元格设置公式“=A2*B2”然后公式向下填充。

现在换一种做法，第一步：选择D2:D10；第二步，输入公式“=A2:A10*B2:B10”；第三步，输入公式后，注意，不是按回车键，而是“Ctrl+Shift+回车键”。三键同时按，非常庆幸是三个键，要是四个键、五个键就有点麻烦了。

或许你会认为，用第一种公式就能够简单得到答案，何必用第二种方法。数组公式难理解、难操作，吃力不讨好。的确，在上述这个例子中用数组公式没有达到简化的目的，不能体现数组公式的优点。只有在特定情况下数组公式才可以达到方便快速操作的效果。

那么，何时应该使用数组公式呢？

C2 =A2*B2

	A	B	C	D
1	单价	数量	总价	
2	6	10	60	
3	3	7		
4	5	4		
5	5	8		
6	7	7		
7	1	10		
8	8	12		
9	5	7		
10	1	8		

图5-123

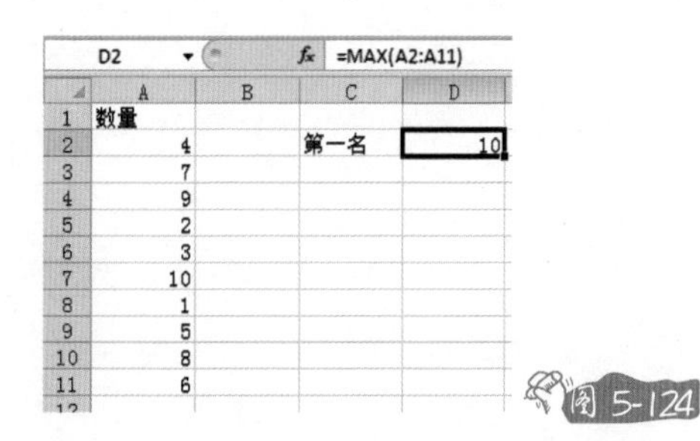
D2 =MAX(A2:A11)

	A	B	C	D
1	数量			
2	4		第一名	10
3	7			
4	9			
5	2			
6	3			
7	10			
8	1			
9	5			
10	8			
11	6			

图5-124

D2 =LARGE(A2:A11,1)

	A	B	C	D
1	数量			
2	4		第一名	10
3	7		第二名	
4	9		第三名	
5	2		第四名	
6	3		第五名	
7	10			
8	1			
9	5			
10	8			
11	6			

图5-125

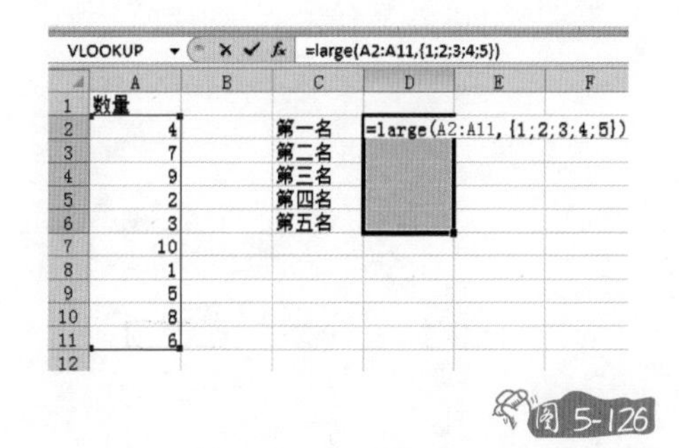
VLOOKUP =large(A2:A11,{1;2;3;4;5})

	A	B	C	D	E	F
1	数量					
2	4		第一名	=large(A2:A11,{1;2;3;4;5})		
3	7		第二名			
4	9		第三名			
5	2		第四名			
6	3		第五名			
7	10					
8	1					
9	5					
10	8					
11	6					
12						

图5-126

1. 多个单元格一次性输入公式

如图5-124所示表格，需要找出其中一组数据的最大值，太简单了，地球人都知道用“MAX”函数来获取最大值。

但如果需要同时找出第二名、第三名、第四名，请问应该用什么公式?这个问题一时难倒了众多英雄豪杰。其实这个难题用“LARGE”函数可以做到。

“LARGE”函数语法为“LARGE(array, k)”，参数分别为：区域，第几名。即返回数据集中第k个最大值。如图5-125所示表格，设置公式“=LARGE(A2:A11,1)”，即得出A2:A11中第一名的值。

以此类推，要找出前五名的数据，一般需要设置5次公式。

如果想简化一下操作程序，就可以用到数组公式。如图5-126所示，同时选择多个单元格，选择区域D2:D6，设置公式“=LARGE(A2:A11,{1;2;3;4;5})”，然后“Ctrl+Shift+回车键”。

如果需要横排前五名数据，可以选择区域C3:G3，设置公式“=LARGE(A2:A11,{1,2,3,4,5})”，然后“Ctrl+Shift+回车键”。

以上是在数组公式中使用常量，是在多个单元格同时设置公式一次性完成的。不过我们输入公式通常是选择一个单元格，输入公式，然后向右或向下填充，很少像这样选择一个区域，输入公式，然后“Ctrl+Shift+ 回车键”。

这种公式有时可以用其他的公式来代替，比如 C3 中输入公式“=LARGE($A$2:$A$11,COLUMN(A1))”，如图 5-127 所示，“COLUMN(A1)”即 A1 所在的列号，A1 单元格在第 1 列，所以“COLUMN(A1)”为 1，如果该公式向右拖动，在 D3 公式就变为“=LARGE($A$2:$A$11,COLUMN(B1))”，B1 单元格在第 2 列，所以“COLUMN(B1)”为 2，D3 返回 A2:A11 中的第二名。以此类推。

C3 =LARGE($A$2:$A$11,COLUMN(A1))

	A	B	C	D	E	F	G
1	数量						
2	4		第一名	第二名	第三名	第四名	第五名
3	7		10				
4	9						
5	2						
6	3						
7	10						
8	1						
9	5						
10	8						
11	6						

图 5-127

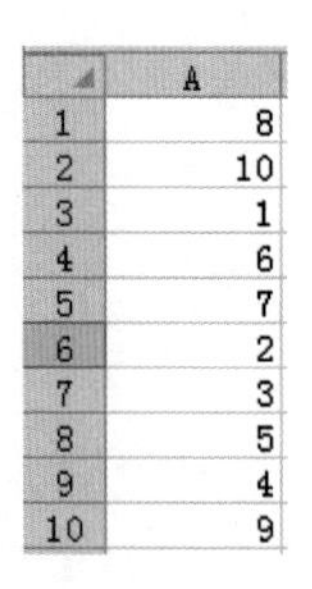

	A
1	8
2	10
3	1
4	6
5	7
6	2
7	3
8	5
9	4
10	9

图 5-128

2. 一组数统计避免分步计算

如图 5-128 所示表格，需要将所有奇数相加，该怎么做呢？如果设置公式“=A3+A5+A7+A8+A10”，这种方法太慢了，如果表格数据有几百行几千行，天哪，简直是不可能完成的任务。

下面先使用常规的方法，即使用辅助列。B1 单元格设置公式“=MOD(A1,2)”，也就是将 A1 除以 2 取余数，这样在 B 列将得到“0”或者是“1”，因为一个数除以 2 有余数的话，余数只可能是 1 或者 0。

然后在 C 列用“IF”函数设置公式，如果余数为“1”，说明该数据是奇数，奇数则返回原有的数值，如果是偶数则全部返回为“0”。

公式向下填充，最后用“SUM”函数求和。

如果用数组公式来求和，就不需要辅助列。如图 5-129 中，D2 设置公式“=SUM(IF(MOD(A1:A10,2)=1,A1:A10,0))”，然后“Ctrl+Shift+ 回车键”。

以上数组公式分步解释如下。

第一步：选择区域 B1:B10，设置公式“=MOD(A1:A10,2)”，“Ctrl+Shift+回车键”，这样根据数据的奇偶返回“1”或者“0”。

第二步：选择区域 C1:C10，设置公式“=IF(B1:B10=1,A1:A10,0)”，“Ctrl+Shift+回车键”。如图 5-130 所示，根据数据的奇偶，奇数则保留，偶数则全部返回 0。

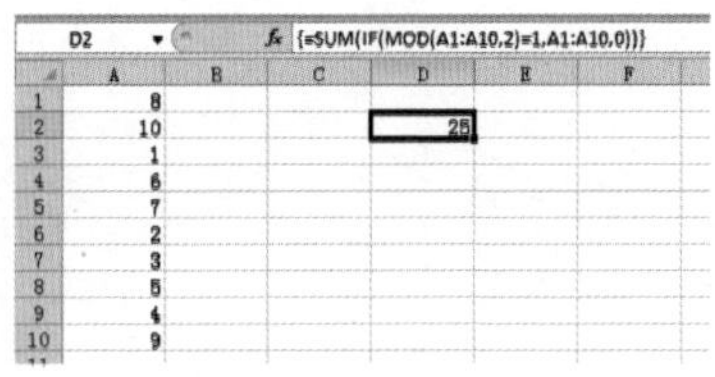

图 5-129

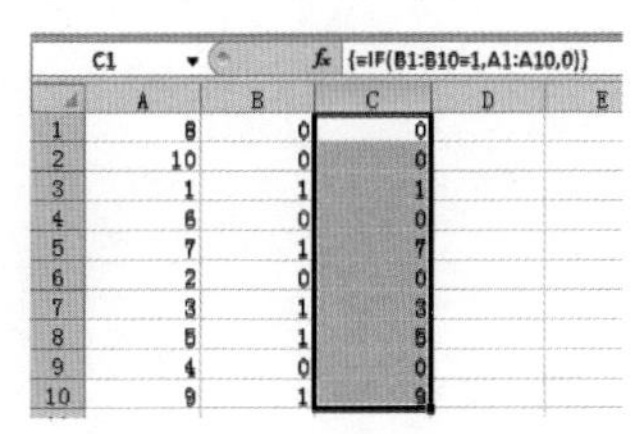

图 5-130

第三步：C11 设置公式“=SUM(C1:C10)”，将所有奇数汇总。

将上述三步并成一步，在一个单元格设置公式“=SUM(IF(MOD(A1:A10,2)=1,A1:A10,0))”，然后“Ctrl+Shift+回车键”。这其实就是在公式中构建一个虚拟的数组，不需要用辅助列。

换个方法来解释这个数组公式。

在 D2 设置公式“=SUM(IF(MOD(A1:A10,2)=1,A1:A10,0))”，然后“Ctrl+Shift+回车键”，返回“25”。也就是将区域 A1:A10 中所有奇数进行汇总，可通过公式求值工具查看其计算过程。

选中 D2 的公式，点击【公式】，然后点击【公式求值】，看到如图 5-131 所示画面。

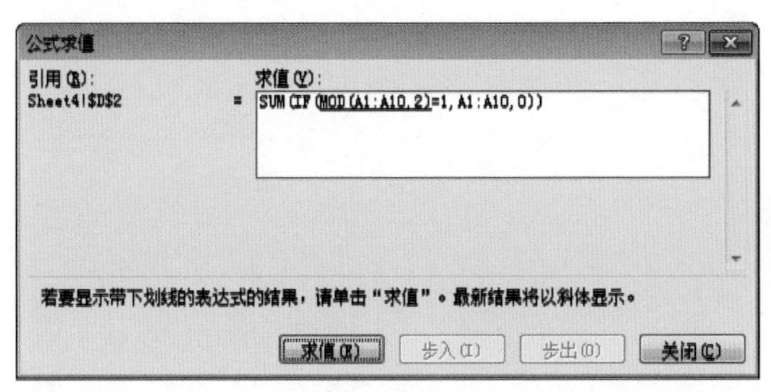

图 5-131

点击【求值】,看到"MOD(A1:A10,2)"这一步返回的是"0;0;1;0;1;0;1;1;0;1",也就是A1:A10这一区域数据分别除以2，余数有些为1，有些为0。

再次点击【求值】，返回多个"FALSE"或"TRUE"，也就是"IF({0;0;1;0;1;0;1;1;0;1})=1"这一步判断哪些区域除以2余数为1，如果为1的则返回"TRUE"，否则返回"FALSE"。

再次点击【求值】，结合"IF"函数分析，如果"TRUE"，返回"IF"函数对应的第二个参数，也就是A1:A10区域中对应的值，否则返回"IF"函数对应的第三个参数"0"。再次点击【求值】，就可以汇总结果了。

第六章

信息量好大：数据分析

茫茫人海，找到自己心中所爱，其实也是一种筛选，要求越多，可挑选的对象也就越少，比如要求“女，年龄18~25岁，北京户口，工资20000元以上……”

筛选就是过滤，根据设置的条件只显示符合条件的数据，条件设置越多，返回的结果就越少……当然，很多事情都这样。（这就是你找不到“对象”的原因。）

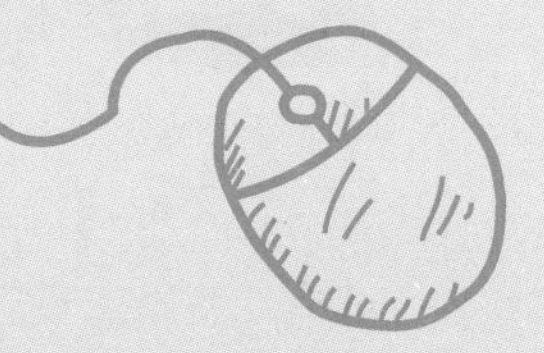

第 1 节 让数据飞一会儿：排序

1. 快速排序

排序的目的是为了让数据看起来更加有秩序，查看数据也方便一些。你可以将数值从大到小排序，也可以按字母顺序从 a 到 z 排序，如图 6-1 所示表格，需要根据基本工资降序排列。

一般操作如下：先全选数据，然后点击【数据】选项卡，点击【排序】，选择【主要关键字】，选择【排序依据】，选择【次序】（升序或降序），如图 6-2 所示。

	A	B	C	D	E	F	G
1	姓名	性别	年龄	部门	职称	基本工资	奖金
2	赵甲子	男	33	修理车间	工程师	8343	800
3	孙丙寅	男	33	后勤组	工人	6019	712
4	李丁卯	男	41	修理车间	助工	8732	710
5	吴己巳	男	40	办公室	工程师	5400	621
6	冯壬申	男	34	办公室	技术员	10048	590
7	陈癸酉	男	20	修理车间	助工	6777	421
8	褚甲戌	男	46	后勤组	工人	8817	320
9	钱乙丑	女	31	修理车间	工人	11462	720
10	周戊辰	女	35	修理车间	工人	5007	682
11	郑庚午	女	32	修理车间	助工	8066	590
12	王辛未	女	40	后勤组	工人	5597	590

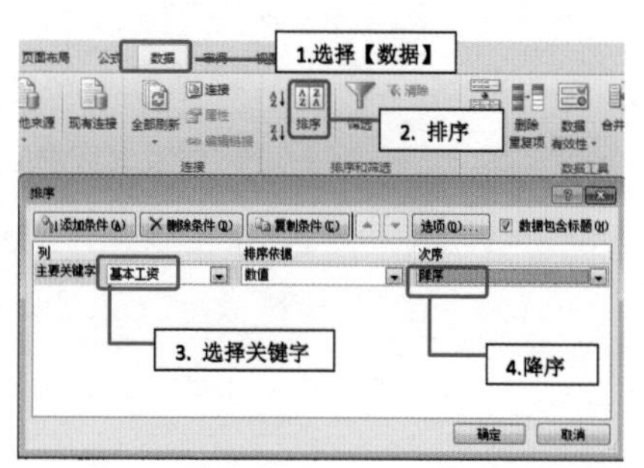

图 6-2

如果你仅仅需要按基本工资升序或降序排列，一般规范的表格，你只需选择“基本工资”所在的单元格 F1，然后点击【数据】选项卡中【升序】或【降序】按钮，如图 6-3 所示，很快就可以做好。

2. 多关键字排序

如果有多个关键字呢？比如上述例子中，需要先按部门，再按基本工资排序。常见标准做法是选择需要排序的数据区域，点击【数据】选项卡【排序】按钮，然后点击【添加条件】，如图 6-4 所示，最多支持 64 级排序。

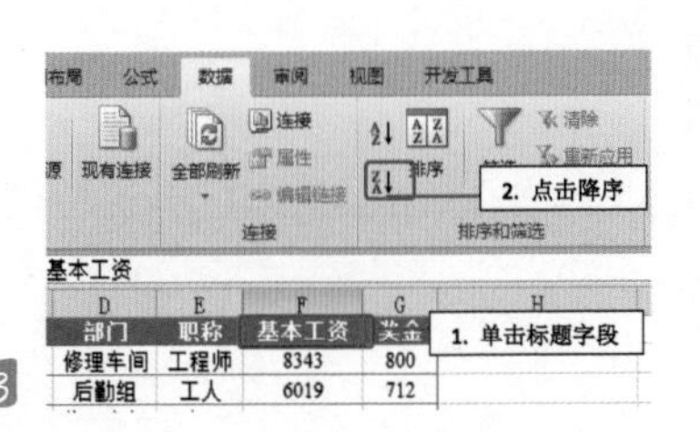

图 6-3

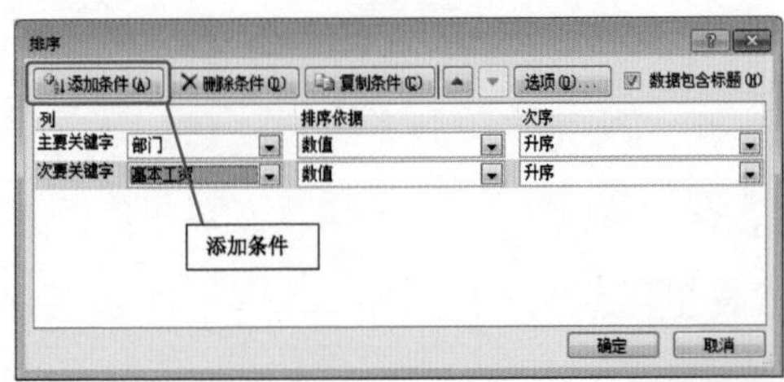

比较快的方法是：光标放在 F1 即基本工资，然后点击【数据】选项卡，【升序】，再将光标移到 D1 即部门，然后点击【数据】选项卡中的【升序】按钮。排序的时候我们是倒过来操作，先点基本工资排序，再点部门排序。我们发现表格先按部门排序，如果都是同一个部门再按基本工资从小到大排序。

或许你会奇怪，为什么按部门从小到大排序，办公室会排在最上方？这是因为 Excel 默认按字母来排序。你也可以设置按笔画来排序：点击【数据】选项卡【排序】按钮，在选项中进行设置，如图 6-6 所示。

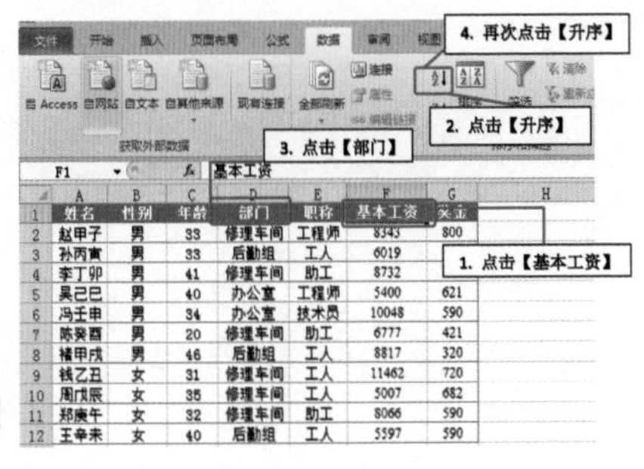

图 6-5

3. 自定义排序

尽管进行了如上设置，某些特殊情况下可能还是达不到你的要求。如图 6-7 所示的表格中，需要按照职务的大小进行排序。你突然发现，不管是按字母还是按笔画，领导总是排不到第一。这种情况，你可以自定义排序，“暗

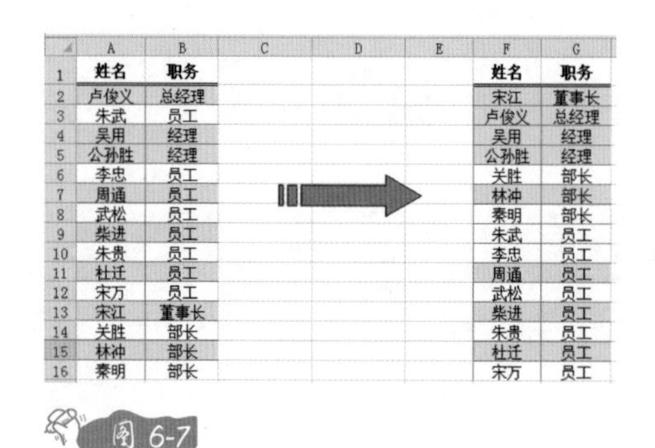

	A	B	C	D	E	F	G
1	姓名	职务				姓名	职务
2	卢俊义	总经理				宋江	董事长
3	朱武	员工				卢俊义	总经理
4	吴用	经理				吴用	经理
5	公孙胜	经理				公孙胜	经理
6	李忠	员工				关胜	部长
7	周通	员工				林冲	部长
8	武松	员工				秦明	部长
9	柴进	员工				朱武	员工
10	朱贵	员工				李忠	员工
11	杜迁	员工				周通	员工
12	宋万	员工				武松	员工
13	宋江	董事长				柴进	员工
14	关胜	部长				朱贵	员工
15	林冲	部长				杜迁	员工
16	秦明	部长				宋万	员工

图 6-7

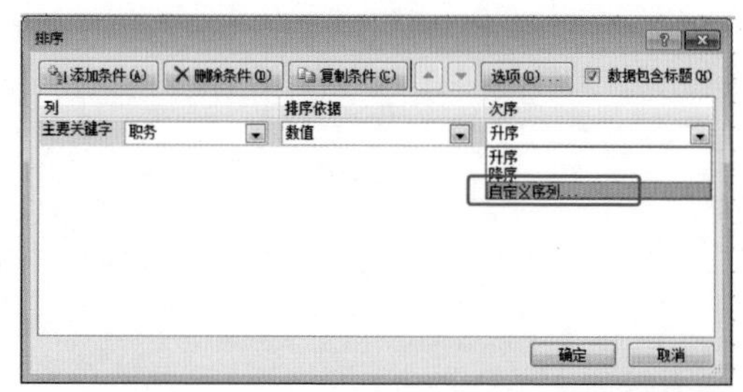

图 6-8

箱操作”，想怎么排就怎么排。

比如需要董事长、总经理、经理、部长、员工这样按职务大小排序。按笔画排序，董事长排不到第一；按字母排序，董事长也排不到第一，怎么办呢？

我们可以点击数据表中任意一个单元格，然后点击【数据】选项卡，点击【排序】按钮，在弹出的对话框中，【主要关键字】选择“职务”，【排序依据】选择“数值”，【次序】中选择“自定义序列”，如图 6-8 所示。

在出现的新序列中，输入序列“董事长，总经理，经理，部长，员工”（注意要用英文半角符号），然后点击【添加】，如图 6-9 所示。

接下来再来排序，【主要关键字】选择“职务”，【次序】这一栏选择“自定义序列”。

然后选择已设置好的“董事长，总经理，经理，部长，员工”这个序列。

完美，这样董事长就排在第一了。

4. 新增的按颜色排序

Excel 中将某列单元格按照字体颜色或单元格颜色排序，这在 Excel 2007 以前版本中并不太方便，往往得借助辅助列，用宏表函数或是用 VBA 编程来实现，有那么点复杂。

Excel 2007 及以后的版本新增了按颜色排序的功能，解决了这个烦恼。

如图 6-10 所示表格，需要将单元格颜色为蓝色的排在一起。

点击数据表中任意单元格，然后点击【数据】，点击【排序】，选择主要关键字之后，在【排序依据】中可选择【单元格颜色】。

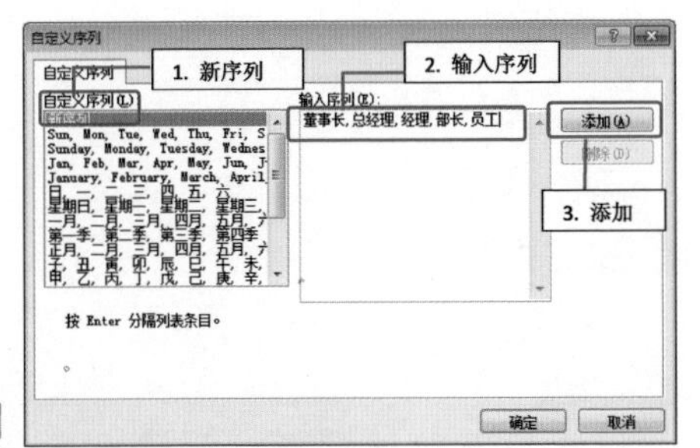

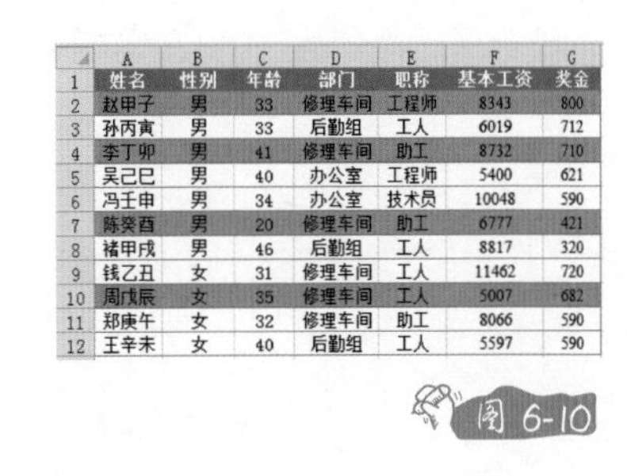

	A	B	C	D	E	F	G
1	姓名	性别	年龄	部门	职称	基本工资	奖金
2	赵甲子	男	33	修理车间	工程师	8343	800
3	孙丙寅	男	33	后勤组	工人	6019	712
4	李丁卯	男	41	修理车间	助工	8732	710
5	吴己巳	男	40	办公室	工程师	5400	621
6	冯壬申	男	34	办公室	技术员	10048	590
7	陈癸酉	男	20	修理车间	助工	6777	421
8	褚甲戌	男	46	后勤组	工人	8817	320
9	钱乙丑	女	31	修理车间	工人	11462	720
10	周戊辰	女	35	修理车间	工人	5007	682
11	郑庚午	女	32	修理车间	助工	8066	590
12	王辛未	女	40	后勤组	工人	5597	590

图 6-10

然后选择颜色排序，如图 6-11 所示，选中蓝色。

排序后效果如图 6-12 所示。

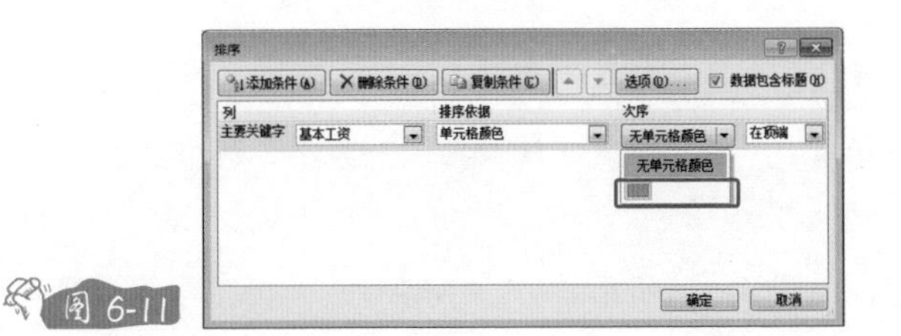

图 6-11

	A	B	C	D	E	F	G
1	姓名	性别	年龄	部门	职称	基本工资	奖金
2	赵甲子	男	33	修理车间	工程师	8343	800
3	李丁卯	男	41	修理车间	助工	8732	710
4	陈癸酉	男	20	修理车间	助工	6777	421
5	周戊辰	女	35	修理车间	工人	5007	682
6	孙丙寅	男	33	后勤组	工人	6019	712
7	吴己巳	男	40	办公室	工程师	5400	621
8	冯壬申	男	34	办公室	技术员	10048	590
9	褚甲戌	男	46	后勤组	工人	8817	320
10	钱乙丑	女	31	修理车间	工人	11462	720
11	郑庚午	女	32	修理车间	助工	8066	590
12	王辛未	女	40	后勤组	工人	5597	590

5. 避免标题排序

在排序过程中，你肯定不想看到这样的事情发生：标题行排到数据中间去了，如图6-13所示。事实上，不管怎么排序，你希望的是标题永远在第一行。

	A	B	C	D	E	F	G
1	赵甲子	男	33	修理车间	工程师	8343	800
2	吴己巳	男	40	办公室	工程师	5400	621
3	孙丙寅	男	33	后勤组	工人	6019	712
4	褚甲戌	男	46	后勤组	工人	8817	320
5	钱乙丑	女	31	修理车间	工人	11462	720
6	周戊辰	女	35	修理车间	工人	5007	682
7	王辛未	女	40	后勤组	工人	5597	590
8	冯壬申	男	34	办公室	技术员	10048	590
9	姓名	性别	年龄	部门	职称	基本工资	奖金
10	李丁卯	男	41	修理车间	助工	8732	710
11	陈癸酉	男	20	修理车间	助工	6777	421
12	郑庚午	女	32	修理车间	助工	8066	590

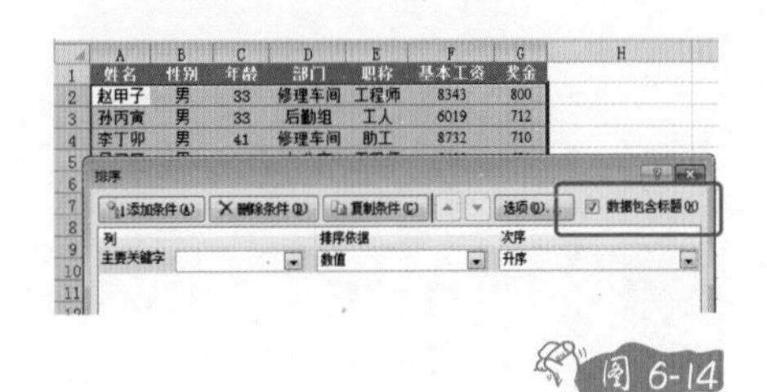

图 6-14

解决这个问题的办法如下：第一步，全选数据。第二步，排序界面中勾选【数据包含标题】。如图 6-14 所示，问题解决了。

6. 用排序生成工资条

拿工资是件开心的事，做工资单是件烦心的事。

如何将图6-15左边的工资表快速生成如右所示的工资条？一个个插入、复制、粘贴吗？搬出专业的VBA吗？

	A	B	C	D	E	F	G
1	姓名	性别	年龄	部门	职称	基本工资	奖金
2	赵甲子	男	33	修理车间	工程师	8343	800
3	孙丙寅	男	33	后勤组	工人	6019	712
4	李丁卯	男	41	修理车间	助工	8732	710
5	吴己巳	男	40	办公室	工程师	5400	621
6	冯壬申	男	34	办公室	技术员	10048	590
7	陈癸酉	男	20	修理车间	助工	6777	421
8	褚甲戌	男	46	后勤组	工人	8817	320
9	钱乙丑	女	31	修理车间	工人	11462	720
10	周戊辰	女	35	修理车间	工人	5007	682
11	郑庚午	女	32	修理车间	助工	8066	590
12	王辛未	女	40	后勤组	工人	5597	590

	A	B	C	D	E	F	G
1	姓名	性别	年龄	部门	职称	基本工资	奖金
2	赵甲子	男	33	修理车间	工程师	8343	800
3	姓名	性别	年龄	部门	职称	基本工资	奖金
4	孙丙寅	男	33	后勤组	工人	6019	712
5	姓名	性别	年龄	部门	职称	基本工资	奖金
6	李丁卯	男	41	修理车间	助工	8732	710
7	姓名	性别	年龄	部门	职称	基本工资	奖金
8	吴己巳	男	40	办公室	工程师	5400	621
9	姓名	性别	年龄	部门	职称	基本工资	奖金
10	冯壬申	男	34	办公室	技术员	10048	590
11	姓名	性别	年龄	部门	职称	基本工资	奖金
12	陈癸酉	男	20	修理车间	助工	6777	421

看似棘手的问题，其实可以用排序轻松做到。

第一步：填充数字。最后一列辅助列，填充数字，有多少行填充多少行，如图6-16所示。

第二步：复制粘贴，如图6-17所示。

第三步：还是复制粘贴，将标题复制，如图6-18所示。

第四步：填充，如图6-19所示。

第五步：排序，如图6-20所示。

看看，不用复杂的函数，不用难懂的VBA，就这样复制、粘贴就搞定了，实在是太简单了。很多时候并不是我们“不会”，而仅仅是我们“没想到”，如此而已！

	A	B	C	D	E	F	G	H
1	姓名	性别	年龄	部门	职称	基本工资	奖金	辅助列
2	赵甲子	男	33	修理车间	工程师	8343	800	1
3	孙丙寅	男	33	后勤组	工人	6019	712	2
4	李丁卯	男	41	修理车间	助工	8732	710	3
5	吴己巳	男	40	办公室	工程师	5400	621	4
6	冯壬申	男	34	办公室	技术员	10048	590	5
7	陈癸酉	男	20	修理车间	助工	6777	421	6
8	褚甲戌	男	46	后勤组	工人	8817	320	7
9	钱乙丑	女	31	修理车间	工人	11462	720	8
10	周戊辰	女	35	修理车间	工人	5007	682	9
11	郑庚午	女	32	修理车间	助工	8066	590	10
12	王辛未	女	40	后勤组	工人	5597	590	11

	A	B	C	D	E	F	G	H
1	姓名	性别	年龄	部门	职称	基本工资	奖金	辅助列
2	赵甲子	男	33	修理车间	工程师	8343	800	1
3	孙丙寅	男	33	后勤组	工人	6019	712	2
4	李丁卯	男	41	修理车间	助工	8732	710	3
5	吴己巳	男	40	办公室	工程师	5400	621	4
6	冯壬申	男	34	办公室	技术员	10048	590	5
7	陈癸酉	男	20	修理车间	助工	6777	421	6
8	褚甲戌	男	46	后勤组	工人	8817	320	7
9	钱乙丑	女	31	修理车间	工人	11462	720	8
10	周戊辰	女	35	修理车间	工人	5007	682	9
11	郑庚午	女	32	修理车间	助工	8066	590	10
12	王辛未	女	40	后勤组	工人	5597	590	11
13								1
14								2
15								3
16								4
17								5
18								6
19								7
20								8
21								9
22								10
23								11

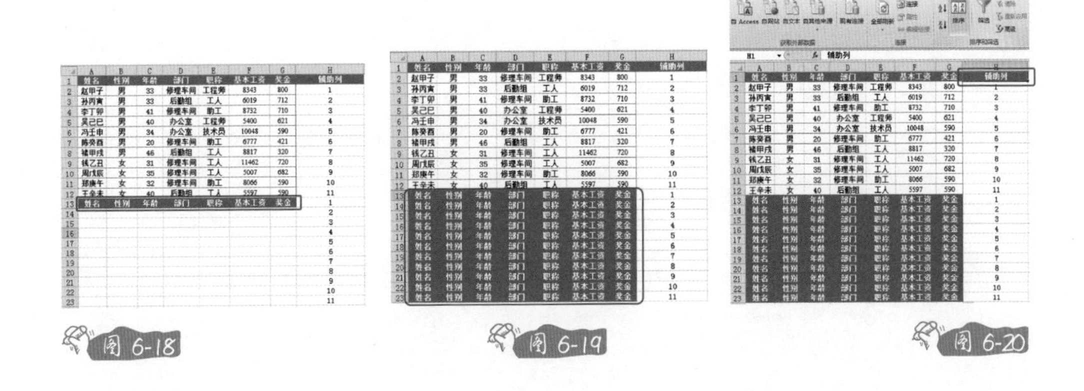

	A	B	C	D	E	F	G	H
1	姓名	性别	年龄	部门	职称	基本工资	奖金	辅助列
2	赵甲子	男	33	修理车间	工程师	8343	800	1
3	孙丙寅	男	33	后勤组	工人	6019	712	2
4	李丁卯	男	41	修理车间	助工	8732	710	3
5	吴己巳	男	40	办公室	工程师	5400	621	4
6	冯壬申	男	34	办公室	技术员	10048	590	5
7	陈癸酉	男	20	修理车间	助工	6777	421	6
8	褚甲戌	男	46	后勤组	工人	8817	320	7
9	钱乙丑	女	31	修理车间	工人	11462	720	8
10	周戊辰	女	35	修理车间	工人	5007	682	9
11	郑庚午	女	32	修理车间	助工	8066	590	10
12	王辛未	女	40	后勤组	工人	5597	590	11
13	姓名	性别	年龄	部门	职称	基本工资	奖金	1
14								2
15								3
16								4
17								5
18								6
19								7
20								8
21								9
22								10
23								11

图 6-18

	A	B	C	D	E	F	G	H
1	姓名	性别	年龄	部门	职称	基本工资	奖金	辅助列
2	赵甲子	男	33	修理车间	工程师	8343	800	1
3	孙丙寅	男	33	后勤组	工人	6019	712	2
4	李丁卯	男	41	修理车间	助工	8732	710	3
5	吴己巳	男	40	办公室	工程师	5400	621	4
6	冯壬申	男	34	办公室	技术员	10048	590	5
7	陈癸酉	男	20	修理车间	助工	6777	421	6
8	褚甲戌	男	46	后勤组	工人	8817	320	7
9	钱乙丑	女	31	修理车间	工人	11462	720	8
10	周戊辰	女	35	修理车间	工人	5007	682	9
11	郑庚午	女	32	修理车间	助工	8066	590	10
12	王辛未	女	40	后勤组	工人	5597	590	11
13	姓名	性别	年龄	部门	职称	基本工资	奖金	1
14	姓名	性别	年龄	部门	职称	基本工资	奖金	2
15	姓名	性别	年龄	部门	职称	基本工资	奖金	3
16	姓名	性别	年龄	部门	职称	基本工资	奖金	4
17	姓名	性别	年龄	部门	职称	基本工资	奖金	5
18	姓名	性别	年龄	部门	职称	基本工资	奖金	6
19	姓名	性别	年龄	部门	职称	基本工资	奖金	7
20	姓名	性别	年龄	部门	职称	基本工资	奖金	8
21	姓名	性别	年龄	部门	职称	基本工资	奖金	9
22	姓名	性别	年龄	部门	职称	基本工资	奖金	10
23	姓名	性别	年龄	部门	职称	基本工资	奖金	11

图 6-19

	A	B	C	D	E	F	G	H
1	姓名	性别	年龄	部门	职称	基本工资	奖金	辅助列
2	赵甲子	男	33	修理车间	工程师	8343	800	1
3	孙丙寅	男	33	后勤组	工人	6019	712	2
4	李丁卯	男	41	修理车间	助工	8732	710	3
5	吴己巳	男	40	办公室	工程师	5400	621	4
6	冯壬申	男	34	办公室	技术员	10048	590	5
7	陈癸酉	男	20	修理车间	助工	6777	421	6
8	褚甲戌	男	46	后勤组	工人	8817	320	7
9	钱乙丑	女	31	修理车间	工人	11462	720	8
10	周戊辰	女	35	修理车间	工人	5007	682	9
11	郑庚午	女	32	修理车间	助工	8066	590	10
12	王辛未	女	40	后勤组	工人	5597	590	11
13	姓名	性别	年龄	部门	职称	基本工资	奖金	1
14	姓名	性别	年龄	部门	职称	基本工资	奖金	2
15	姓名	性别	年龄	部门	职称	基本工资	奖金	3
16	姓名	性别	年龄	部门	职称	基本工资	奖金	4
17	姓名	性别	年龄	部门	职称	基本工资	奖金	5
18	姓名	性别	年龄	部门	职称	基本工资	奖金	6
19	姓名	性别	年龄	部门	职称	基本工资	奖金	7
20	姓名	性别	年龄	部门	职称	基本工资	奖金	8
21	姓名	性别	年龄	部门	职称	基本工资	奖金	9
22	姓名	性别	年龄	部门	职称	基本工资	奖金	10
23	姓名	性别	年龄	部门	职称	基本工资	奖金	11

图 6-20

第2节 大浪淘沙：有一种淘汰叫筛选

茫茫人海，找到自己心中所爱，其实也是一种筛选，要求越多，可挑选的对象也就越少，比如要求“女，年龄 18 ~ 25 岁，北京户口，工资 20000 元以上……”筛选就是过滤，根据设置的条件只显示符合条件的数据，条件设置越多，返回的结果就越少，筛选就是这么一回事。

1. 文本筛选

如图 6-21 所示表格，筛选其中性别为“女”的记录。

	A	B	C	D	E	F
1	姓名	性别	年龄	籍贯	职称	基本工资
2	赵甲子	男	24	上海	经理	35713
3	孙丙寅	男	34	北京	普工	3623
4	李丁卯	女	23	杭州	经理	33365
5	吴己巳	女	26	天津	普工	5600
6	冯壬申	女	27	广州	经理	29733
7	陈癸酉	男	39	上海	科长	18090
8	褚甲戌	男	24	北京	普工	9605
9	钱乙丑	女	36	杭州	普工	8420
10	周戊辰	女	34	上海	普工	8374
11	郑庚午	女	31	北京	科长	27423
12	王辛未	女	38	北京	科长	20801

图 6-21

第一步：在数据表中任意一个单元格中单击，然后点击【数据】，点击【筛选】。如图6-22所示，可以看到每个表的标题字段都出现了一个小三角形图标，点击就可以进行筛选了。

点击B1单元格右边的小三角形，展开，如图6-23所示效果。点掉全选，然后只勾选“女”。

图 6-22

图 6-23

我们也可以点击【文本筛选】，这里提供更多的选择，如图6-24所示。

2. 数字筛选

对于数字也可以进行筛选，如图6-25所示表格的标题字段“基本工资”右边的小三角形，点击它，出现如下快捷菜单，点击【数字筛选】，可以选择【10个最大的值】。

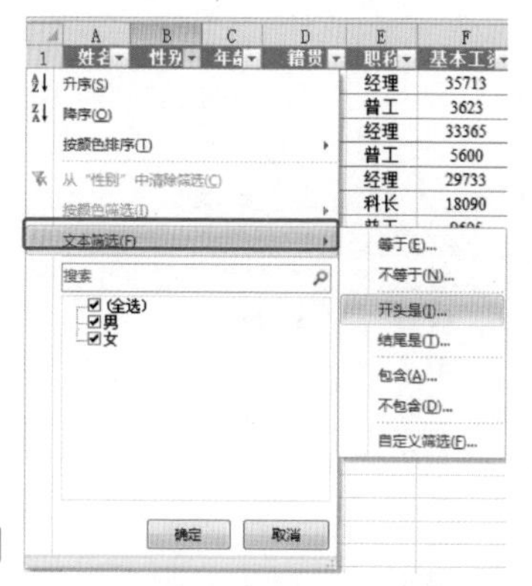

图 6-24

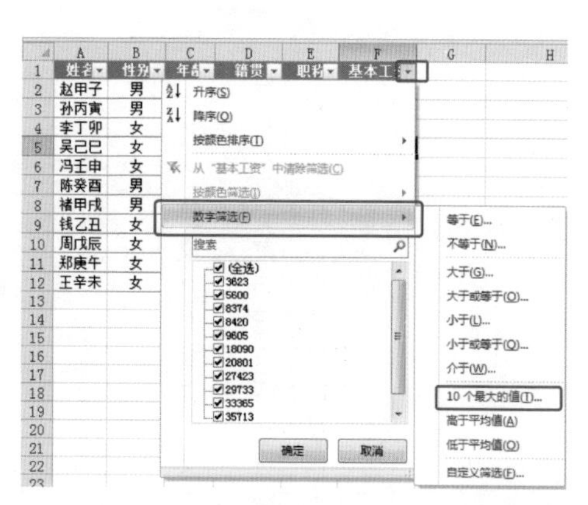

图 6-25

然后输入“3”，如图 6-26 所示，这样做可找出工资最高的 3 个人。

也可以找出工资 20000 ~ 30000 元之间的记录，只需点击【数字筛选】中的【介于】。在弹出界面中设置筛选范围，这样工资介于 20000 ~ 30000 元之间的数据就被筛选出来了。

图 6-26

3. 多条件筛选

如果需要同时满足多个条件，可分别进行设置。

如需要筛选出图 6-21 所示表格中性别为女、工资 20000 元以上的记录。

第一步：点击标题字段“性别”右边小三角形，只勾选“女”。

第二步：点击标题字段“基本工资”右边小三角形，点击【数字筛选】【大于】。

在弹出界面设置条件，这样基本工资大于 20000 元的也被筛选出来了。

4. 高级筛选

高级筛选适合多条件的复杂筛选，虽然是高级筛选，但操作却很简单。高级筛选一共有三个区域，一个是列表区域，一个是条件区域，一个是结果区域，如图 6-27 所示。

列表区域，就是需要进行筛选的数据源。

条件区域，就是设置过条件的区域，需用户自行定义。

结果区域，就是显示结果的地方，可以将筛选结果放在原地方显示，也可以在新的区域中显示筛选结果。

注意：条件写在同一行，为“并且”关系；条件写在不同行，为“或者”关系。

先看一个简化的例子。如图 6-28 所示表格，需要用高级筛选方式进行筛选。

① 条件写在同一行的为“并且”关系。

图 6-27

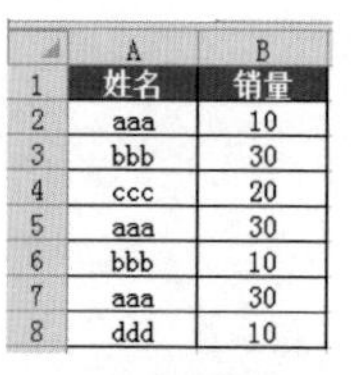

	A	B
1	姓名	销量
2	aaa	10
3	bbb	30
4	ccc	20
5	aaa	30
6	bbb	10
7	aaa	30
8	ddd	10

图 6-28

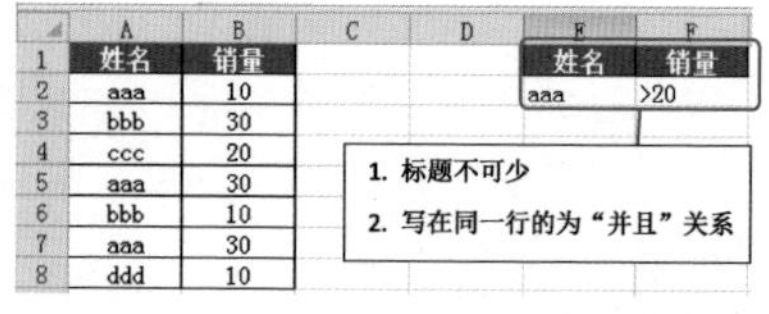

图 6-29

筛选条件为：姓名为“aaa”并且“销量”大于 20。

第一步：设置筛选条件，如图 6-29 所示，在 E1:F2 区域中设置条件，条件写在同一行表示的是“并且”关系，即同时满足两个条件。还要注意必须包含标题，要不然谁知道是年龄大于 20 还是销量大于 20，抑或是工资大于 20。

第二步：点击【数据】，【排序和筛选】组中的【高级】按钮，如图 6-30 所示。

第三步：设置列表区域为 A1:B8，条件区域为 E1:F2，点击【将筛选结果复制到其他位置】，然后在【复制到】右边的列表框中选择一个空白单元格 E7，如图 6-31 所示，结果将在 E7 单元格中显示。

图 6-30

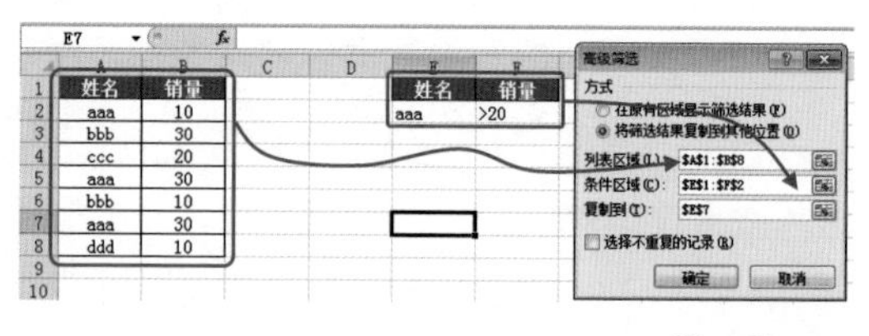

图 6-31

设置完成效果如图 6-32 所示：列表区域为 A1:B8，也就是需要筛选的数据源；条件区域为 E1:F2，也就是设置的条件；结果显示在 E7。满足姓名为“aaa”并且销量大于 20 的记录一共只有两条。

② 条件写在不同行的为“或者”关系。

筛选条件：姓名为“aaa”或者销量大于 20 的记录。

筛选条件为“或者”关系，操作方法与上述相同，只是条件需分两行设置。如图 6-33 所示，E2 单元格中输“aaa”，F3 单元格中输入“>20”。

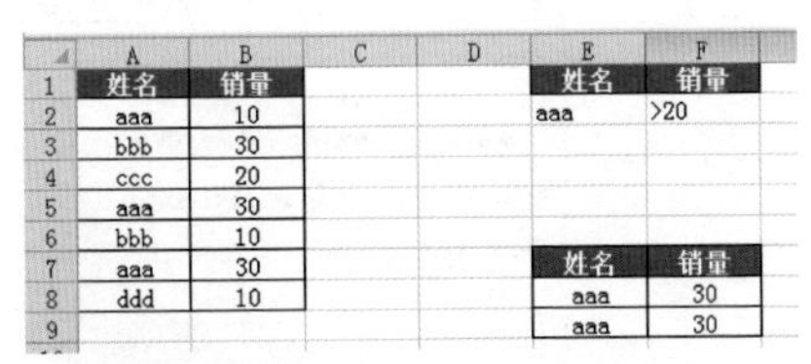

图 6-32

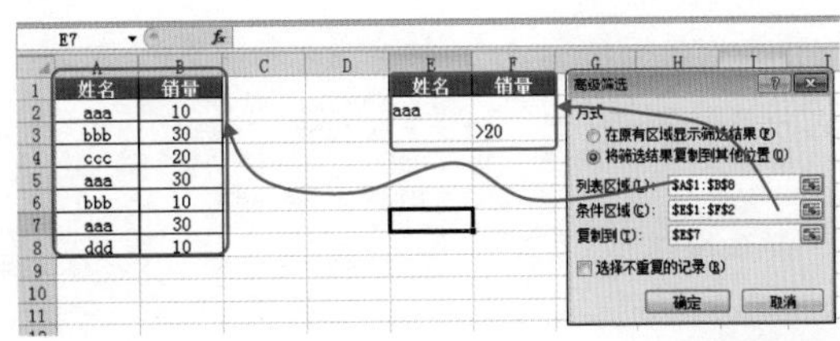

图 6-33

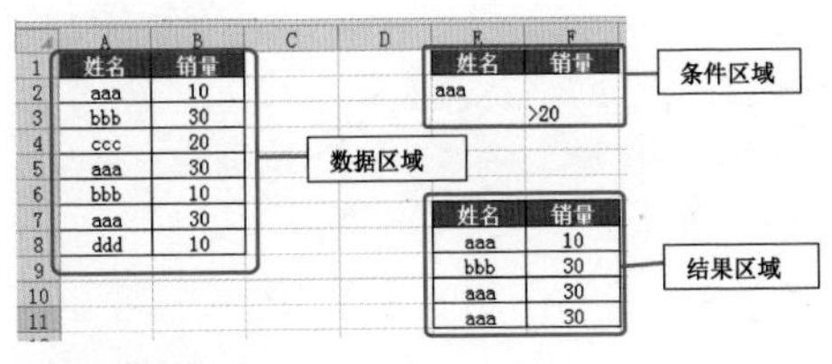

图 6-34

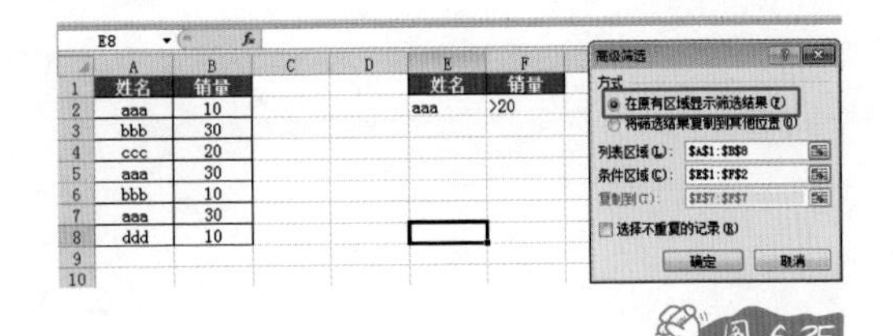
图 6-35

设置完效果如图 6-34 所示。

你会惊奇地发现，姓名为“bbb”的也显示其中。这是正常的、必须的，因为两个条件只需满足其中一个即可。

③ 在原有区域显示筛选结果。

在高级筛选操作过程中，如果不选择【将筛选结果复制到其他位置】，而是保留默认【在原有区域显示筛选结果】，如图 6-35 所示，筛选的结果将在列表区域中直接显示。

显示的效果如图 6-36 所示。

④ 在另一张表中显示筛选结果。

如果列表区域和条件区域在 Sheet 1 中，而需要在 Sheet 2 中显示筛选后的结果，该怎么做呢？直接在【复制到】后面的框框中选择“Sheet 2 中的某个空白单元格”，如图 6-37 所示，你会发现出错了，显示“引用无效”错误。这个操作 Excel 是不理解、不支持、不允许的。

正确方法一：在另张表做筛选。在 Sheet 2 中做高级筛选，【列表区域】和【条件区域】选择 Sheet 1 中的数据，如图 6-38 所示。

方法二：使用名称，实现跨表筛选。

如果表格太多，有几十个表名，选择的时候不方便，也可以结合名称引

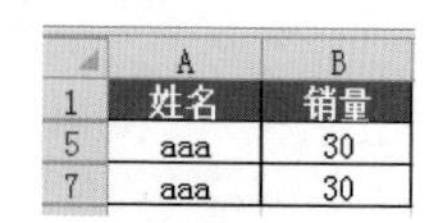

	A	B
1	姓名	销量
5	aaa	30
7	aaa	30

图 6-36

图 6-37

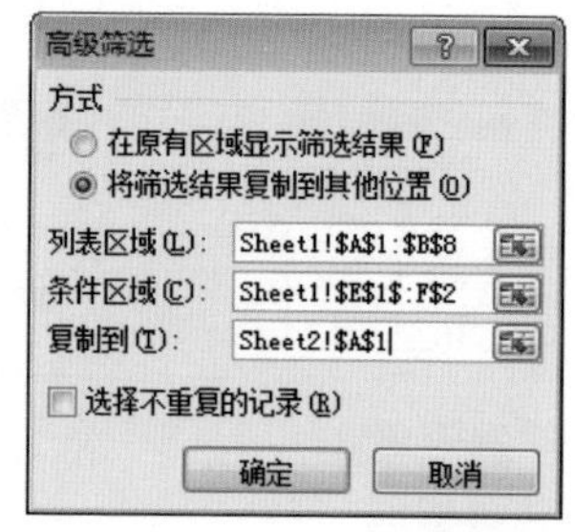

图 6-38

用来实现。

第一步：在 Sheet 1 中选中 A1:B8 区域，在名称框中输入“区域”，回车，A1:B8 区域被命名为“区域”了。

第二步：在 Sheet 1 中选中 E1:F2 区域，在名称框中输入“条件”，回车，E1:F2 区域被命名为“条件”。

第三步：在 Sheet 2 中，随机单击一个单元格，如 A1，点击【数据】【筛选】，如图 6-39 所示设置，【列表区域】和【条件区域】分别输入名称，这样就可以跨表引用了。

⑤ 删除重复项。

如图 6-40 所示表格，需要统计共有几个部门，直接计算个数是错误的，因为有重复的。

高级筛选中有一个功能就是删除重复项。具体操作如下。

第一步：点击【数据】，【排序和筛选】组中的【高级】按钮。

图 6-39

	A	B	C	D	E	F	G
1	姓名	性别	年龄	部门	职称	基本工资	奖金
2	赵甲子	男	33	修理车间	工程师	8343	800
3	孙丙寅	男	33	后勤组	工人	6019	712
4	李丁卯	男	41	修理车间	助工	8732	710
5	吴己巳	男	40	办公室	工程师	5400	621
6	冯壬申	男	34	办公室	技术员	10048	590
7	陈癸酉	男	20	修理车间	助工	6777	421
8	褚甲戌	男	46	后勤组	工人	8817	320
9	钱乙丑	女	31	修理车间	工人	11462	720
10	周戊辰	女	35	修理车间	工人	5007	682
11	郑庚午	女	32	修理车间	助工	8066	590
12	王辛未	女	40	后勤组	工人	5597	590

图 6-40

第二步：在出现的界面中，【列表区域】选择 D1:D12（因为只看部门不重复的，与其他列无关），如图 6-41 所示。

【条件区域】中不设置任何条件，也就是无条件，复制到 I1 单元格。这样做就相当于复制粘贴，什么也没处理，注意，勾选【选择不重复的记录】，这样重复的就保留唯一值。

不过，这种方法有点老土、有点过时，Excel 2007 及以后版本中，大家可以用“删除重复项”这个功能，一键就可以删除了。

步骤一：将需要删除重复项的数据区域复制粘贴到别处，如图 6-42，复制粘贴到 I 列。

步骤二：选择 I1:I12 区域，然后点击【数据】，点击【删除重复项】。

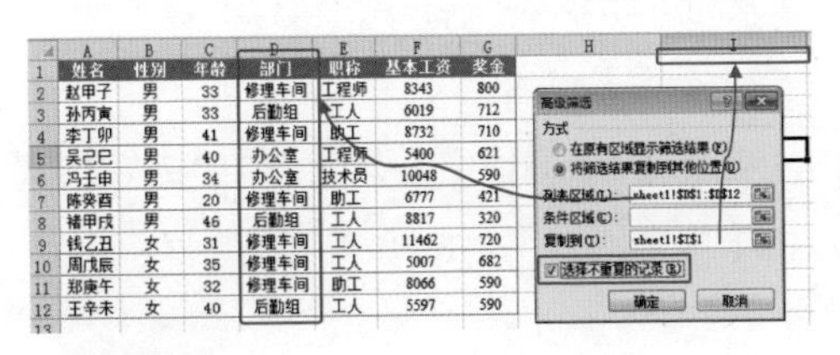

	A	B	C	D	E	F	G
1	姓名	性别	年龄	部门	职称	基本工资	奖金
2	赵甲子	男	33	修理车间	工程师	8343	800
3	孙丙寅	男	33	后勤组	工人	6019	712
4	李丁卯	男	41	修理车间	助工	8732	710
5	吴己巳	男	40	办公室	工程师	5400	621
6	冯壬申	男	34	办公室	技术员	10048	590
7	陈癸酉	男	20	修理车间	助工	6777	421
8	褚甲戌	男	46	后勤组	工人	8817	320
9	钱乙丑	女	31	修理车间	工人	11462	720
10	周戊辰	女	35	修理车间	工人	5007	682
11	郑庚午	女	32	修理车间	助工	8066	590
12	王辛未	女	40	后勤组	工人	5597	590

图 6-41

	A	B	C	D	E	F	G	H	I
1	姓名	性别	年龄	部门	职称	基本工资	奖金		部门
2	赵甲子	男	33	修理车间	工程师	8343	800		修理车间
3	孙丙寅	男	33	后勤组	工人	6019	712		后勤组
4	李丁卯	男	41	修理车间	助工	8732	710		修理车间
5	吴己巳	男	40	办公室	工程师	5400	621		办公室
6	冯壬申	男	34	办公室	技术员	10048	590		办公室
7	陈癸酉	男	20	修理车间	助工	6777	421		修理车间
8	褚甲戌	男	46	后勤组	工人	8817	320		后勤组
9	钱乙丑	女	31	修理车间	工人	11462	720		修理车间
10	周戊辰	女	35	修理车间	工人	5007	682		修理车间
11	郑庚午	女	32	修理车间	助工	8066	590		修理车间
12	王辛未	女	40	后勤组	工人	5597	590		后勤组

图 6-42

第 3 节 展开折叠收放自如：手动分组

玩过“企鹅”软件的都知道 QQ 有一个分组功能，可以将联系人归纳到各个组中，方便查找。这个功能在联系人比较多的情况下起作用，如果联系人只有稀稀拉拉的个位数，查看的时候一目了然，分组就成了多余。

在 Excel 中，如果数据量较大，也可以使用分组。

先看分组前与分组后的效果。分组前如图 6-43 所示，分组后如图 6-44 所示。

	A	B	C	D
1	区域	年份	季度	招生人数
2	上海	2012	4	250
3	上海	2013	2	478
4	上海	2012	3	654
5	上海	2013	1	946
6	上海	2013	2	986
7	北京	2012	3	278
8	北京	2013	4	649
9	北京	2012	1	678

图 6-43

	A	B	C	D
1	区域	年份	季度	招生人数
2	上海	2012	4	250
3	上海	2013	2	478
4	上海	2012	3	654
5	上海	2013	1	946
6	上海	2013	2	986
7	上海			3314
8	北京	2012	3	278
9	北京	2013	4	649
10	北京	2012	1	678
11	北京			1605
12	总计			4919

图 6-44

分组之后，可以点击左上角数字 1、2、3，实现展开折叠效果。点击 1，查看总数，显示所有汇总；点击 2，查看总计以及分组效果；点击 3，查看明细。

我们可以利用自动建立分级显示的功能，快速实现分组。

如果数据表中已经有汇总行，如图 6-45 所示表格中第 7 行汇总上海的数据，第 11 行汇总北京的数据，第 12 行汇总北京和上海的数据。

先选择 A1:D12 区域，然后点击【数据】，【创建组】下拉菜单中选择【自动建立分级显示】。当然也可以点击【取消组合】中的【消除分级显示】取消分级显示。

自动建立分级显示虽然快速，但要求表格必须是设置了公式、做过汇总的。如图 6-46 所示表格，D7、D11、D12 并不存在汇总的公式，自动建立分级显示将出错，显示“不能建立分级显示”对话框，还是得用手动分组。

	A	B	C	D
1	区域	年份	季度	招生人数
2	上海	2012	4	250
3	上海	2013	2	478
4	上海	2012	3	654
5	上海	2013	1	946
6	上海	2013	2	986
7	上海			3314
8	北京	2012	3	278
9	北京	2013	4	649
10	北京	2012	1	678
11	北京			1605
12	汇总			4919

图 6-45

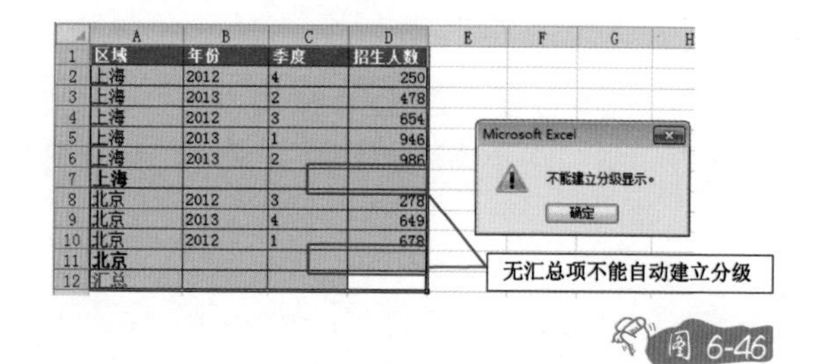

	A	B	C	D
1	区域	年份	季度	招生人数
2	上海	2012	4	250
3	上海	2013	2	478
4	上海	2012	3	654
5	上海	2013	1	946
6	上海	2013	2	986
7	上海			
8	北京	2012	3	278
9	北京	2013	4	649
10	北京	2012	1	678
11	北京			
12	汇总			

图 6-46

手动分类汇总有点麻烦，在数据量不是很大的情况下可以使用。还是以图 6-43 所示表格为例，需要按地区手动分组。

步骤一：每组后插入空行，如“上海”后面添加一行记录，输入“上海”，“北京”后面添加一行记录，输入“北京”，分别求和。选中图 6-44 所示单元格 D7 和 D11，按“Alt+=”自动求和。

步骤二：选中图 6-44 所示 A2:D6 区域，不包括汇总行 A7 所在行，点击【数据】【创建组】，选择按行分组。分组后的效果如图 6-47 所示，这样就为区域为“上海”的手动创建了一个组。

步骤三：同样选中 A8:D10 区域，不包括汇总行 A11 所在行，点击【数据】【创建组】，选择按行分组。

步骤四：在表格中最下方添加汇总行，A12 输入“汇总”，D12 中按“Alt+=”自动求和。

步骤五：选择 A2:D11 区域，不选择汇总行 A12 所在行，然后再次点击【数据】【创建组】，选择按行分组。

步骤六：第 11 行和第 12 行格式和其他行格式不一样，需要修改格式。可以这样做：选择 A10:D10 区域，鼠标移动到单元格右下角，当图标变成小黑十字时向下拖动，拖动到 D12，可以看到右下角出现选项，根据提示，选择“仅填充格式”。

手动分组还有个优点，那就是可以按列进行分组。

先来看图 6-48，如图所示，表格是横向排列的，我们可以通过手动分组，选择按列排序，效果如图 6-49 所示。

操作方法与上面讲到过的类似，只是在创建组的时候必须选择“列”。

数据量一大，手动分组就不适用了。上述例子中，如果数据包括全国几十个城市，一个个手动去做分级显示就不如用分类汇总来得快了，下节我们就来介绍下分类汇总的用法。

	A	B	C	D
1	区域	年份	季度	招生人数
2	上海	2012	4	250
3	上海	2013	2	478
4	上海	2012	3	654
5	上海	2013	1	946
6	上海	2013	2	986
7	上海			3314
8	北京	2012	3	278
9	北京	2013	4	649
10	北京	2012	1	678
11	北京			1605

图 6-47

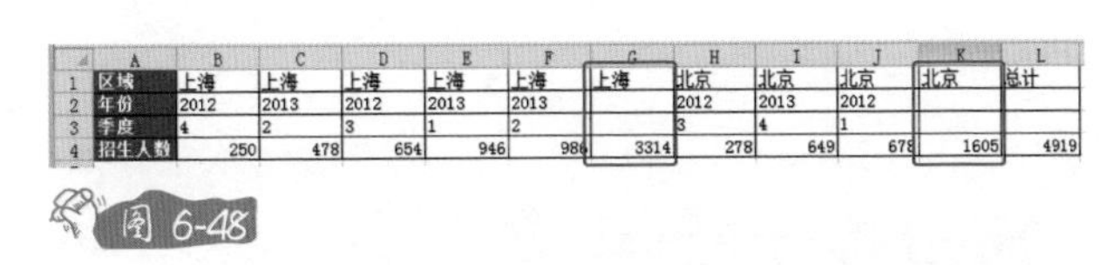

	A	B	C	D	E	F	G	H	I	J	K	L
1	区域	上海	上海	上海	上海	上海	上海	北京	北京	北京	北京	总计
2	年份	2012	2013	2012	2013	2013		2012	2013	2012		
3	季度	4	2	3	1	2		3	4	1		
4	招生人数	250	478	654	946	986	3314	278	649	678	1605	4919

图 6-48

	A	G	K	L
1	区域	上海	北京	总计
2	年份			
3	季度			
4	招生人数	3314	1605	4919

图 6-49

第4节 物以类聚，数以群分：分类汇总

顾名思义，分类汇总就是分门别类进行汇总。这其实是做两件事情，一是先分类，先排序将相同的数据汇集在一起；二是汇总，进行各种统计。在分类汇总之前一定要先做排序。

比如要统计班上共有几个男生几个女生，直接计算不方便，如果让女生坐在前排，男生坐在后排，再去统计就方便一些。

另外，“汇总”不仅仅是求和，还可能是求平均值、计数。

如图 6-50 所示表格，需要统计各区域招生人数汇总。

步骤一：先排序，点击 A1 单元格，然后点击【数据】【升序】。

分类汇总一定要先排序，如果按区域汇总，则按区域排序；如果按年份汇总，则按年份排序；如果是先按区域再按年份汇总，则先按区域排序再按年份排序。总之，先排序是“必须的”。

步骤二：点击数据表中任意一个单元格，然后点击【数据】【分类汇总】。

如图 6-51 所示，按区域分类，则分类字段选择“区域”，如果是按年份分类汇总，则选择“年份”。汇总方式选择“求和”，如果需要计数，则选择“计数”，总之就是想求和就求和，想计数就计数，还不是你说了算？

要注意选定汇总项勾选“招生人数”，因为招生人数是需要统计的项目，如果选择区域，则是“上海”+“北京”，汉字加汉字，答案是什么？选择“年份”，则多个“2012”“2013”相加，可能得到的是一万多年，这是什么意思？这就相当于你在把一个人的电话号码加上另一个人的电话号码……

	A	B	C	D
1	区域	年份	季度	招生人数
2	上海	2012	4	250
3	北京	2012	3	278
4	上海	2013	2	478
5	北京	2013	4	649
6	上海	2012	3	654
7	北京	2012	1	678
8	上海	2013	1	946
9	上海	2013	2	986

图 6-50

图 6-51

	A	B	C	D
1	区域	年份	季度	招生人数
2	北京	2012	3	278
3	北京	2013	4	649
4	北京	2012	1	678
5	北京 汇总			1605
6	上海	2012	4	250
7	上海	2013	2	478
8	上海	2012	3	654
9	上海	2013	1	946
10	上海	2013	2	986
11	上海 汇总			3314
12	总计			4919
13				

图 6-52

1. 分类汇总中的复选框设置

勾选“替换当前分类汇总”。如果已经做了一个分类汇总，那么你需要考虑的是，再次做分类汇总的时候是在原有的分类汇总上进行其他分类汇总还是替换掉当前的分类汇总。

勾选“每组数据分页”。打印的时候，将按照类别进行分页打印，如上海区域打印在一张纸上，北京区域打印在另一张纸上。

勾选“汇总结果显示在数据下方”。一般需要勾选此项，以确保汇总结果显示在下方，方便阅读。

完成后的效果如图 6-52 所示。

删除分类汇总也在分类汇总界面的左下角，找到【全部删除】，点击就可以删除。

2. 多级分类汇总

实现多级分类汇总也是一件非常简单的事。还是以图 6-50 所示表格为例，需要按区域按年份汇总。

步骤一：先排序。先按区域再按年份排序，多关键字排序方法请参考第 6 章第 1 节中的“多关键字排序”。

步骤二：一级分类汇总。选择数据表中任意一个单元格，然后点击【数据】【分类汇总】，如图 6-53 所示进行设置。

汇总结果如图 6-54 所示。

	A	B	C	D
1	区域	年份	季度	招生人数
2	北京	2012	3	278
3	北京	2012	1	678
4	北京	2013	4	649
5	上海	2012	4	250
6	上海	2012	3	654
7	上海	2013	2	478
8	上海	2013	1	946
9	上海	2013	2	986

图 6-53

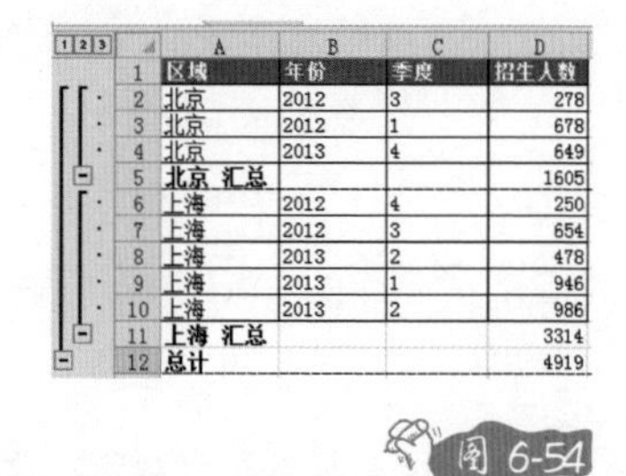

	A	B	C	D
1	区域	年份	季度	招生人数
2	北京	2012	3	278
3	北京	2012	1	678
4	北京	2013	4	649
5	北京 汇总			1605
6	上海	2012	4	250
7	上海	2012	3	654
8	上海	2013	2	478
9	上海	2013	1	946
10	上海	2013	2	986
11	上海 汇总			3314
12	总计			4919

图 6-54

步骤三：二级分类汇总。再次选择数据表中任意一个单元格，再次点击【数据】【分类汇总】。注意，分类字段现选择“年份”，不勾选“替换当前分类汇总”，也就是保存已有的按区域分类汇总之后再来按年份进行汇总。

	A	B	C	D
1	区域	年份	季度	招生人数
2	北京	2012	3	278
3	北京	2012	1	678
4		2012 汇总		956
5	北京	2013	4	649
6		2013 汇总		649
7	北京 汇总			1605
8	上海	2012	4	250
9	上海	2012	3	654
10		2012 汇总		904
11	上海	2013	2	478
12	上海	2013	1	946
13	上海	2013	2	986
14		2013 汇总		2410
15	上海 汇总			3314
16	总计			4919

图 6-55

	A	B	C	D
1	区域	年份	季度	招生人数
2	北京	2012	3	278
3	北京	2012	1	678
4		2012 汇总		956
5	北京	2013	4	649
6		2013 汇总		649
7	北京 汇总			1605
8	上海	2012	4	250
9	上海	2012	3	654
10		2012 汇总		904
11	上海	2013	2	478
12	上海	2013	1	946
13	上海	2013	2	986
14		2013 汇总		2410
15	上海 汇总			3314
16	总计			4919

图 6-56

汇总之后的效果如图 6-55 所示。

表格左上方有数字 1、2、3、4，可以点击查看各级显示效果，选择 3，可以看到汇总的最终效果。

如果需要将这个结果复制到其他表中，则选择 A1:D16 区域，复制，然后选择目标单元格，直接粘贴。结果如图 6-56 所示，隐藏的数据也显示出来了。

如何复制时仅选择可见单元格呢?

步骤一：在如图 6-57 所示的状态时，先暂时全部选择区域 A1:D16。

然后使用快捷键“Alt+;”就可以仅选择可见单元格，注意选择之后就直接复制，千万不要再选择区域 A1:D16，切记切记。如果复制可见单元格成功的话，可以先看到多个区域处于闪烁状态。效果如图 6-58 所示。

步骤二：选择目标单元格，直接粘贴。将可见单元格的数据复制出来就这么简单。

经常有人问我：如何将一个连续的区域的值复制到可见单元格？将这个问题简化一下，如图 6-59 所示表格，也就是要将 A20:A26 的数值复制到

	A	B	C	D
1	区域	年份	季度	招生人数
4		2012 汇总		956
6		2013 汇总		649
7	北京 汇总			1605
10		2012 汇总		904
14		2013 汇总		2410
15	上海 汇总			3314
16	总计			4919

图 6-57

	A	B	C	D
1	区域	年份	季度	招生人数
4		2012 汇总		956
6		2013 汇总		649
7	北京 汇总			1605
10		2012 汇总		904
14		2013 汇总		2410
15	上海 汇总			3314
16	总计			4919

图 6-58

	A	B	C	D	E
1	区域	年份	季度	招生人数	
4		2012 汇总		956	
6		2013 汇总		649	
7	北京 汇总			1605	
10		2012 汇总		904	
14		2013 汇总		2410	
15	上海 汇总			3314	
16	总计			4919	
17					
18					
19					
20	1				
21	2				
22	3				
23	4				
24	5				
25	6				
26	7				

图 6-59

	A	B	C	D	E
1	区域	年份	季度	招生人数	
4		2012 汇总		956	1
6		2013 汇总		649	2
7	北京 汇总			1605	3
10		2012 汇总		904	4
14		2013 汇总		2410	5
15	上海 汇总			3314	6
16	总计			4919	7

图 6-60

E4:E16 中可见的单元格中，完成后的效果如图 6-60 所示。有什么方便直接的好办法吗?

这个真没有！ Excel 没这个功能，可考虑用 VBA 开发。

第 5 节 透过数据看信息：数据透视表

“Excel 中最厉害的工具是什么？”小白问大表哥，“是不是神乎其神的数组公式？”

“以前也许是，现在却不是了。”

“为什么？”

“现在人已经很懒了，”大表哥黯然叹息，“数组公式太复杂，很少有人用了。”

小白仰望高山，山巅白云悠悠。

“Excel 中最厉害的工具是什么？”小白又问大表哥，“是不是呈现之王图表？”

“不是。”

“是不是开发工具的控件组合？”

“不是。”

“是不是被称为一键封喉的宏？”

“也不是，”大表哥道，“你说的这些工具虽然都很厉害，却不是最厉害的一种。”

“最厉害的一种是什么？”

“是数据透视表。”

“数据透视表？”小白惊奇极了，“Excel 最厉害的工具居然是数据透视表！”

数据透视表，从字面理解就是数据和透视。首先需要数据，包含数值的表格里，姓名、性别、手机号、家庭地址、邮政编号，类似这种全文本类型的数据通常没啥分析意义，最多能统计个数。透视，是指从不同的角度看问题。“我早看穿了你的心”是说把你给看透了，数据透视表就是把数据给看透了，彻底认知、彻底了解。

摆在我们面前的就这么一张表，凡人肉眼看来看去也看不出什么名堂呀，但如果我们用强大的数据分析工具——数据透视表，则可以提取很多有用的信息。

如图 6-61 所示的表格，作为老板，想从中了解到很多信息：

按年按月份汇总数量；

各地区汇总数量；

各地区平均销量是多少；

华北销量所占百分比；

各地区销量最好的前三个产品；

销量最好的前三个地区；

各地区各城市销量汇总；

销量数据分布情况；

按地区分页显示数据；

……

就这一张小小表，没想到信息量好大。

如果你需要从不同的角度快速呈现，数据透视表就是你最好的选择。

	A	B	C	D	E	F
1	城市	地区	产品名称	日期	单价	数量
4390	北京	华北	黑米糕	2013-4-29	1.5	111
4391	郑州	华中	咸麻糕	2013-4-29	2	107
4392	福州	华东	黑米糕	2013-4-30	1.5	209
4393	北京	华北	鲜汁肉包	2013-4-30	1.5	342
4394	北京	华北	如意糕	2013-4-30	2	176
4395	河北	华北	香菇菜包	2013-4-30	1.2	111
4396	长春	东北	南瓜粥	2013-4-30	2.5	132
4397	三亚	华南	肉粽	2013-4-30	3	186
4398	北京	华北	南瓜粥	2013-4-30	2.5	231
4399	宁夏	西南	红糖开花馒头	2013-5-1	1	125
4400	郑州	华中	甜饭团	2013-5-1	3.5	191
4401	上海	华东	梅干菜肉包	2013-5-1	1.5	243
4402	广州	华南	酸梅汤	2013-5-1	2.3	341
4403	天津	华北	梅干菜肉包	2013-5-1	1.5	162

图 6-61

图 6-62

	A	B	C	D	E	F
1	城市	地区	产品名称	日期	单价	数量
4378	福州	华东	杂粮烧卖	2011-11-2	1.6	202
4379	广州	华南	杂粮烧卖	2013-1-7	1.6	209
4380	哈尔滨	东北	杂粮烧卖	2012-9-3	1.6	376
4381	海南	华南	杂粮烧卖	2011-11-24	1.6	123
4382	汉口	华中	杂粮烧卖	2012-6-27	1.6	326
4383	杭州	华东	杂粮烧卖	2011-10-21	1.6	215

不管是上市公司的 CEO，还是楼下杂货铺的小老板，不管你是做年度财务报表，还是分析每日营业状况，你都可以用上它。

1. 感受数据透视表的威力

如图 6-62 所示表格，某公司销售情况表有一万多行记录，我们需要按年份、按月份进行汇总。

粗略一看，根本就没有年份和月份，于是，插入列，用“year()”提取出年份，赶紧地再插入列，用“month()”提取月份，必须得“再复制”，选择性粘贴变为值，按【筛选】，再汇总……这样操作，其实走了不少弯路。

如果用数据透视表，几秒钟就做好了。详细操作步骤如下。

数据表中任意单元格中单击【插入】【数据透视表】，在下拉列表中选择【数据透视表】，如图 6-63 所示。

如图 6-64 所示，在弹出的对话框中，自动选择光标所在单元格所在的数据表，点击【确定】，将数据透视表显示在新工作表中。

图 6-63

图 6-64

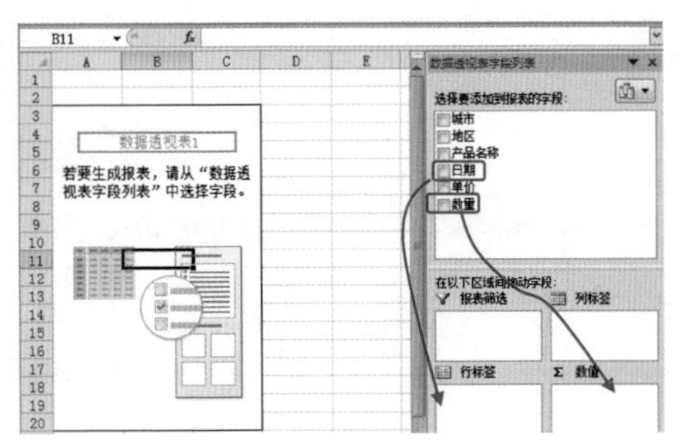

图 6-65

图 6-66

如图 6-65 所示，将【日期】字段拖放在【行标签】中，【数量】字段拖放在【数值】标签中。

完成后将显示如图 6-66 所示效果。

在数据透视表中，在行标签中的任意日期中右击，点击【创建组】。

在弹出的【分组】对话框中设置年和月，然后【确定】。

做完上述透视表之后，如果你突然想按地区查看数量，只需要把【行标签】中的【日期】字段拉出去，然后将【地区】字段拖放到【行标签】中。如图 6-67 所示，就这样，“拖拖拉拉”就把事情给办了！

通过这个例子我们得知：数据透视表主要有以下几个优点。

① 使用简单。不需要排序，不需要筛选，不需要公式函数……只要你会使用鼠标，就可以快速分析数据。

② 操作快速。只需轻点几次鼠标，效果马上呈现。

③变化多端。交互式报表，方便从不同的角度分析数据，方便随时更改统计方式，“一会儿排成一字，一会儿排成人字”，想怎么变就怎么变。

2. 数据透视表常用操作步骤

① 选择数据表。通常在数据表中任意一个单元格中单击。

② 插入数据透视表，制作数据透视表结构。可以将数据透视表生成在当前表或新表中。

③ 根据要求确定所需要的字段。如果按年份、按月份汇总，年月均在【日期】字段中，说明用到了【日期】和【数量】这两个字段。

④ 将相应的字段拖放在相应的位置中。一般需要分析的数值放在【数值】

图 6-67

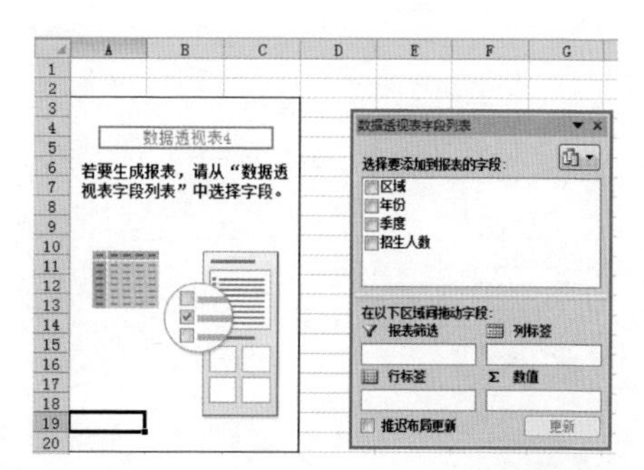

图 6-68

项中，【数量】字段拖放在值中，分类字段一般首先考虑放在行字段中。

⑤ 更改统计方式，默认求和。可以在数据透视表中的【数值】中右击【值汇总依据】更改汇总方式，如改为求平均值或计数。

⑥ 格式属性更改。就像为表格设置格式一样，我们也可以为数据透视表设置格式。

3. 返回经典的数据透视表

Excel 2010 中，插入数据透视表默认显示方式如图 6-68 所示，左边为数据透视表占位框，右边为数据透视表的字段列表。你会发现左边的数据透视表框架不如 Excel 2003 那样直观，可以作一个设置，返回 Excel 2003 的显示方式。

具体操作如下：

在数据透视表框架中右击，点击【数据透视表选项】。

在出现的【数据透视表选项】对话框中选择【显示】选项卡，然后点击【经典数据透视表布局】（启用网格中的字段拖放），然后点击【确定】。

这样设置后，数据透视表将按 Excel 2003 视图显示，如图 6-69 所示。

4. 数据透视表的结构

不管数据透视表怎么呈现，也不管数据透视表怎么改变，结构总是非常简单的。再复杂的数据，透视表最多也就包含一个【行标签】、一个【列标签】、一个【数值】标签和一个【报表筛选】标签，不同的字段放在不同的位置将呈现不同的效果。

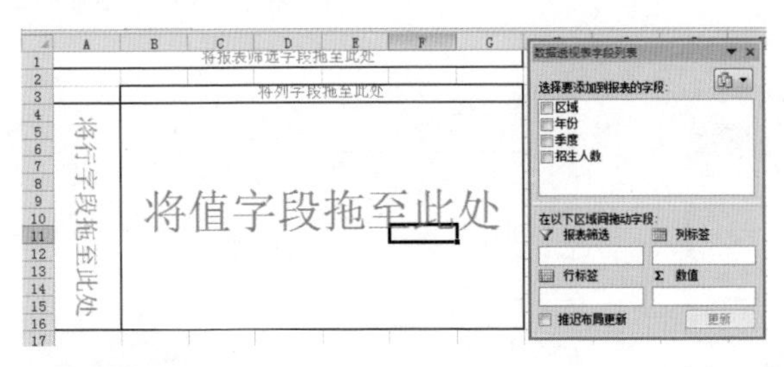

图 6-69

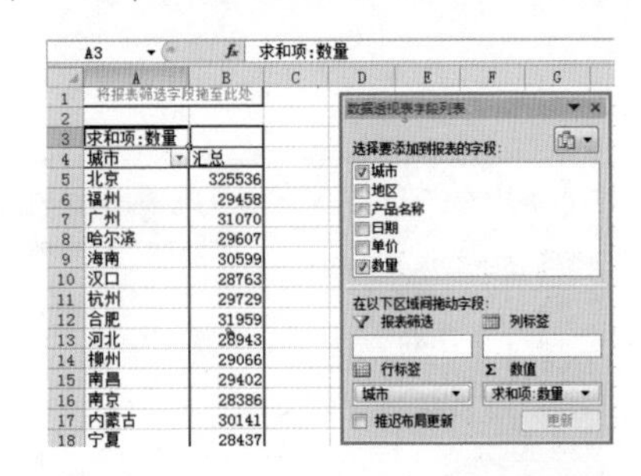

图 6-70

【数值】标签：通常拖放需要汇总的数值。如果将文本型字段拖放到这里，将自动计数。

【行标签】：通常拖放需要分类或筛选的字段，并按行显示。

【列标签】：通常拖放需要分类或筛选的字段，并按列显示。

【报表筛选】：通常拖放需要从大类进行筛选的字段，并且方便拆分表格。

【行标签】、【列标签】、【报表筛选】不可以放相同的字段，但可以为空；【数值】标签可以放相同的字段，但一般不为空。

5. 数据透视表的布局

如图 6-70 所示，我们可以将【城市】放在【行标签】，【数量】放在【数值】标签。

我们也可以将【城市】放在【列标签】，【数量】放在【数值】标签，但是一旦将【城市】放在【列标签】中，【行标签】中的【城市】将自动删除，并且这样放置还有一个问题：因为表中可能存在几十个【城市】，所以你得一直向右拖动水平滚动条才能够完全显示。这不符合我们的阅读习惯，正如你上网，浏览网页时发现既需要上下拖动滚动条，又需要左右拖动滚动条，你会非常恼火，请谨慎使用。

不过，如果你需要做交叉表，则可以【行标签】、【列标签】、【数值】中均拖放字段，数据会以交叉的形式显示。如图 6-71 所示，【产品名称】放在【行标签】，【地区】放在【列标签】，【数量】放在【数值】项中，行列交叉读取数据。

你也可以将【地区】和【产品名称】都放在【行标签】。如果放在【行标签】的两个字段是并列关系，字段的顺序将影响阅读效果，按地区查看各产品情况，如图 6-72 所示，Excel 2010 中默认显示。

如果先按产品再按地区，将呈现如图 6-73 所示的效果，排列顺序无所

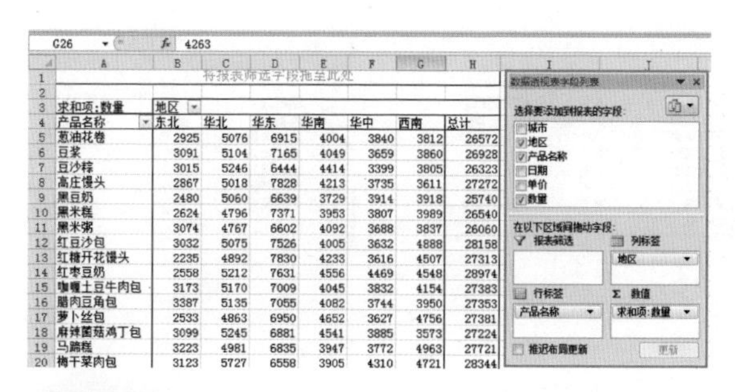

图 6-71

图 6-72

图 6-73

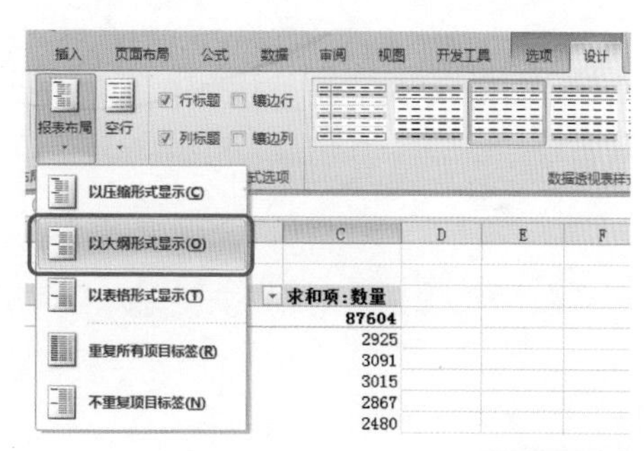

图 6-74

谓对错，就看你想怎样呈现。

我们还可以更改报表的布局方式。点击【数据透视表工具】，【设计】选项卡，在【报表布局】下拉列表中选择【以大纲形式显示】，如图 6–74 所示。

如图 6–75 所示是“以大纲形式显示”的效果，产品和地区分为两列显示。如图 6–76 所示是“以表格形式显示”的结果，汇总行显示在下方。

图 6-76

图 6-75

	A	B	C
1			
2			
3	产品名称	地区	求和项:数量
4	⊟葱油花卷	东北	2925
5	葱油花卷	华北	5076
6	葱油花卷	华东	6915
7	葱油花卷	华南	4004
8	葱油花卷	华中	3840
9	葱油花卷	西南	3812
10	葱油花卷 汇总		26572
11	⊟豆浆	东北	3091
12	豆浆	华北	5104
13	豆浆	华东	7165
14	豆浆	华南	4049
15	豆浆	华中	3659
16	豆浆	西南	3860
17	豆浆 汇总		26928

图 6-77

	A	B	C
1			
2			
3	产品名称	地区	求和项:数量
4	⊟葱油花卷	东北	2925
5	葱油花卷	华北	5076
6	葱油花卷	华东	6915
7	葱油花卷	华南	4004
8	葱油花卷	华中	3840
9	葱油花卷	西南	3812
10	葱油花卷 汇总		26572
11	⊟豆浆	东北	3091
12	豆浆	华北	5104
13	豆浆	华东	7165
14	豆浆	华南	4049
15	豆浆	华中	3659
16	豆浆	西南	3860
17	豆浆 汇总		26928

	A	B	C
1			
2			
3	产品名称	地区	求和项:数量
4	⊟葱油花卷	东北	2925
5	葱油花卷	华北	5076
6	葱油花卷	华东	6915
7	葱油花卷	华南	4004
8	葱油花卷	华中	3840
9	葱油花卷	西南	3812
10	⊟豆浆	东北	3091
11	豆浆	华北	5104
12	豆浆	华东	7165
13	豆浆	华南	4049
14	豆浆	华中	3659
15	豆浆	西南	3860
16	⊟豆沙粽	东北	3015
17	豆沙粽	华北	5246

图 6-78

选择数据透视表之后，点击【设计】【报表布局】，下拉列表中选择【重复所有项目标签】，可将标签重复显示。具体效果如图 6-77 所示，产品名称重复出现。

选择数据透视表之后，点击【设计】【分类汇总】，下拉列表中可以设置是否显示分类汇总。显示分类汇总和不显示分类汇总的效果对比如图 6-78 所示。

6. 改变汇总方式

如果将【地区】拖放在【行标签】中，【数值】标签同时将【数量】拖放三次，显示效果如图 6-79 所示，默认情况下，数值均汇总。为什么要将同一个字段拖放三次呢？因为这样可以一次计算总和，一次计算平均值，一次计算百分比。

如图 6-80 所示，对“求和项：数量 2”列中任意一个数值右击，在出现的快捷菜单中点击【值汇总依据】，然后点击【平均值】。

地区	求和项:数量	求和项:数量2	求和项:数量3
东北	87604	87604	87604
华北	443418	443418	443418
华东	207446	207446	207446
华南	120647	120647	120647
华中	117216	117216	117216
西南	120346	120346	120346
总计	1096677	1096677	1096677

图 6-79

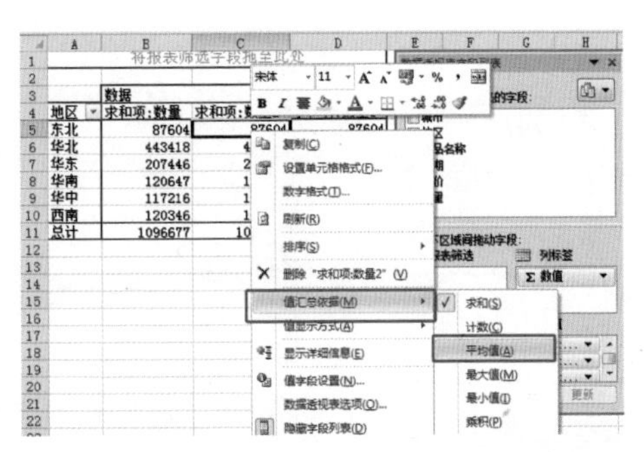

图 6-80

图 6-81

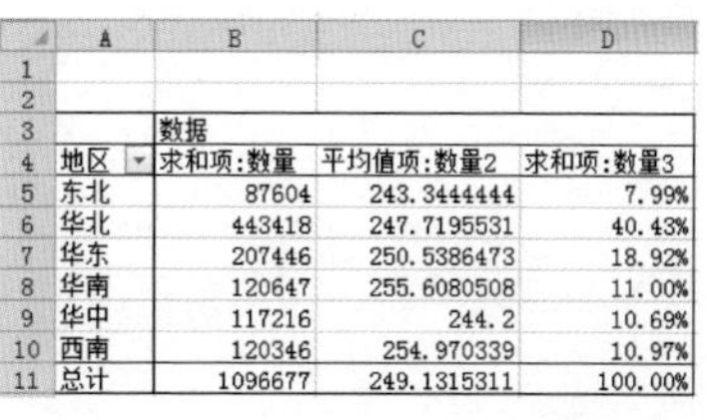

地区	求和项:数量	平均值项:数量2	求和项:数量3
东北	87604	243.3444444	7.99%
华北	443418	247.7195531	40.43%
华东	207446	250.5386473	18.92%
华南	120647	255.6080508	11.00%
华中	117216	244.2	10.69%
西南	120346	254.970339	10.97%
总计	1096677	249.1315311	100.00%

图 6-82

如图 6-81 所示，对“求和项：数量 2”列中任意一个数值右击，在出现的快捷菜单中点击【值显示方式】，然后点击【总计的百分比】。

这样一来，数据透视表的统计方式就进行了更改，一个字段拖放三次，其中一次计算求和，一次计算平均值，一次计算占总数的百分比，如图 6-82 所示。

到了这一步，再调整一下细节，“求和项：数量”“平均值项：数量 2”“求和项：数量 3”这样显示不直观，建议更改名称。

选中所在单元格，然后输入新名称，如改为“汇总”“平均值”以及“占总数百分比”，再设置格式。【开始】选项卡中，【数字】组中，点击【套用表格格式】可快速为表格设置格式。

修改后的数据透视表效果如图 6-83 所示。

7. 数据透视表中排序

① 按数值大小排序。

只需将光标放在数值项中任意单元格，然后右击，在出现的快捷菜单中点击【排序】，然后点击【升序】或【降序】。

地区	数据 汇总	平均值	占总数百分比
东北	87604	243.34	7.99%
华北	443418	247.72	40.43%
华东	207446	250.54	18.92%
华南	120647	255.61	11.00%
华中	117216	244.20	10.69%
西南	120346	254.97	10.97%
总计	1096677	249.13	100.00%

图 6-83

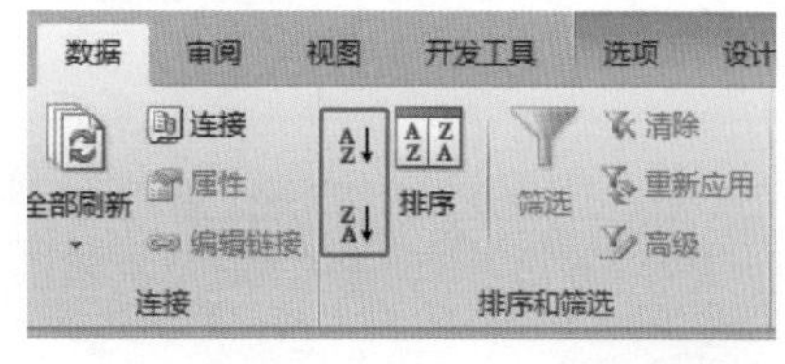

图 6-84

也可以点击【数据】选项卡，点击【排序和筛选】组，点击【升序】或【降序】图标，如图 6-84 所示。

② 文本按字母或按笔画排序。

对于汉字来说，通常有两种排序方式，一种是按字母，一种是按笔画。在排序前可以进行设置。

步骤一：将光标置于文本字段中，如图 6-85 所示的数据透视表中，光标放在行标签中，右击，点击【排序】，然后点击【其他排序选项】。

步骤二：在出现的界面中，选择【其他选项】。

在弹出的对话框中进行设置，如图 6-86 所示。点击【确定】，设置之后以后升序降序将按此方法进行排序。

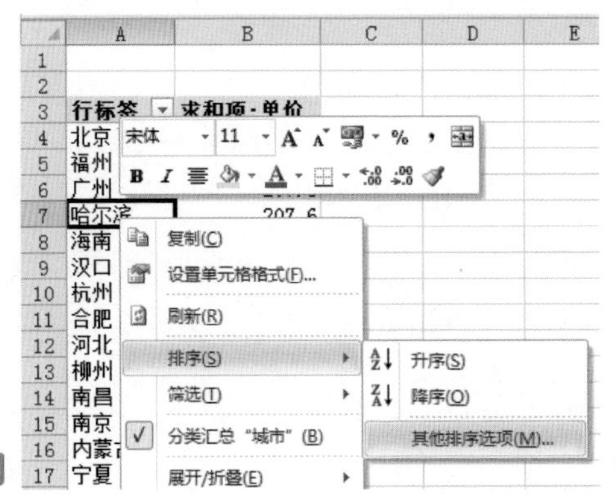

图 6-85

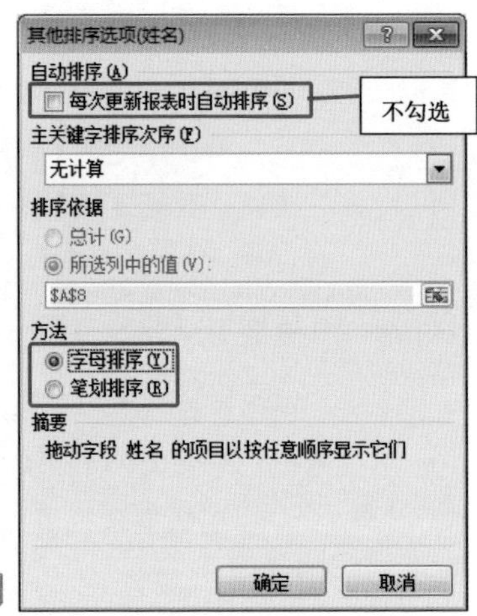

图 6-86

在这个弹出界面中，还可以设置自定义排序，既不按字母也不按笔画，而是按某种特定的顺序。先创建自定义序列，如图 6-87 所示，然后就可以按这个自定义序列进行排序。

③ 按分类汇总值进行排序。

如图 6-88 所示表格，想按汇总项进行排序，这个也是可以做到的。

操作步骤如下：

光标置于地区列中，点击【数据选项卡】中的【排序】。

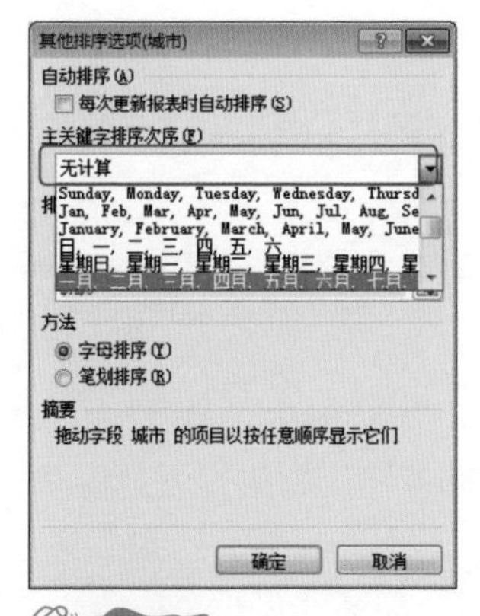

图 6-87

3	地区	城市	求和项:数量
4	⊟东北	哈尔滨	29607
5		沈阳	28817
6		长春	29180
7	东北 汇总		87604
8	⊟华北	北京	325536
9		河北	28943
10		内蒙古	30141
11		山西	28697
12		天津	30101
13	华北 汇总		443418
14	⊟华东	福州	29458
15		杭州	29729
16		合肥	31959
17		南昌	29402
18		南京	28386
19		上海	28876
20		台湾	29636
21	华东 汇总		207446
22	⊟华南	广州	31070
23		海南	30599
24		柳州	29066
25		三亚	29912
26	华南 汇总		120647
27	⊟华中	汉口	28763

3	地区	城市	求和项:数量
4	⊟东北	哈尔滨	29607
5		沈阳	28817
6		长春	29180
7	东北 汇总		87604
8	⊟华中	汉口	28763
9		武昌	28761
10		长沙	30568
11		郑州	29124
12	华中 汇总		117216
13	⊟西南	宁夏	28437
14		青海	30326
15		西安	30934
16		新疆	30649
17	西南 汇总		120346
18	⊟华南	广州	31070
19		海南	30599
20		柳州	29066
21		三亚	29912
22	华南 汇总		120647
23	⊟华东	福州	29458
24		杭州	29729
25		合肥	31959
26		南昌	29402
27		南京	28386

图 6-88

在弹出的界面中，点击【升序排序】，在下拉列表中选择【求和项：数量】，然后点击【其他选项】。

在弹出的界面中如图 6-89 所示进行设置，【排序依据】选择总计。

还有更快的方法：

如图 6-90 所示，先单击某个汇总项的数值所在单元格，如 C7。

然后直接点击【数据】选项卡的升序降序按钮，就这么简单快捷！

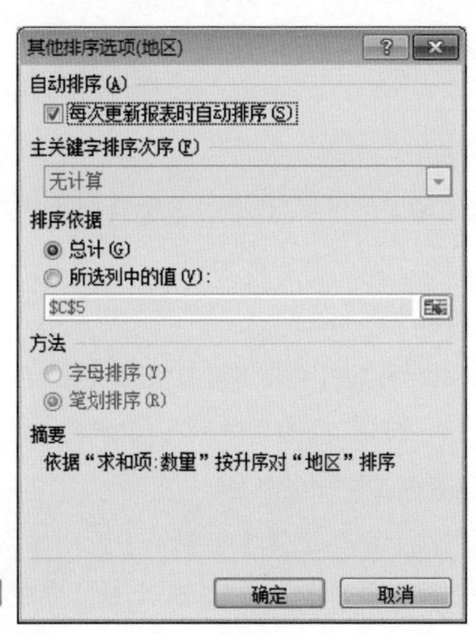

图 6-89

	A	B	C
1			
2			
3	地区	城市	求和项:数量
4	⊟东北	哈尔滨	29607
5		长春	29180
6		沈阳	28817
7	东北 汇总		87604
8	⊟华中	长沙	30568
9		郑州	29124
10		汉口	28763
11		武昌	28761
12	华中 汇总		117216
13	⊟西南	西安	30934
14		新疆	30649
15		青海	30326
16		宁夏	28437
17	西南 汇总		120346

图 6-90

8. 数据透视表中使用筛选

数据透视表中行标签、列标签是文本字段，对于文本字段可进行筛选。

① 勾选或不勾选。

如图 6-91 所示，“地区”右边有个下拉列表，点击将出现筛选项，可以全选，可以全不选，也可以不全选。

② 标签筛选。

如图 6-92 所示表格中，点击“产品名称”右边下拉列表，然后点击【标签筛选】【包含】。

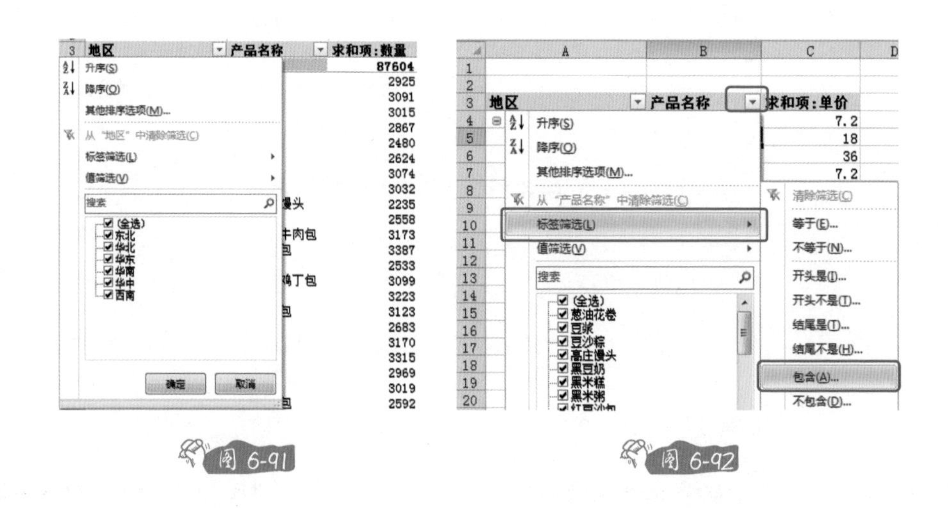

图 6-91　　图 6-92

在【标签筛选】对话框中，输入“豆”，即指产品名称包含“豆”的产品。

筛选的结果只显示产品名称包含“豆”字的产品。

③ 值筛选。

在“产品名称”右边下拉列表中点击【值筛选】，然后点击【10 个最大值】。

在弹出来的界面中，将最大“10”项改为“3”，显示最大的 3 个值。

结果即显示所有地区数量最大的前三种产品。

如果是在“地区”字段下拉列表中选择【值筛选】，然后点击【10 个最大值】，改为“3”，这样就是只显示数量最大的三个地区各产品情况，即只显示华北、华东、华南三个地区的，点击“华北”前的加号按钮可展开查看详细的产品名称，如图 6-93 所示。

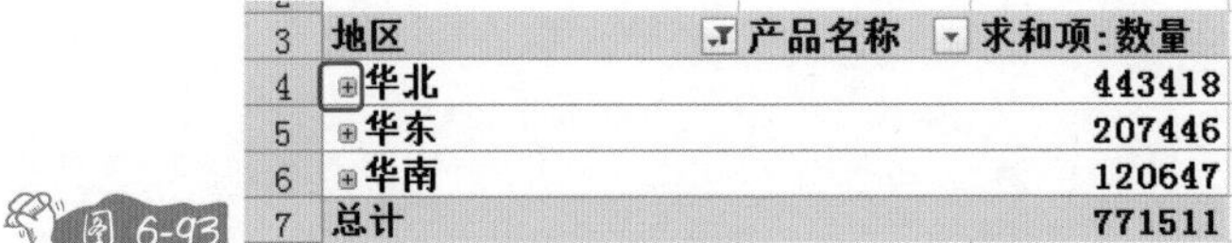

3	地区	产品名称	求和项:数量
4	⊞华北		443418
5	⊞华东		207446
6	⊞华南		120647
7	总计		771511

点击【数据透视表工具】中的【选项】，在【活动字段】组中可以选择展开整个字段或折叠整个字段，将数据透视表的数据展开或折叠，如图 6-94 所示。

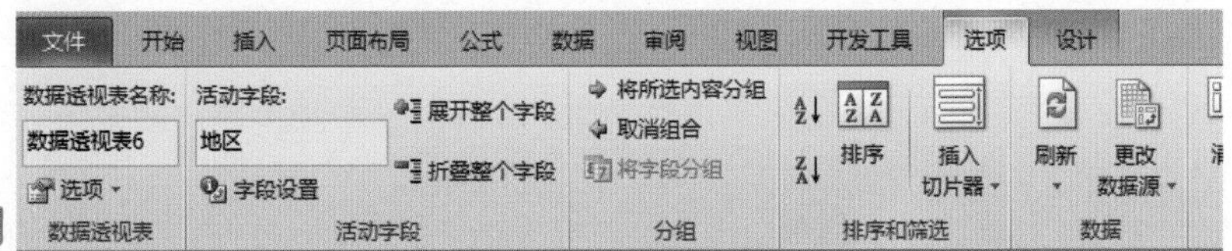

④清除筛选。

对于做过筛选的数据透视表，如果想清除筛选，只需点击做过筛选的字段右边的下拉列表，该字段右边的图标在数据透视表中由原来的倒置小三角形改为一个小漏斗图标，点击它，然后点击【清除筛选】。如图 6-95 所示，点击【从“地区”中清除筛选】即可实现清除筛选。

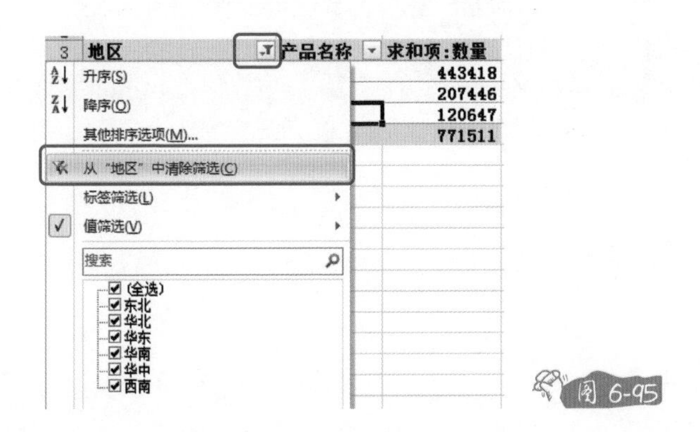

9. 数据透视表中的项目组合

① 日期分组。

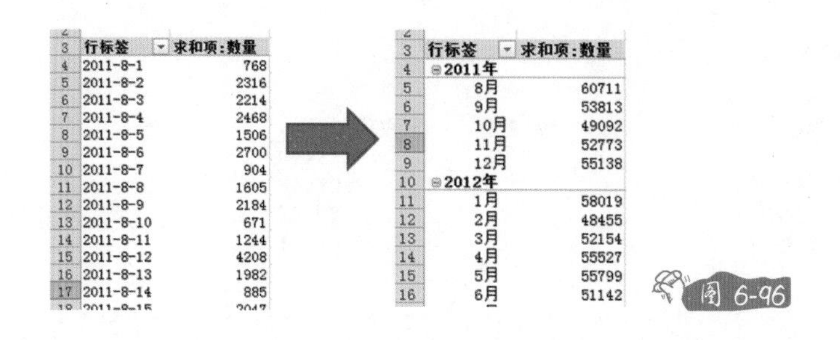

行标签	求和项:数量
2011-8-1	768
2011-8-2	2316
2011-8-3	2214
2011-8-4	2468
2011-8-5	1506
2011-8-6	2700
2011-8-7	904
2011-8-8	1605
2011-8-9	2184
2011-8-10	671
2011-8-11	1244
2011-8-12	4208
2011-8-13	1982
2011-8-14	885

行标签	求和项:数量
⊟2011年	
8月	60711
9月	53813
10月	49092
11月	52773
12月	55138
⊟2012年	
1月	58019
2月	48455
3月	52154
4月	55527
5月	55799
6月	51142

图 6-96

如图 6-96 所示，将日期拖放在行标签，数量拖放在数值标签中，需要将 A 列值按年按月分组，效果如图右。

具体操作如下：

先在日期这列中单击任意一个单元格，然后右击，点击【创建组】。在出现的界面勾选“年”“月”，就这么简单！

② 数字分组。

如图 6-97 所示，密密麻麻的数据，想快速知道数据分布情况吗？比如 100 ~ 149 有哪些，150 ~ 199 有哪些。

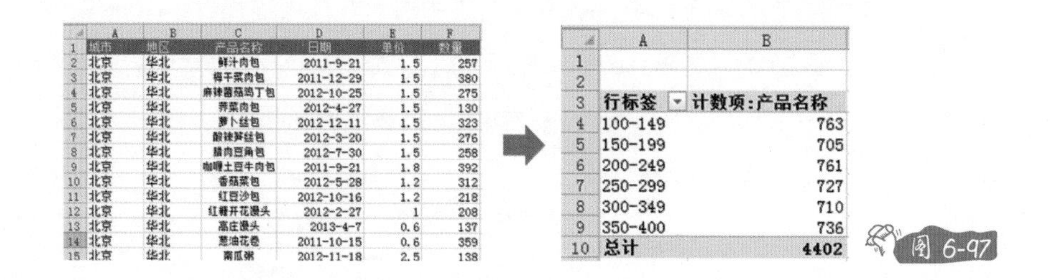

城市	地区	产品名称	日期	单价	数量
北京	华北	鲜汁肉包	2011-9-21	1.5	257
北京	华北	梅干菜肉包	2011-12-29	1.5	380
北京	华北	麻辣蘑菇鸡丁包	2012-10-25	1.5	275
北京	华北	荠菜肉包	2012-4-27	1.5	130
北京	华北	萝卜丝包	2012-12-11	1.5	323
北京	华北	酸辣笋丝包	2012-3-20	1.5	276
北京	华北	腊肉豆角包	2012-7-30	1.5	258
北京	华北	咖喱土豆牛肉包	2011-9-21	1.8	392
北京	华北	香菇菜包	2012-5-28	1.2	312
北京	华北	红豆沙包	2012-10-16	1.2	218
北京	华北	红糖开花馒头	2012-2-27	1	208
北京	华北	高庄馒头	2013-4-7	0.6	137
北京	华北	葱油花卷	2011-10-15	0.6	359
北京	华北	南瓜粥	2012-11-18	2.5	138

行标签	计数项:产品名称
100-149	763
150-199	705
200-249	761
250-299	727
300-349	710
350-400	736
总计	4402

图 6-97

步骤一：制作数据透视表。【数量】置于【行标签】中，【产品名称】置于【数值】项中。

步骤二：在数据透视表【行标签】中右击，然后点击【创建组】。

步骤三：在出现的界面中，如图 6-98 进行设置，也就是设置每隔 50 进行个数统计。

显示结果如图 6-99 所示，从中我们可以看出 100 ~ 149 的有 763 条记录，150 ~ 199 有 705 条记录。

如果想生成图表，只需将鼠标放在数据透视表中，然后点击数据透视表

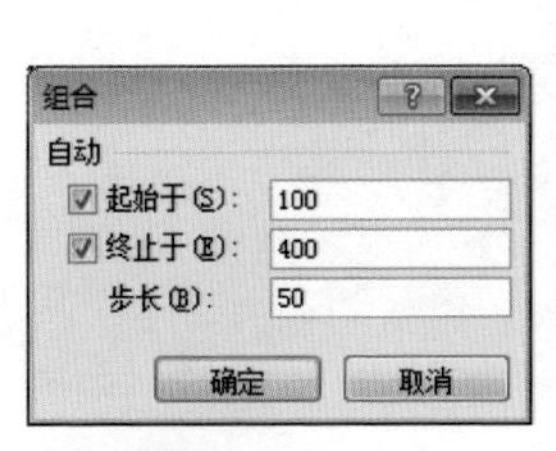

	A	B
1		
2		
3	行标签	计数项:产品名称
4	100-149	763
5	150-199	705
6	200-249	761
7	250-299	727
8	300-349	710
9	350-400	736
10	总计	4402

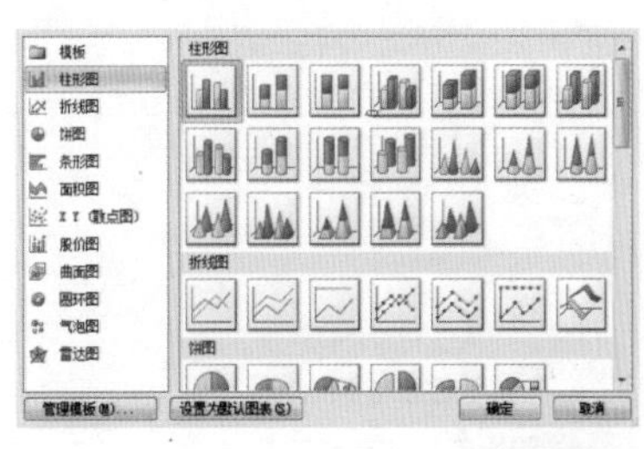

图 6-100

工具中的【选项】【数据透视图】。

如图 6-100 所示，可以选择图表类型。再看图 6-101，图表瞬间就生成了！

③ 文本手动分组。

如图 6-102 所示，需要将数据进行整理。首先还是照惯例，【产品名称】拖放在【行标签】中，【数量】拖放在【数值】项中。

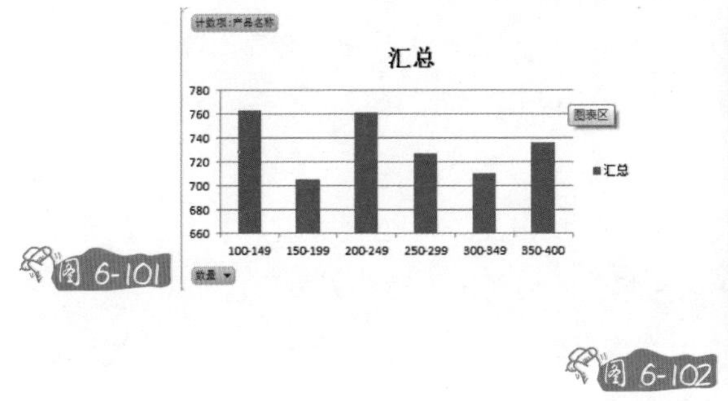

图 6-101

	A	B
3	行标签	求和项:数量
4	葱油花卷	26572
5	豆浆	26928
6	豆沙粽	26323
7	高庄馒头	27272
8	黑豆奶	25740
9	黑米糕	26540
10	黑米粥	26060
11	红豆沙包	28158
12	红糖开花馒头	27313
13	红枣豆奶	28974
14	咖喱土豆牛肉包	27383
15	腊肉豆角包	27353
16	萝卜丝包	27381
17	麻辣菌菇鸡丁包	27224
18	马蹄糕	27721
19	梅干菜肉包	28344
20	奶黄包	25249
21	南瓜粥	26053
22	荠菜肉包	28405

图 6-102

步骤一：Ctrl 键选择不连续的项目，然后在所选单元格处右击，如图 6-103 在 A4、A5，A9 处右击，在弹出的界面中点击【创建组】。

步骤二：在编辑栏中更改名称，将数据组 1 更改为“喝的”。

步骤三：选择连续的项目，按 Shift 键，然后在所选单元格处右击，在弹出的界面中点击【创建组】。

步骤四：重复步骤二的操作，将组名更改为“吃的”。

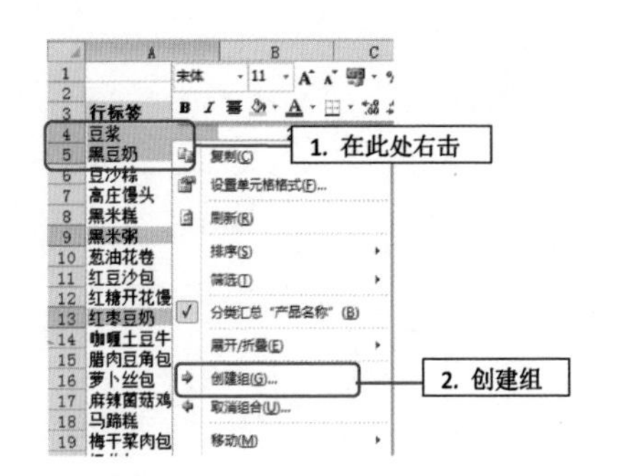

图 6-103

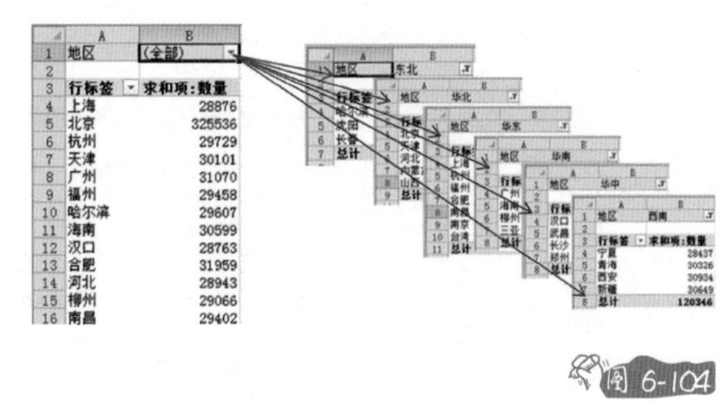
图 6-104

10. 拆分数据透视表

工作中有时需要利用一个数据源重复做多个数据透视表，这时就可以考虑拆分数据透视表。

将【地区】拖放在【报表筛选】中，将【城市】拖放在【行标签】中，将【数量】拖放在【数值】项中。

在报表筛选页中可以筛选不同的地区，点击地区旁边漏斗小图标，展开可显示各地区情况。选择“华北”将只显示华北地区的情况。

如图 6-104，需要将所有地区一次全部显示出来，该怎么做呢，一个个筛选再一个个复制粘贴吗？不用这么麻烦，使用数据透视表中的分页功能，可以很快实现。

具体操作如下：先单击 B1，然后点击【数据透视表工具】，在【选项】右边下拉列表中进行选择。之后将弹出如图 6-105 所示界面。

点击“确定”，瞬间该工作簿生成很多张表，按照地区每个地区生成一张新表，如图 6-106 所示，可以点击下面的表标签分地区查看。

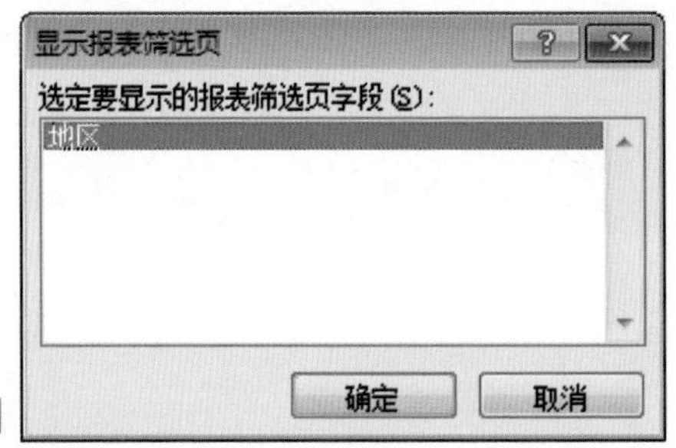

图 6-105

图 6-106

第七章

有图有真相

画个大饼给自己，这种事偶尔我们也得做。但是，怎样画个好的大饼，恐怕很多人还不会呢，因为最会“画大饼”的，其实是老板。

既然我们不是老板，那还是好好学学Excel这个玩意吧，有图有真相，请用最直观的方式告诉老板：工资太低了。

好的图表比文字更能吸引人，更能直观形象地传达信息。

Excel中常用三种类型的图表，一种是柱形图，适合表现数据大小对比；一种是折线图，适合表现数据的发展趋势；一种是饼图，可以体现数据占总数的份额。

如图7-1所示，想知道5月销量所占总数的百分比，只看表格数据愣是看不出来，常规方法需要用公式求和，再计算百分比。如果做个饼图，如图7-2所示，效果就直观多了。

图7-1

	A	B
1	月份	销量
2	1月	437
3	2月	311
4	3月	230
5	4月	145
6	5月	106

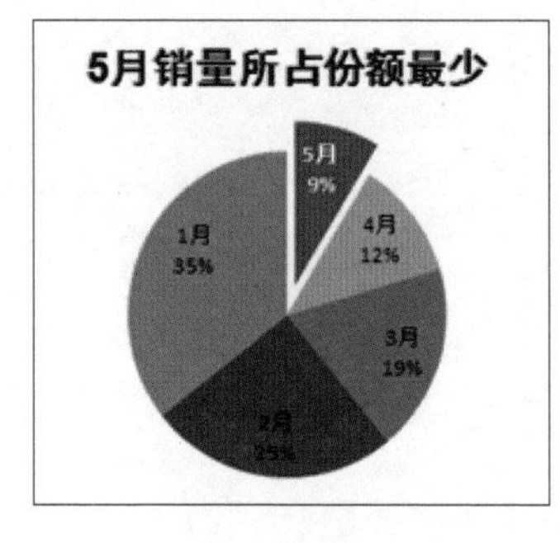

第1节 好快键：快速制作图表

1. 一键创建图表

大家都知道，Excel中创建图表的快捷键是“Alt+F1键”，如图7-3所示的表格，选择A1:E6区域，然后轻轻地按一下“Alt+F1键” ——哇塞，

	A	B	C	D	E
1	年份	北京	上海	天津	广州
2	2008年	54891	43637	31632	55210
3	2009年	26678	32325	25243	32422
4	2010年	28266	35419	39931	55353
5	2011年	33162	33058	35747	51365
6	2012年	20485	59556	45198	56111

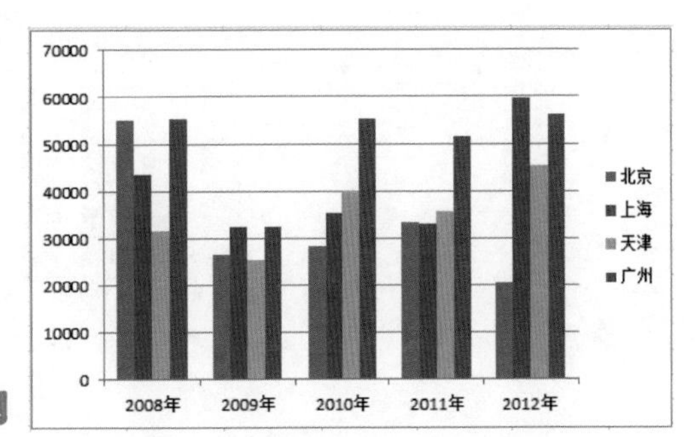

图表就自动生成了，如图 7–4 所示。啧啧，好快捷！

Excel 默认自动生成的是柱形图，如果需要饼图，可以右击图表，然后在快捷菜单中选择【更改图表类型】，选择【饼图】，同时还可以将其“设置为默认图表”。

2. 快速删除图表中的系列

如果图表中有多余的数据，需要删除某一列，也可以选择图表，右击，在出现的快捷菜单中点击【选择数据】，然后在弹出的界面中选择系列，点【删除】。如图 7–5 中，在图例中选择“上海”，然后点击【删除】，图表中“上海”的数据就被删除掉了。也可以在这里进行添加系列。

快速删除图表中系列的做法是：直接点击图表中系列，然后按 Delete 键。

如图 7–6 所示柱图，需要删除“上海”的数据，通过图例看出“上海”对应的是红色，在图表中点击任意一个红色的柱形，然后按 Delete 键（注意，只能点一次哦，两次单击就变为选择该系列上的某一个柱子了）。

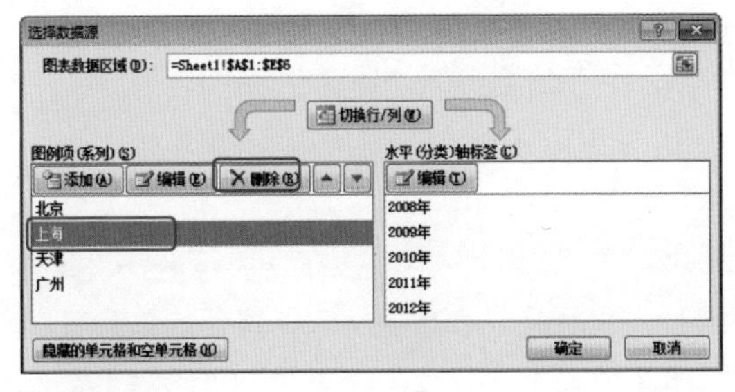

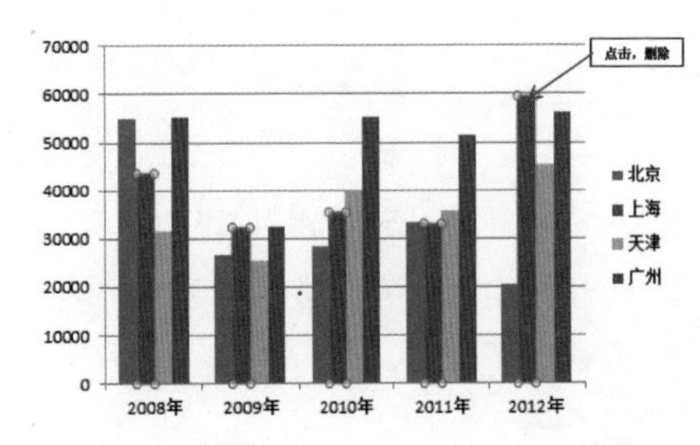

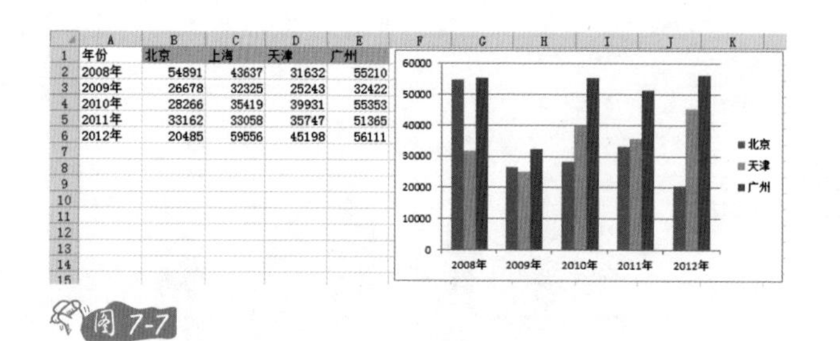

年份	北京	上海	天津	广州
2008年	54891	43637	31632	55210
2009年	26678	32325	25243	32422
2010年	28266	35419	39931	55353
2011年	33162	33058	35747	51365
2012年	20485	59556	45198	56111

图 7-7

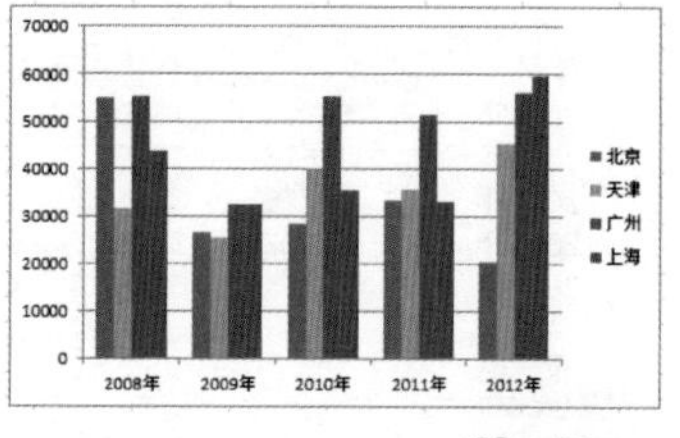

图 7-8

3. 快速添加图表中的系列

如图 7-7，需要将左边表格中的数据源中的某列数据添加到右边图表中，不支持直接拖动到图表这种操作。

比较快速的方法是使用复制、粘贴。①选择表中的数据，如 C1:C6 区域中的上海数据；②复制；③选择图表；④粘贴。轻松搞定，完成后如图 7-8 所示。

4. 快速更改图表位置

如图 7-8，将“上海”数据删除之后再添加，你会发现，“上海”的这个系列原本是在第二列，现在处于最后一列，如何快速将“上海”系列移到第二列呢?

常规做法：选择图表，然后右击，在快捷菜单中点击【选择数据】，在弹出的界面选择“上海”，点击上移。

比较快速的做法：点击图表中最后一根“柱子”，这时在公式栏中将出现一个公式：“=SERIES(Sheet1!$C$1,Sheet1!$A$2:$A$6,Sheet1!$C$2:$C$6,4)”。其中最后一个参数为 4，代表该系列在图表中的位置，将其改为 2 即可，如图 7-9 所示。

这里顺便介绍一下“Series()”函数，该函数一共有四个参数，依次为名称参数、分类标志、值、顺序。

5. 使用模板

有时看到别人做的图表很漂亮，但你不知道是怎么做出来的。没有关系，保存一下，以后就可以直接套用了，这就是“拿来主义”。具体操作如下：第一步，选择图表，第二步，点击【设计】，然后点击【另存为模板】。在弹出的界面中为模板命名，默认的后缀名为“.crtx”，注意保存在默认的位置。

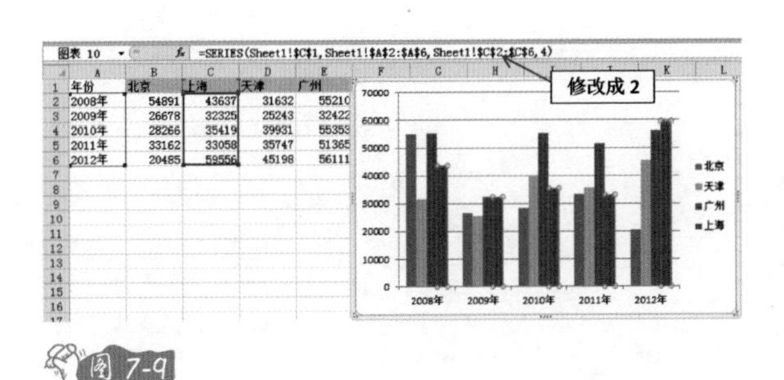

图7-9

	A	B	C	D	E
1	年份	北京	上海	天津	广州
2	2008年	54891	43637	31632	55210
3	2009年	26678	32325	25243	32422
4	2010年	28266	35419	39931	55353
5	2011年	33162	33058	35747	51365
6	2012年	20485	59556	45198	56111

存好后，之后想提取使用模板非常方便，只需要选择图表，然后右击，在快捷菜单中点击【更改图表类型】，在出现的界面中选择【模板】，在【我的模板】中找到它。确认使用，图表瞬间“华丽变身”！

第2节 画个大饼给自己：创建饼形图

如图 7-10，需要根据表格得知 2010 年北京所占百分比，使用饼图就可以一目了然。

制作饼图选择数据源需要注意，一般选择两行或两列。在图 7-10 所示的表格中选择 A1:B6 区域制作饼图和选择 A1:E6 制作饼图，其实效果都一样。

但如果选择一列数据做饼图，效果则是不同的。例如只选择 B1:B6 区域制作成饼图，效果如图 7-11 所示，这样就看不出各数值是哪个年份的。

综上所述，创建饼图一般选择两列数据，其中一列生成图例，另一列生成图表。

快速创建饼图步骤如下：选择数据源，如图 7-12，选择区域 A1:B6，点击【插入】，然后选择【饼图】，选择三维饼图。

快速布局：选择饼图，点击【设计】，在图表布局中选择某种布局。

接着套用颜色，选择图表，点击【设计】，选择一个图表样式，快速套用颜色。

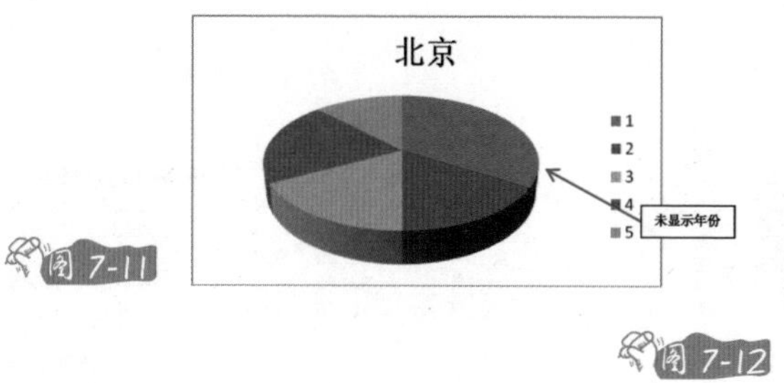

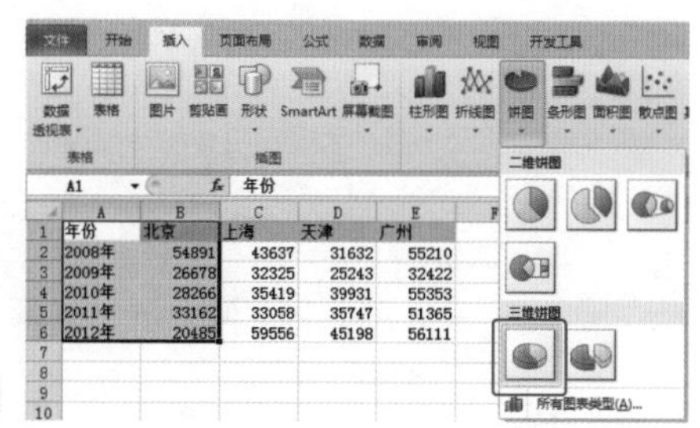

套用后的图表效果如图 7-13，看，“磨皮”了呢！

如果需要对 2010 年的数据进行强调，根据图例可知绿色的为 2010 年的数据，右击图表，点击【三维旋转】。

在弹出的界面中调整角度，如图 7-14 所示进行设置，这样就可以将需要强调的 2010 年“旋转”出来。

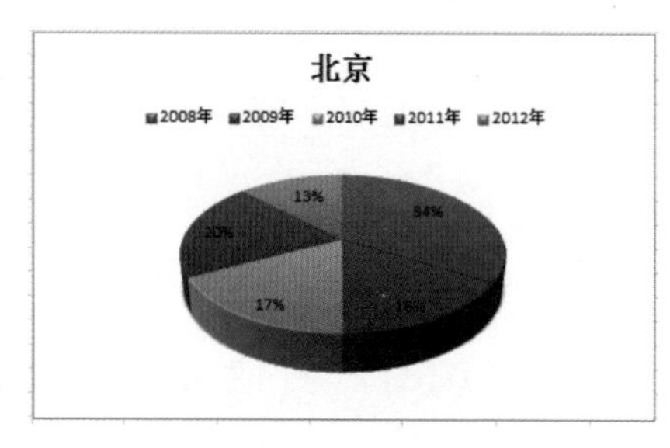

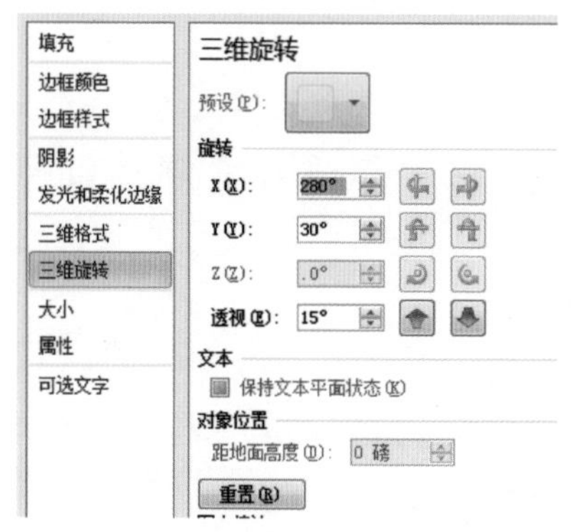

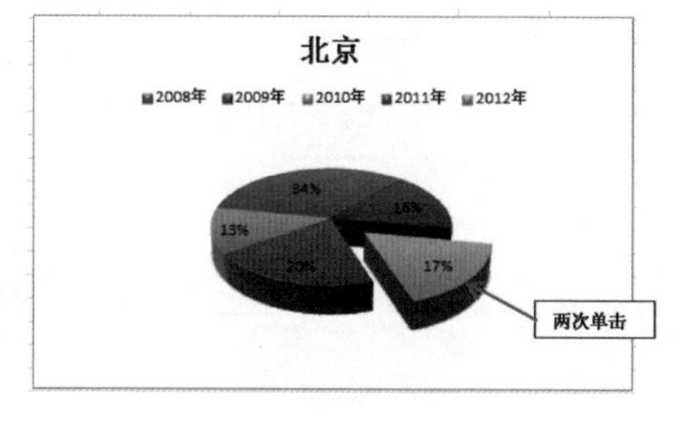

单击饼图中 17% 这块“饼”的空白处，再次单击（注意不要单击饼图中的标签文字），选中这块“饼”，然后由内向外拖动，完成后的效果如图 7-15 所示。

第3节 菜单去哪儿了：格式属性

Excel 2010 创建图表主要有以下几个优点：①内置大量模板；②更多的颜色支持；③更多的立体效果；④实时预览。

如果你对Excel 2010图表新界面不是很熟悉，了解以下几点就方便多了，以后可以照此修改图表的格式属性。

当我们选择一张图表的时候，在功能区多了一个【图表工具】选项卡，其中有【设计】【布局】【格式】选项卡。

在【设计】选项卡中可以整体修改图表，如改颜色、更改布局、套用模板、更改图表类型、移动整张图表。

在【布局】选项卡中可以设置是否显示图表中的元素，以及怎样显示。

【格式】选项卡主要用来控制显示状态，比如边框填充颜色效果等。

如果还是找不到某个菜单，你还可以随时右击，在快捷菜单中也有最常用的工具按钮，比如最常见的设置格式，均可以右击，设置图表格式。

第4节 左右开弓：创建双坐标轴图表

我们以图 7-16 所示的表格为例，选择 A1:E4 区域数据，“Alt+F1 键”默认创建柱形图表。

	A	B	C	D	E
1		北京	上海	广州	深圳
2	2012年	18288	14943	49456	12105
3	2013年	20124	15234	52345	16414
4	增长率	10%	2%	6%	36%

图 7-16

我们会发现，增长率具体数据在图表中没有显示出来，这是因为数据实在是相差太大了，2012 年北京的数据是 18288，而对应的增长率的数值则为

10%，也就是 0.1，几乎可忽略不计，所以图表不能正常显示。解决此类问题，建议用双坐标轴图表。

具体操作如下：

首先选择增长率。因为图表中看不到增长率，所以不能直接选择，只有在选择图表之后，在弹出的图表工具中选择【格式】，然后在最左边下拉列表中选择【系列“增长率”】，如图 7–17 所示。

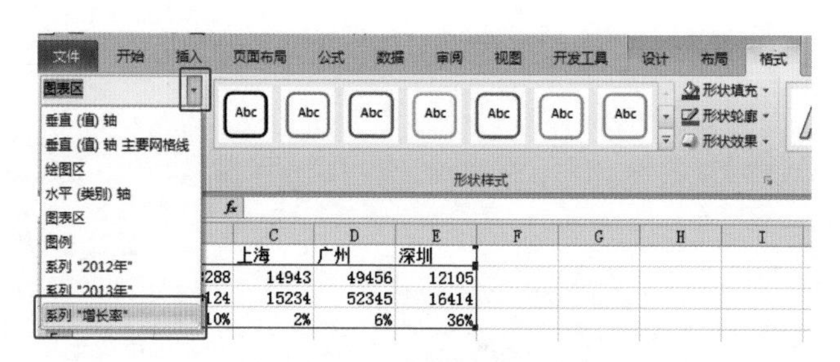

图 7-17

保持选中增长率系列状态，点击【格式】，再点击【设置数据系列格式】。如图 7–18 所示，在弹出界面中选择系列绘制在【次坐标轴】。

此时图表显示如图 7–19 所示，看，右边出现刻度了，2012 年和 2013 年的数据看左边的刻度，而增长率的数据看右边的刻度。

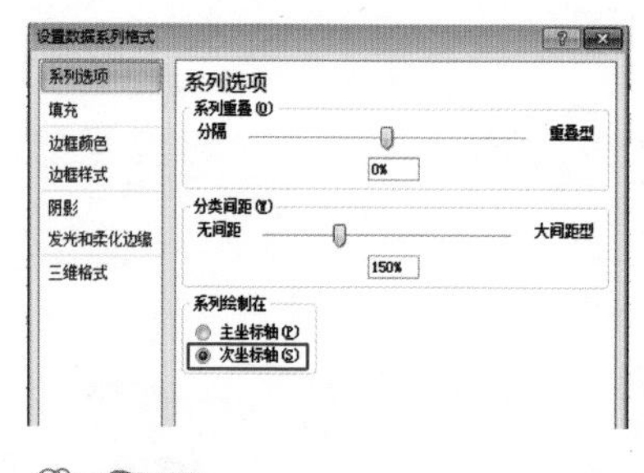

图 7-18

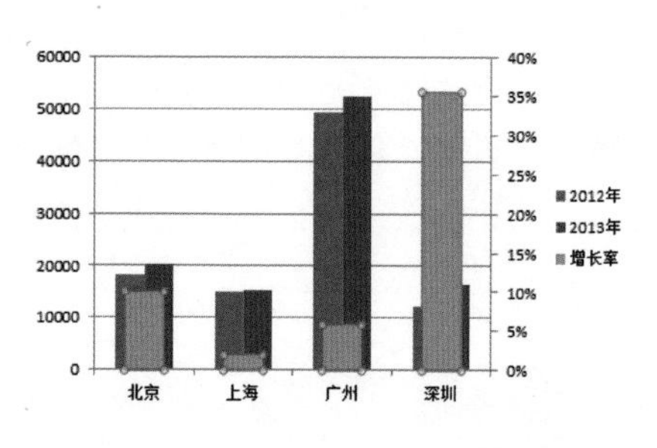

图 7-19

保持选中状态，右击，点击【更改图表类型】，在弹出的界面中选择带标记的折线图，如图 7–20 所示。

完成！最终图表显示效果如图 7–21 所示。

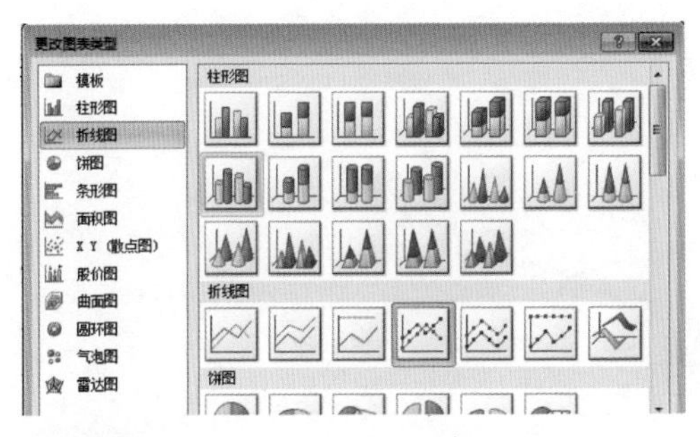

图7-20

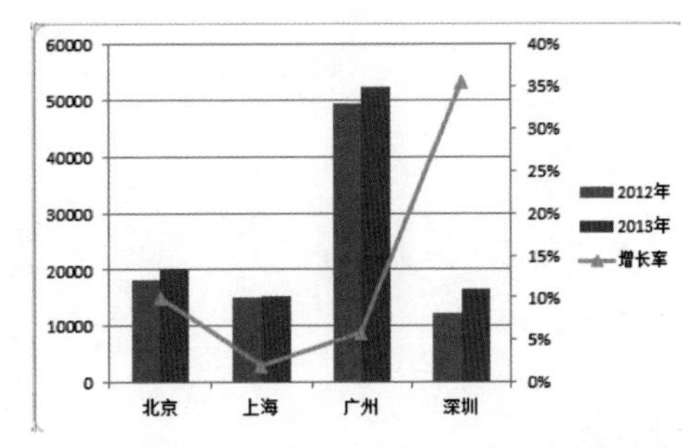

图7-21

第5节 依葫芦画“表”：分析图表

许多Excel教程书教我们如何一步步做图表，但却很少教我们分析图表的方法。

我们要学会分析，要理解，还要灵活应用，这才是学习的最终目的。

比如看到别人在Excel中做出来的图表，没有详细操作步骤，你不知道怎么下手。不着急，下面我介绍几种分析图表的方法，也可以说是“万能图表制作方法”。掌握了这种方法，大多数图表你都可以尝试先对其作个分析，然后依葫芦画“表”，屡试不爽！

如图7-22所示图表，人称“瀑布图”，Excel中常见的有柱形图、条形图、堆积图、饼形图、折线图，很少见这种“瀑布图”。这种图表是怎么做出来的呢？没有详细操作步骤也没有关系，我们先对其进行分析。

一般来说，制作图表两件事情比较重要，一是数据源，二是图表类型。解决了这两个问题就成功了一半。

数据源怎么查看呢？可以右击图表，然后点击【选择数据】，将出现如图7-23所示的界面，在【图表数据区域】中可以清楚地看到数据源，例如图中这张表的数据来源为A2:C11。

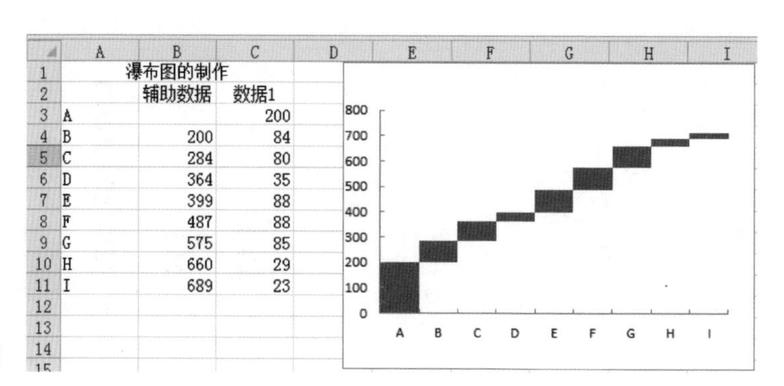

	A	B	C
1		瀑布图的制作	
2		辅助数据	数据1
3	A		200
4	B	200	84
5	C	284	80
6	D	364	35
7	E	399	88
8	F	487	88
9	G	575	85
10	H	660	29
11	I	689	23

如果数据源很复杂，可以分别点击系列，然后点击【编辑】进行查看。如果数据源“超级”复杂，可能还需要结合名称去查看。假设数据区域是“=Sheet1!$A$2:$C$11”，我们可以知道是 Sheet 1 中 A2:C11 区域的数据。假设数据区域是“=Sheet1!DATA”，那就是数据名称为“DATA”，那么可以在【公式】选项卡【名称管理器】中查找名称为“DATA”的数据。

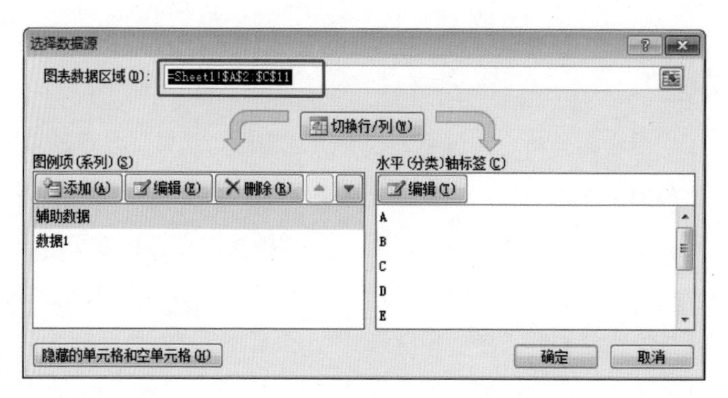

图表类型如何查看呢？我们可以选择图表，然后右击，点击【更改图表类型】，在弹出的界面中有一个图表类型已经自动框选，说明这就是当前的图表类型。如果图表有多种类型，那就需要分别点击来进行查看。

以上我们查看到数据源是 A2:C11，图表类型为堆积柱形图，接下来就可以动手制作图表了。如图 7-24 所示，选择 A2:C11 的数据，然后点击【插入】【图表】，选择【柱形图】中二维堆积柱形图。

下面把我们做出来的图表与原图表对比一下，如图 7-25 所示，两张表

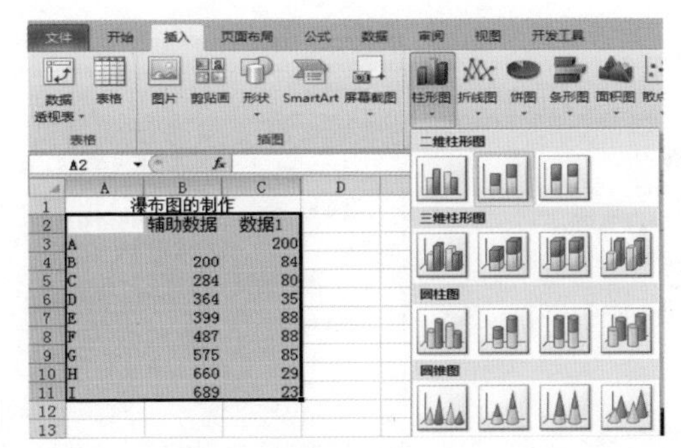

	A	B	C	D
1	瀑布图的制作			
2		辅助数据	数据1	
3	A		200	
4	B	200	84	
5	C	284	80	
6	D	364	35	
7	E	399	88	
8	F	487	88	
9	G	575	85	
10	H	660	29	
11	I	689	23	

图 7-24

摆在一起，左看右看上看下看，差别还是蛮大的。

“哪里不同点哪里”，对比两张图表，比如“红色柱子”粗细不同，那就点击“红色柱子”，然后右击【设置数据系列格式】。

接下来玩“大家来找碴”的游戏，先看图 7-26，圈出不同处。

再看图 7-27，点击蓝色柱子，右击【设置数据系列格式】，再在弹出页面中“找不同”，圈出不同处，如图 7-28 所示。

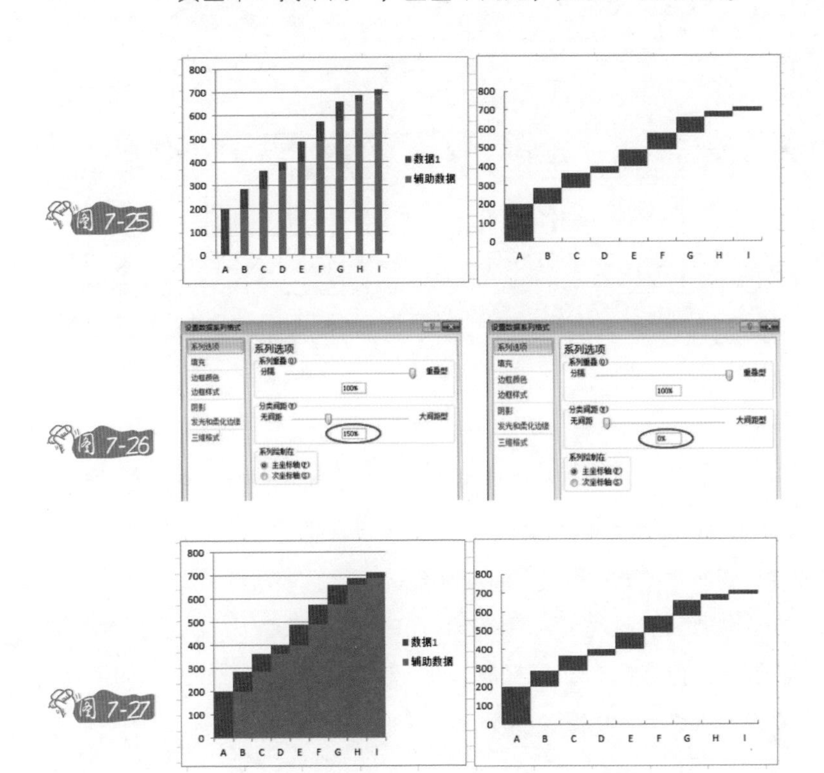

图 7-25

图 7-26

图 7-27

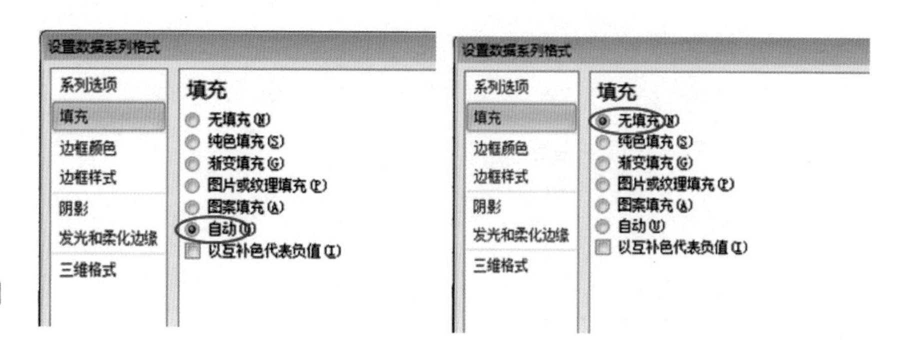

图 7-28

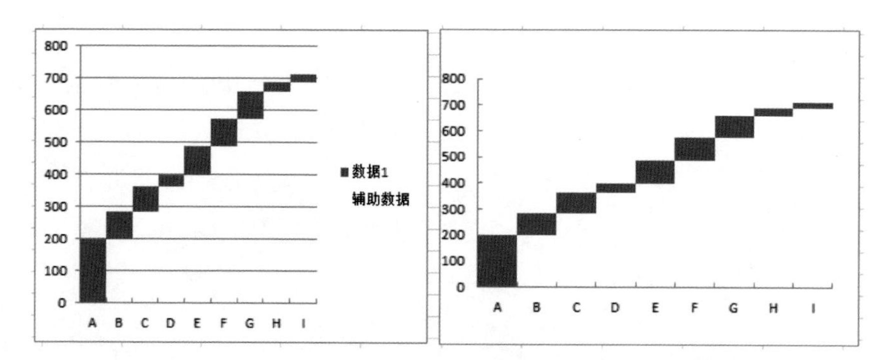

图 7-29

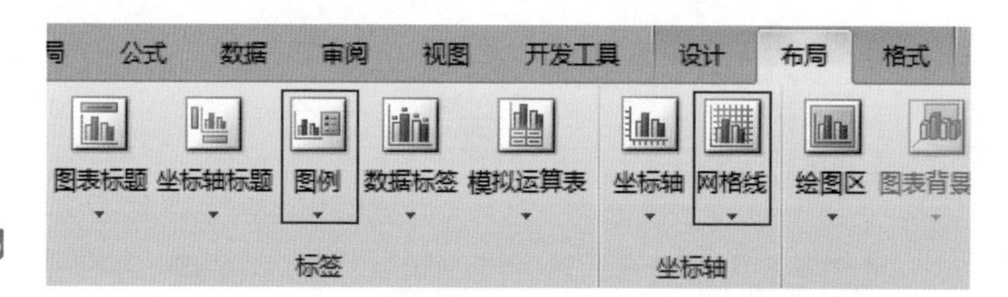

图 7-30

这时候深刻体会到拥有两台电脑是多么方便！对比更改，改后对比图如图 7–29 所示，可以看出我们做出的图更进一步接近原图。下面的水平（类别）轴也可以对比查看两个表的不同从而进行更改。

接下来调整图表，这需要一点简单作图的技巧基础。比如是否显示图表元素，可以在【布局】选项卡中设置网格和图例，使其不显示，如图 7–30 所示。微调再微调，最终总能大功告成！

第 6 节 争取好好表现：图表类型怎么选

经过上述的操作，具备了图表制作的基础知识，也就能够做出常见的图表。实际工作上，做图表最大的困惑在于图表类型的选择。同样的数据源要想传递不同的信息，该如何选择图表类型？如图 7-31 所示数据源，根据不同需要，我们可以制作不同的图表。

	A	B	C
1	月份	销量	折扣
2	1月	437	0.2
3	2月	311	0.4
4	3月	230	0.3
5	4月	145	0.1
6	5月	106	0.5

1. 强调份额

如果是要强调所占份额，我们可以试着用饼形图来表现。假设需要传递的信息是“5 月份销量所占份额最少”，那让我们来看看饼图是怎么生成的。

选择 A1:B6，制作如图 7-32 所示常见的饼形图，这样有什么问题吗？

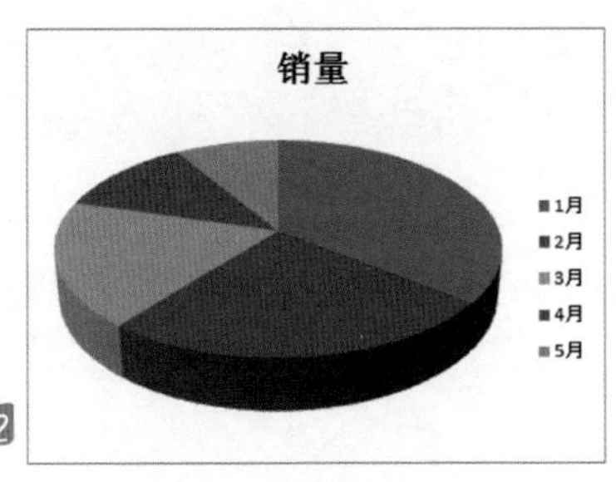

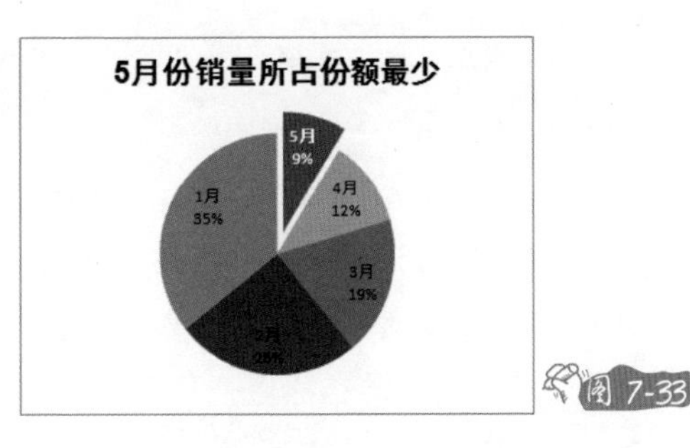

图7-33

第一，没有观点。标题是“销量”两个字，图却没有传递出有效信息，销量怎么样并没有交待清楚，建议将标题更改为“5 月份销量所占份额最少”。

第二，没有重点。饼图中 5 个份额等级相同，颜色过多。首先，建议淡化不需要强调的，同时突出重点。其次，可以按销量从小到大排序，这样，强调的内容将放在饼图的 12 点起始处，容易被首先看到。再次，可以分离进行强调。

第三，不够直观。直接看 7-32 所示饼图，并不知道哪个是 5 月份的数据，观众需要左右移动视线，根据饼图中各个小块的颜色对照右边的图例，才知道 5 月对应的数据。另外，三维饼图因为近大远小的透视问题，也不容易对比出大小，二维饼图比三维饼图更直观一些。图 7-33 是修改后的效果。

2. 强调趋势

如果要强调趋势，可以选择 A1:B6，制作图 7-34 所示折线图，折线图比较简单，操作步骤在此略过。

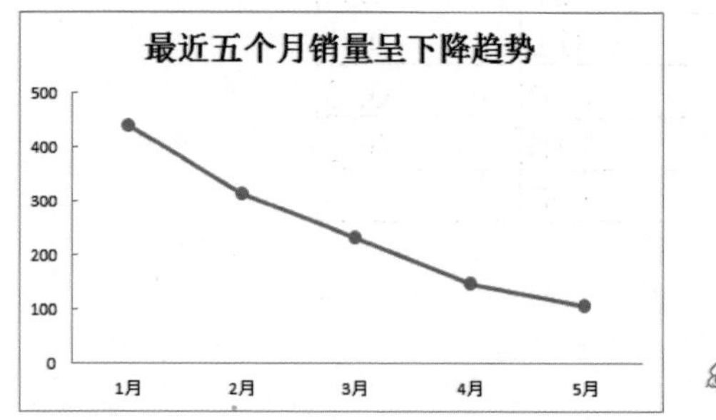

图 7-34

3. 强调关系

如果要汇报工作，想阐述观点“销量与折扣没有关系”，试想想，用什么图比较合适呢？柱形图？饼形图？条形图？折线图？

有时需要创造性地解决问题，可以使用成对的条形图来表现。如果左边的条形图与右边的条形图呈镜像效果，则可以说明销量与折扣有很大关系。图 7-35 中左边 1 月份的数据小，右边的数据反而大，左边 5 月份的数据大，右边对应的数据反而小，由些得出结论：销量与折扣没有关系。

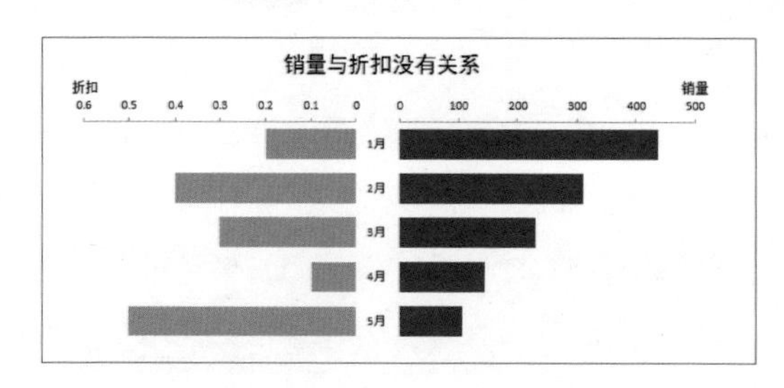

图 7-35

这种背对背的条形图是如何实现的呢?

第一步：选择 A1:A6，C1:C6，制作图 7-36 左边的条形图，选择 A1:B6 制作图 7-36 右边的条形图。

第二步：将 Y 轴坐标逆序。分别双击两个条形图 Y 轴，在“坐标轴选项”中勾选“逆序类别”，实现月份排列如图 7-37 所示。

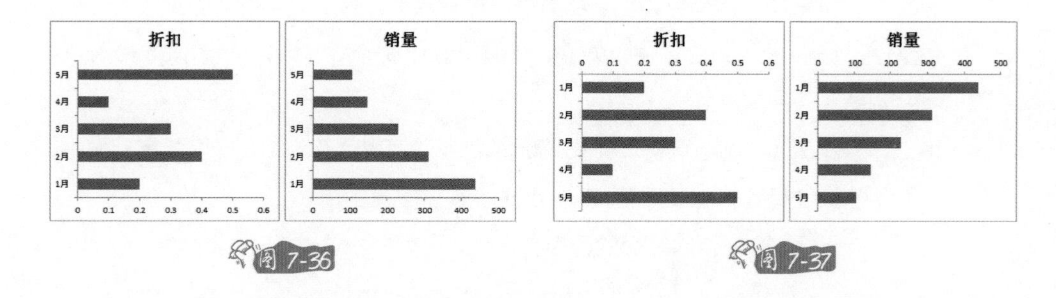

图 7-36　图 7-37

第三步：将 X 轴刻度值位置调整。双击“折扣”表的 X 轴，勾选“逆序刻度值”。然后点击“折扣”表中的 Y 轴，删除。效果如图 7-38 所示。

第四步：细节调整，将两个表边框删除，删除“销量”表中的 Y 轴数据，绘制一个矩形，将边框改为无色，填充白色，添加标题，设置颜色等。（其实就是两个无边框的条形图放在一个矩形中。）

4. 强调对比

如果需要将各月份销量进行比较，推荐使用条形图或柱形图。

还是用上表中的数据源。假设需要强调“1 月份销量排名第一”。修改前的图表如图 7-39 所示。

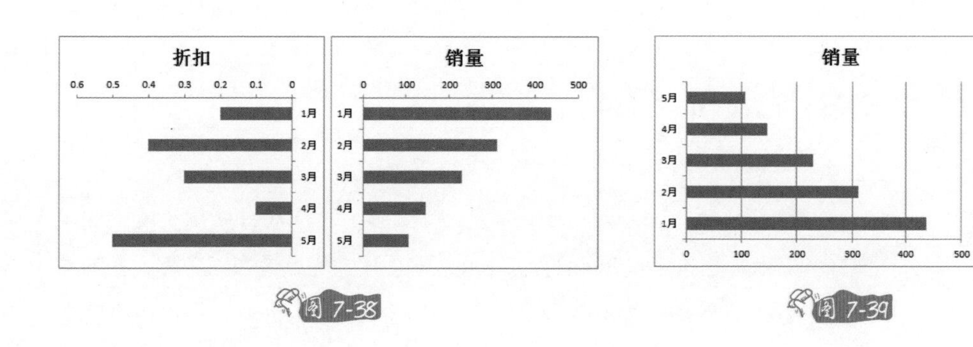

图 7-38　图 7-39

尝试对图表进行修改。

第一步，删除可有可无的信息。删除右边图例“销量”，删除网络线，删除Y轴上的刻度等。

第二步，为数据源排序。数据升序或降序，确保图表中 1 月的数据排在上方。

第三步，用颜色强调。所有条形图更改为灰色，1 月份的数据改为红色。

第四步，添加标题和单位。标题可以体现你的观点，单位可以让观众获取更准确的信息。

第五步，细节调整。双击条形图，“分类间距”中，将条形图的间距减小，添加数值标签，有了标签，X轴也显得有点多余。

图 7-40 是修改之后的图表，简洁，一目了然。

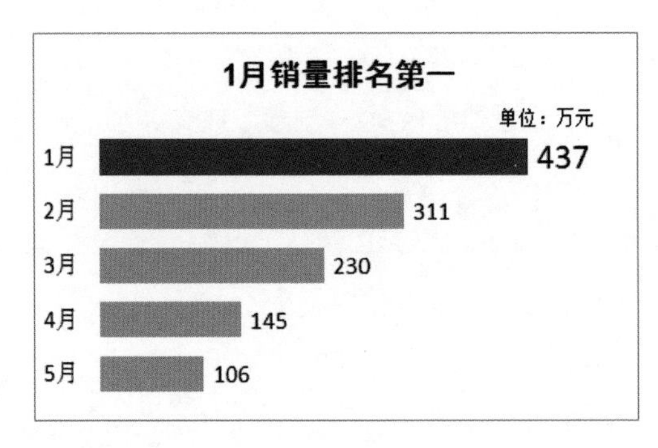

图 7-40

第 7 节 跨界：Excel 牵手 PPT

如果你要排版洋洋洒洒几十万字的小说，这不是 Excel 所擅长的；如果你要商务演示，这也不是 Excel 所擅长的。Excel 的优点是数据分析，比如先用公式函数进行计算，再用数据透视表从不同角度进行分析，最后用图表直观呈现。做完这些之后，有可能要在 PPT 中进行精彩呈现，这就要跨程序使用。

怎样把 Excel 中的图表放在 PPT 中呢?

我们试着把上一节图 7-40 直接复制粘贴到 PPT 中。复制之后发现图表偏小。试着拖动边框更改图表大小，会发现图表变大了，但是图表中的文字大小不变化。

另外，如果修改 Excel 中的图表，PPT 中的图表不会自动更新。比如在 Excel 图表中删除蓝色的边框线，PPT 中的边框仍然存在。

如何跨界合作?

可以使用【选择性粘贴】中的粘贴链接功能。操作如下：在 Excel 中选择图表，然后 Ctrl+C 复制。在 PPT 中，点击【开始】选项卡，【剪贴板】组中找到【粘贴】按钮，该按钮一分为二，上部分即为粘贴，下部分提供更多功能，你可以点击【选择性粘贴】。接下来将出现以下对话框，勾选【粘贴链接】，然后点击确定。

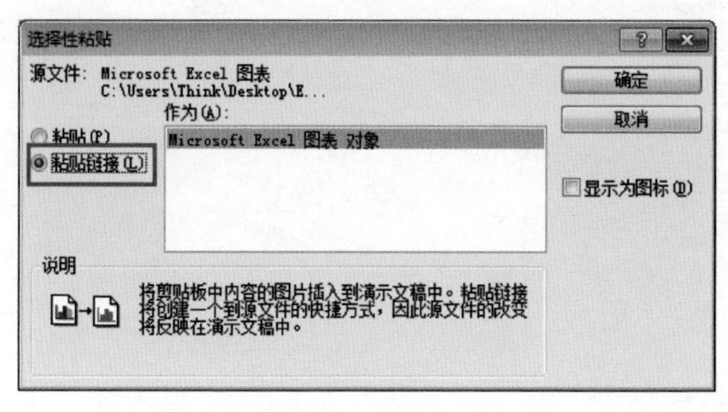

图 7-41

这样，在 PPT 中图表可以自由拖放，将等比例改变图表的大小，并且 Excel 中的图表发生变化时，在 PPT 中将自动更新。

使用【选择性粘贴】的【粘贴链接】功能的优点是，在 Excel 中修改图表，PPT 中将自动更新，另外，PPT 文件不会增大。但是，因为数据是保存在 Excel 中的，所以将导致一个缺点：如果 Excel 文件没有和 PPT 存放在同一个文件夹，只是将 PPT 发送给其他人，那么在另一台电脑打开该 PPT，可以看到图表，却不可以编辑图表。

如果需要将 Excel 图表嵌入到 PPT 中，可以在 PPT 中直接插入图表。点击【插入】【图表】，选择合适的图表类型，比如条形图。这时弹出一个

Excel程序的界面，效果如图 7-42 所示。

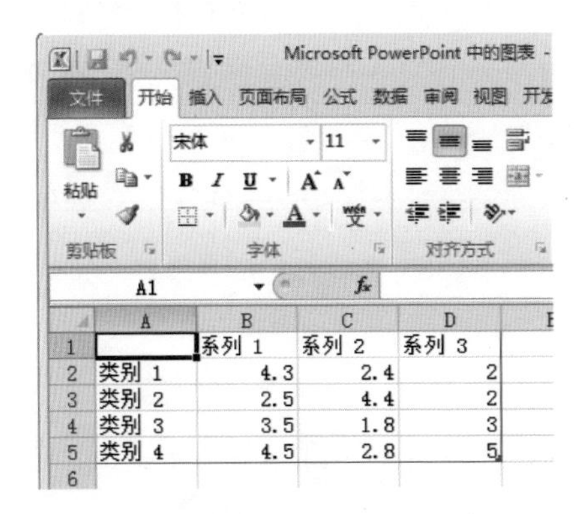

	A	B	C	D
1		系列 1	系列 2	系列 3
2	类别 1	4.3	2.4	2
3	类别 2	2.5	4.4	2
4	类别 3	3.5	1.8	3
5	类别 4	4.5	2.8	5

将此表格中的默认数据表更改成你需要分析的数据，如图 7-42 中 A1:D5 的数据更改成图 7-43 中 A1:B6 的数据。你可以复制 Excel 表中的数据到该表中，并将多余的系列删除。

	A	B
1	月份	销量
2	5月	106
3	4月	145
4	3月	230
5	2月	311
6	1月	437

这样一来就是在 PPT 中嵌入 Excel 图表了。如果发送给其他人，只需要发送 PPT，Excel 文件将嵌入到 PPT 中。右击 PPT 中的图表，可以点击【编辑数据】，查看嵌入的 Excel 表格数据。

第八章

奥，妙，全自动——宏

日复一日，年复一年，许多人做着机械的、重复的而又不得不做的工作。重复工作不仅枯燥，而且容易出错。试想一下，如果公交售票员每到一个车站就得播报站名，每天都这样重复——累不累呀，烦不烦呀？

傻瓜，难道你不会把站名录好播出来吗？“表哥”“表姐”都懂哦。

第 1 节 化繁为简：什么是宏

在 Excel 中，如果你经常需要按固定的步骤一步步进行操作，这时候，你可以录制一个宏。宏的作用就是将简单的重复的多步操作预先编制或者录制好，方便以后一次性执行。

比如，为数字 1 设置格式显示成“$1.00”，通常需要以下几个步骤：①点击【开始】选项卡中【格式】图标；②在【格式】图标下拉菜单中选择【设置单元格格式】，如图 8-1 所示；③在弹出界面中点击【数字】选项卡；④点击【分类】，选择【货币】；⑤选择【货币符号】中的“$”；⑥点击【确定】。总共需要六步。

如果将这六步预先录制成宏，以后只需按一个键或点一个按钮就能一次完成以上六步操作，效率必然极大提升。下面就来跟我一起学习录制宏吧。

图 8-1

第2节 一手准备：准备录制宏

做好一件事情，准备工作很重要，录制宏之前必须先把工具调出来。

Excel 2010默认不显示【开发工具】选项卡，一般界面中是找不到录制宏按钮的，想要显示【开发工具】，请右击任意选项卡，点击【自定义功能区】，勾选【开发工具】。如此，准备工作就做完了。

第3节 神奇的录音机：录制宏

很多人总觉得宏很复杂，认为只有少数Excel高手才能掌握宏。其实宏很简单：跟录音一样，按录音键录制，完成后停止，使用时播放——对，就这么简单！

实际操作中，初学者往往容易出错，出错原因一般只有一个：将选择单元格也录制在宏中了。

注意！注意！再注意！

小心！小心！再小心！

选择单元格不要录制在宏中，除非你会编辑修改宏！

这是为什么？原因如下。

举个例子，老板今天很忙很忙，他交代你："今天任何人打电话找我，你都说'领导不在，有事请留言'。"如果一天重复说这句话，不是"灰常灰常"无聊么？于是想到了录音，接到电话直接播放就行了。当你按下录音键后，你不能说"王小姐，你好，领导不在，有事请留言"，因为不是每个来电者都是王小姐，打电话的可能是李先生……"王小姐"三个字是不能录制在其中的。同样道理，录制宏一般不选择单元格，否则每次都是针对该单元格的操作。

以第一节中设置货币格式的例子来说，按下面的步骤来录制宏：① 开始录制；② 选择单元格，右击；③ 点击【设置单元格格式】；④ 点击【数字】选项卡；⑤ 点击【货币】，设置小数位数，设置货币符号；⑥ 点击【确定】；⑦ 停止录制。

这样会有什么问题吗？一旦你这样做，不管鼠标放在哪个单元格，以后执行宏，将永远只对录制宏中所选的单元格格式作更改，所以，正确的录制步骤是：① 选择单元格； ② 开始录制；③ 右击单元格，点击【设置单元格格式】；④ 点击【数字】选项卡；⑤ 点击【货币】，设置小数位数，设置货币符号；⑥ 点击【确定】；⑦ 停止录制。

下面是详细操作步骤：首先选择单元格，然后点击【开发工具】选项卡，在【代码】组中点击【录制宏】。

弹出如图 8-2 所示【录制新宏】界面，在这里可以给宏取个有意义的、响亮的名字，叫啥好呢？

宏的名字不能乱取，一个正确的宏名必须满足以下几个特点：①不能以数字开始；②不能含有特殊符号如“#”“@”“￥”“%”“&”；③不能包含空格；④不能用 VB 关键字，如“IF”“DO”“END”“SUB”等；⑤不能超过 255 个字符；⑥最好用英文或字母，方便以后查找调用。

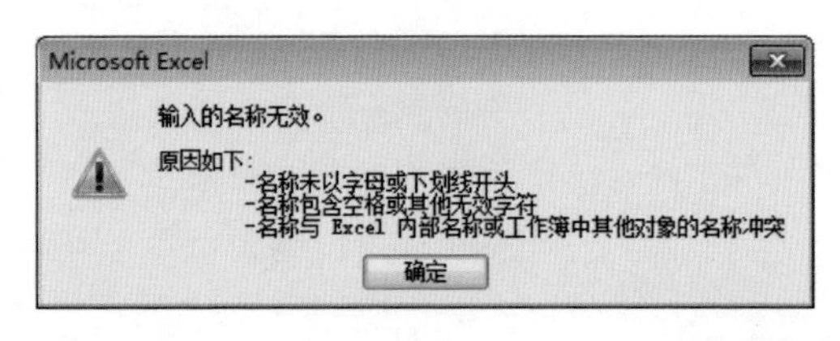

这么多规则不用刻意去记，出现如图 8-3 所示的错误提示就该换个名字了。

名字设置好之后，接下来设置快捷键。

快捷键不能设成“Ctrl+C”，因为这是系统默认的复制快捷键，如果你非要这样做，以后想要复制就“悲剧”了。同理，也不能设置成“Ctrl+V”（粘贴）、“Ctrl+A”（全选）、“Ctrl+Z”（撤销）、“Ctrl+X”（剪切）、“Ctrl+S”（保存）、“Ctrl+D”（填充）、“Ctrl+F”（查找）……你会发现，好像好用的快捷键都已被占用了，那么试试“Ctrl+J”吧。注意区分大小写，如果是大写的“J”，则快捷键为“Ctrl+Shift+J”。

然后选择宏的保存位置，这里暂时保存在当前工作簿中。

一旦按下了【确定】，鼠标就不能到处乱点了，因为你开始“现场直播”，你所做的每一步操作都将被记录下来。录制完成后，点击【开始选项卡】，在【代码】组中点击【停止制宏】。就像录音，已经录制完了就不要再“嘚瑟”了，唱完了就赶紧按停止键。

如此这般就录制好一个新宏了，检查一下效果吧！使用我们刚设置好的快捷键“Ctrl+J”就可以“回放”。

最后插播一则“简讯”：如果需要更改宏的快捷键，可以点击【开始】选项卡，在【代码】组中点击【宏】，在出现的界面中选择相应的宏，然后点击【选项】，在弹出界面后就可以重新修改快捷键了。

 第4节 “适才适所”法则：宏的保存位置

宏保存的位置可以选择三种：一是保存在当前工作簿，二是保存在个人宏工作簿，三是保存在新工作簿。你可以根据目的决定宏保存的位置。

保存在当前工作簿：比如当前文件名为工作簿 1，保存在当前工作簿中即保存在工作簿 1 中，必须注意如果有录制过宏的文件，不能直接保存，需另存为 Excel 启用宏的工作簿（扩展名为“.xlsm”），或是保存为 Excel 97-2003 文件格式（扩展名为“.xls”），不然录制的宏代码将消失。

将宏保存在当前工作簿中有优点也有缺点，优点就是能够随文件保存，

比如将文件“工作簿 1.xlsm”发给客户，客户在自己电脑上打开这个文件，也可以使用文件中已录制的宏。缺点是不方便其他文件调用：在“工作簿 1.xlsm”文件关闭的情况下，无法在别的 Excel 文件中使用已录制的宏。

保存在个人宏工作簿：如果想让电脑打开 Excel 文件就可以使用已录制的宏，则应该将其保存在个人宏工作簿中。已录制的宏保存在一个名为“Personal.xlsb”的文件中，该文件随 Excel 打开而自动打开并隐藏。保存在其中的宏，即使关闭工作簿 1，其他 Excel 也都可以使用。

保存在新工作簿：将宏放在新工作簿中会新建一个工作簿用来保存宏，一般很少使用。

第 5 节 一指神功：设置宏按钮

快捷键太多了，记不住怎么办？可以考虑为宏设按扭。

宏按钮一般放在两个地方，一种放在文件中，仅针对当前工作簿中某张工作表有效；另一种放在工具栏中，方便其他工作簿使用。

将按钮放在表格中：点击【开发工具】选项卡，在【控件】组中，【插入】下拉列表中，点击【表单控件】中的【按钮】。

注意，绘制按钮应该按住第一点不放，向右下角拖动到合适的大小再放开鼠标键。

这时会提示指定一个宏名。在下拉列表中选择前面录制过的宏。

如果需要修改按钮上的文字，可以如图 8-4 所示右击按钮，然后编辑文字。

这样以后点击该按钮就也可以进行宏的操作了。但这样做也有一个缺点，那就是宏仅对当前工作簿当前工作表有用，也就是说当你将宏按钮放在 Sheet 1 中时，宏仅在 Sheet 1 中有效，当你打开 Sheet 2 时是看不到这个按钮的。

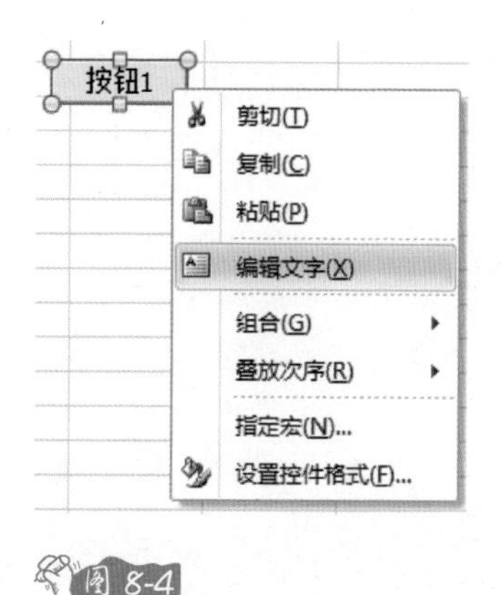

图 8-4

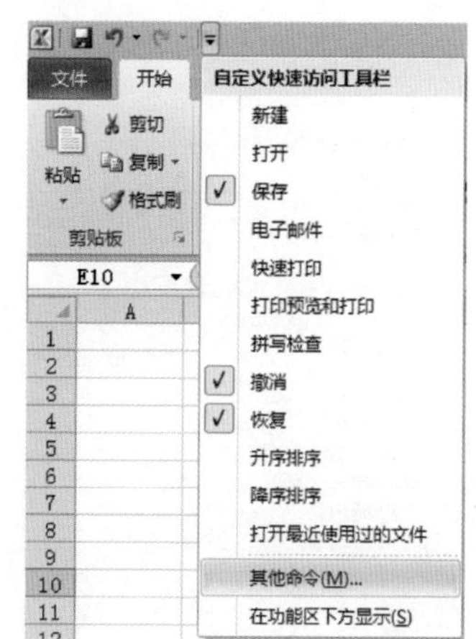

图 8-5

将按钮放在工具栏中：按钮放在自定义访问工具栏上，方便其他文件调用，这样 Sheet 1 中可以点击该按钮使用宏，Sheet 2 中点击该按钮也可以使用宏；当前 Excel 文件中可以使用，该电脑中其他 Excel 文件中也可以使用。适用这种按钮设置的宏一般保存在个人宏工作簿中。

下面我们再来录制一个宏，将其保存在个人宏工作簿，并给宏设置按钮。

Excel 中，经常需要清除所有的功能。比如一张表格，需要删除其中单元格的内容和格式，直接按 Delete 键，会发现仅仅是内容被删除了，格式仍然保留。

要想删除单元格内容及格式，标准操作需要三步：①点击【开始】选项卡；②点击【清除】下拉列表；③点击【全部清除】。

上述三步我们可以录制一个宏，命名为“ClearALL”，快捷键“Ctrl+D”，保存在个人宏工作簿中，以后只需按一个按钮就可以快速清除单元格内容及格式。宏录制完成后，接着，我们给这个宏在自定义工具栏上添加一个按钮。

步骤一：点击自定义工具栏最右边下拉列表，然后点击【其他命令】，如图 8-5 所示。

步骤二：在弹出界面如图 8-6 进行设置，将宏放在快速访问工具栏中。

步骤三：选择相应的宏，然后点击【添加】。如图 8-7 所示，我们新录制好的宏“ClearALL”保存在个人宏工作簿中，显示为“PERSONAL.XLSB!ClearALL”，选择它，点击【添加】。

步骤四：选择宏，点击【修改】，如图8–8所示，为宏设置图标和显示名称。看，设置的宏按钮在这里，如图8–9所示，它在朝你笑呢！

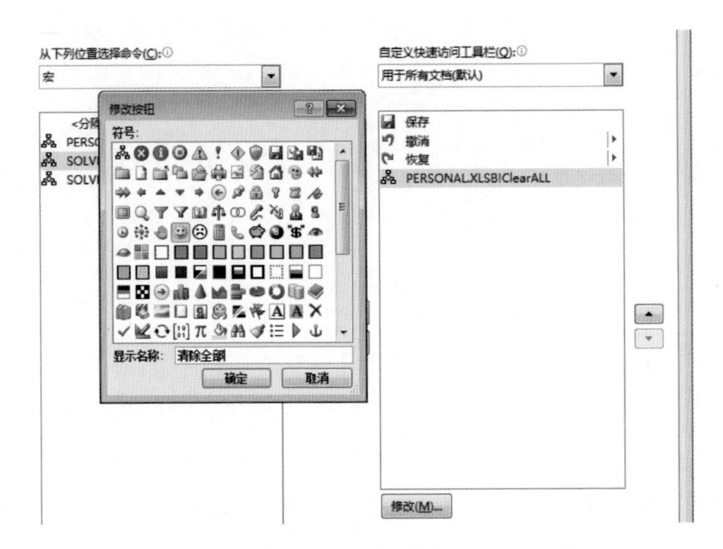

第6节 看不惯我：删除宏

要删除宏按钮，这是件很容易的事情！

宏按钮如果在工作表中，可以右击宏按钮，在下拉菜单中点击【剪切】。

如果宏按钮在自定义工具栏上，右击宏按钮，在下拉菜单中点击【从快速访问工具栏删除】即可。

删除了宏按钮，宏并没有被删除掉，这就像一个开关控制一盏灯，拆掉开关，内部线路还在。要想彻底删除宏，可以使用下面的方法。

宏如果保存在当前工作簿中，点击【开始】选项卡，在【代码】组中点击【宏】，在弹出的界面中选择相应的宏，然后点击【删除】，这样就可以删除宏了。

如果宏保存在个人宏工作簿中，按上述方法操作将出现错误提示，如图8-10所示。隐藏的文件是不能够直接删除的，可以到VBA编辑窗口中删除。

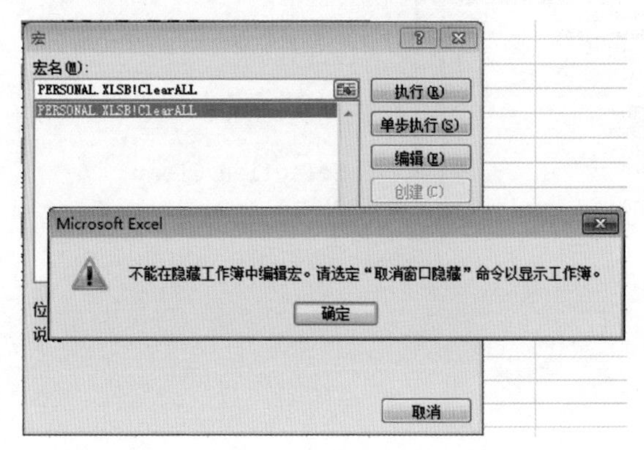

图8-10

点击【开始】选项卡，在【代码】组中点击【Visual Basic】，进入编程界面。我们也可以使用快捷键"Alt+F11键"进入编程界面。

在编程界面左边的工程资源管理器中找到"VBAProject(PERSONAL.XLSB)"，如图8-11所示，如工程资源管理器窗口未显示，则使用快捷键"Ctrl+R"将其设置为显示。

点击模块左边的加号展开，可以看到【模块1】，双击【模块1】，右边将出现代码，如图 8-12 所示。选择代码，按 Delete 键，这样宏就被删除掉了。

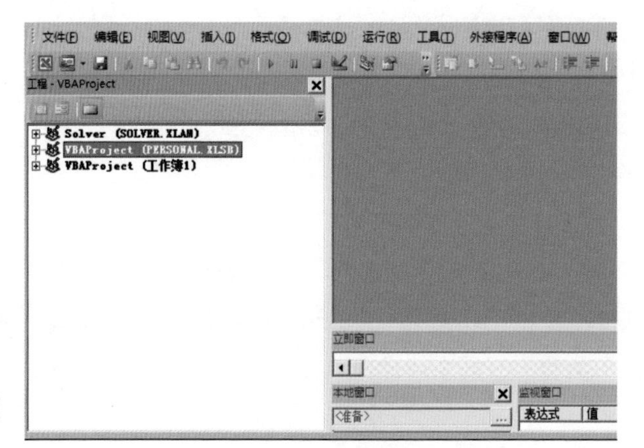

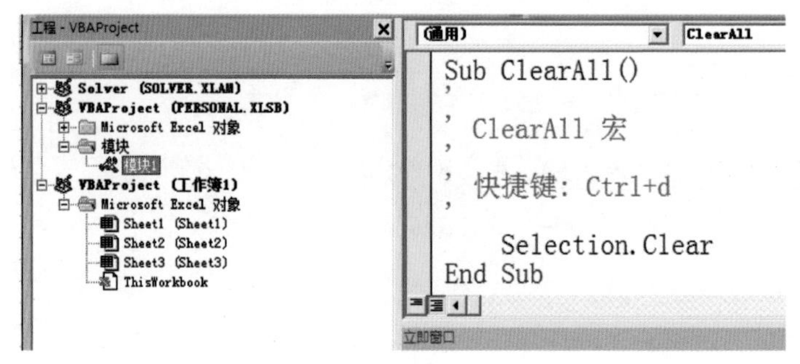

第九章

面面俱到：打造一张好表

为什么表格做得这么难看？为什么好看却不中用？为什么好用好看却不安全？……

没有那么多“为什么”，原因只有一个：你还不是个好的“表哥”或“表姐”。

好的“表哥”“表姐”是这样的：既懂设计，又有技术，随时玩得转，分分钟给你打造一张好表。人才啊！——还不赶紧拜师学艺？

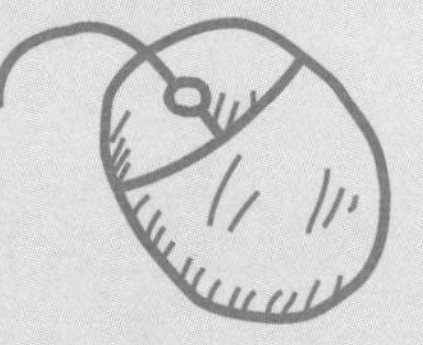

平时工作中，我们看到的表格要么普普通通，白纸黑字，一种字体，一样字号，平淡无奇；要么就是通篇五颜六色，杂乱无章，看得人眼花缭乱，如图 9-1 所示的表格就是这样典型的一朵“奇葩”。

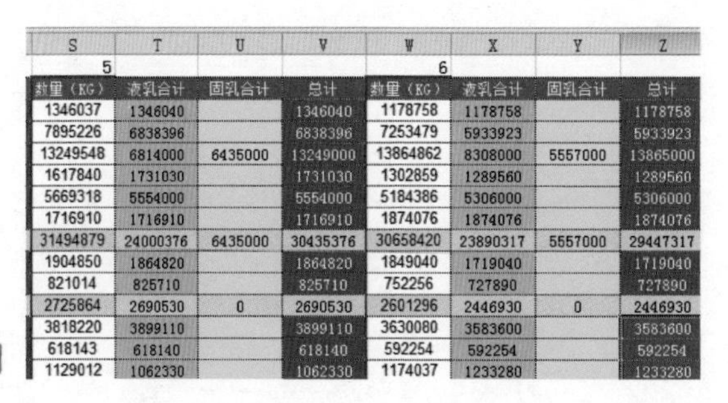

S	T	U	V	W	X	Y	Z
5				6			
数量（KG）	液乳合计	固乳合计	总计	数量（KG）	液乳合计	固乳合计	总计
1346037	1346040		1346040	1178758	1178758		1178758
7895226	6838396		6838396	7253479	5933923		5933923
13249548	6814000	6435000	13249000	13864862	8308000	5557000	13865000
1617840	1731030		1731030	1302859	1289560		1289560
5669318	5554000		5554000	5184386	5306000		5306000
1716910	1716910		1716910	1874076	1874076		1874076
31494879	24000376	6435000	30435376	30658420	23890317	5557000	29447317
1904850	1864820		1864820	1849040	1719040		1719040
821014	825710		825710	752256	727890		727890
2725864	2690530	0	2690530	2601296	2446930	0	2446930
3818220	3899110		3899110	3630080	3583600		3583600
618143	618140		618140	592254	592254		592254
1129012	1062330		1062330	1174037	1233280		1233280

图 9-1

为什么表格做得这么难看?

为什么做了好看的表格却又不符合规范?

一张优秀的 Excel 表格应该满足两方面要素：设计感和技术。可惜 Excel“玩”得好的人不一定懂设计，而设计界的“奇才”又不一定懂 Excel。

技术上的问题是很容易解决的，比如你不会使用某个函数，给你讲个几分钟你就会了，但是，设计感上不能一蹴而就。苹果不是一天画成的，学设计是一个漫长的过程，我们需要的是一种迅捷的可操作性强的方法，要的是立竿见影的效果。

本章给非设计专业人士一些建议，读完马上就可以动手，从下一张表开始改变。

根据多年的经验，一般设计表格可从以下几个方面考虑：简洁，规范，效率，美观，安全。

第1节 删除多余的：简洁

简洁就是简明扼要，没有多余的内容。事实上，一张表格里字体、颜色、说明文字用得多，不一定有效果，反而会显得啰唆。应该突出该强调的，消弱该淡化的，删除可有可无的内容。

先来围观如图 9-2 所示的这张表，这张表存在什么问题?

业务员	手机号	发货日期（按YYYY-MM-DD格式）	销售编号	付款方式	备注

名称	数量	单价	单位数量	应税	金额
鱿鱼	12	¥ 18.00	每袋3公斤	VAT	216
鸡	10	¥ 87.30	每袋500克	无VAT	873
牛奶	10	¥ 18.00	每箱24瓶	无VAT	180
酱油	10	¥ 18.00	每箱12瓶	无VAT	180
麻油	10	¥ 21.35	每箱12瓶	无VAT	213.5
酱油	10	¥ 25.00	每箱12瓶	VAT	250

图 9-2

我猜想，做表格的人有一个目的，想让输入者在发货日期这列按“yyyy-mm-dd”的格式输入日期，但表格这样设计的话，说明文字明显过长，导致单价这列显得“很胖”。

于是，随手拉一拉，调整列宽，这样好看些了，但是信息却不完整。

试着把字缩小一点，但字太小又看不清楚。

在“发货日期”后面按“Alt+ 回车键”强制换行，又导致行高太宽，有点头重脚轻。

用批注吧，又破坏了整体感。

这可怎么办呢?

下面跟我来学做。选择【数据】选项卡，点击【数据有效性】，在弹出界面点击【输入信息】，或者在弹出界面点击【设置】，为日期限定一个范围，如图 9-3 所示。

然后点击【出错警告】，如图 9-4 进行设置。

这样设置完后，表格画面看上去简洁多了，而且当输入数据格式不正确的时候会出现如图 9-5 所示的出错提示。

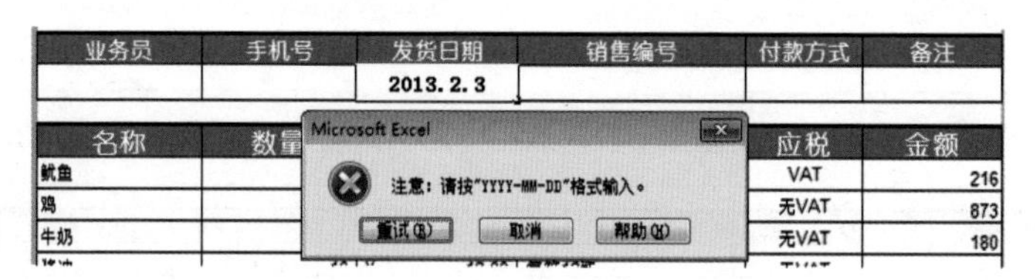

第 2 节 高标准严要求：规范

如果所做的表格只是为了显示和打印，就能怎么好看怎么做、想怎么做就怎么做了。而实际工作中，Excel表格主要用于数据分析，就算用艺术字、文本框、图片设计、非常漂亮的数字，不能统计也是徒劳。

所以，规范就是从Excel能识别的角度去创建表格，目的是为后期的数据处理分析提供正确的数据源。

哪些不规范会影响到表格的数据统计呢？下面列举表格设计的“十不该”。

一不该：错误地输入数据。

错误的数据用来分析只能导致错误的结果，这点虽然简单却不得不说。

举个典型的例子，如图9-6所示的表格，输入日期的时候Excel“不认识”这种格式，后期就没办法按年按月进行汇总了。针对这个错误，将数据转为正确格式就行了，如图9-7所示。

	A
1	错误的日期格式
2	20130102
3	2013.02.03
4	2013\03\04

图 9-6

	A
1	正确的日期格式
2	2013-1-2
3	2013-2-3
4	2013-3-4

图 9-7

图 9-6 中包含了三种错误的数据格式，想一次性将三种格式转换为正确的必须先找共性，也就是找其中的规律。这三个数据都是年月日的排列，得用特殊方法——分列，操作步骤如下。

选择 A2:A4 区域，点击【数据】选项卡【分列】。

在弹出的【文本分列向导 - 第 1 步】界面中选择【分隔符号】，然后点击【下一步】；

在弹出的【文本分列向导 - 第 2 步】界面中直接点击【下一步】；

在弹出的【文本分列向导 - 第 3 步】界面中选择【日期】，在右边下拉列表选择“YMD”，最后点击【完成】。

以上设置不适用于没有规律的数据，如果 100 行数据有 100 种错误，没有什么规律，那就没办法了，神仙也救不了你。所以，避免这种错误最好的方法还是预防，使用有效性功能可以在很大程度上防止输入不规范的数据。

二不该：一个单元格存储多个属性。

如图 9-8 所示表格，货品编码是“长 × 宽 × 高”，后面是规格，如果不需要计算，这样设计没什么问题。

如果需要分别记录货物的长、宽、高，就必须将表格转为如图 9-9 所示的形式。分列可以达到这种效果，选择 A2:A12 区域，点击【数据】选项卡，点击【分列】即可。

	A
1	货品编码
2	015*2.5*0.8*外倒Y3
3	015*3*1.1*外倒V4
4	015*3*1.1*外倒W3
5	015*3*1.1*外倒Y4
6	015*3.1*1.1*外倒V4
7	015*3.1*1.1*外倒W4
8	015*3.2*1.2*外倒V2
9	015*3.2*1.2*外倒W2
10	015*3.2*1.2*外倒Y2
11	015*3.3*1.2*外倒V1
12	015*3.3*1.2*外倒W2

图 9-8

	A	B	C	D
1	长	宽	高	规格
2	15	2.5	0.8	外倒Y3
3	15	3	1.1	外倒V4
4	15	3	1.1	外倒W3
5	15	3	1.1	外倒Y4
6	15	3.1	1.1	外倒V4
7	15	3.1	1.1	外倒W4
8	15	3.2	1.2	外倒V2
9	15	3.2	1.2	外倒W2
10	15	3.2	1.2	外倒Y2
11	15	3.3	1.2	外倒V1
12	15	3.3	1.2	外倒W2

图 9-9

三不该：多个单元格存储一个值。

这种错误更常见一些，典型的例子是合并单元格。这样输入数据是挺省事，但后期要处理就麻烦了。不能排序，不能筛选，不能做数据透视表。

如图 9-10 所示表格，想要后期顺利处理数据，必须将这张表格改为如图 9-11 所示的样子。

	A	B
1	产品	销量
2	红茶	5
3		88
4		48
5		18
6		29
7	绿茶	59
8		38
9		15
10	咖啡	64
11		78
12		23
13		91

图 9-10

	A	B
1	产品	销量
2	红茶	5
3	红茶	88
4	红茶	48
5	红茶	18
6	红茶	29
7	绿茶	59
8	绿茶	38
9	绿茶	15
10	咖啡	64
11	咖啡	78
12	咖啡	23
13	咖啡	91

图 9-11

四不该：多余的表格名称。

经常会见到表格最上方有一行标题，如图 9-12 所示，第一行出现“销售状况一览表”，这种标题其实是多余的，在数据分析的时候 Excel 默认会从第一行开始选择数据，如果做数据透视表就会出现错误的字段列表。建议将第一行删除，可以将表名更改为“销售状况一览表”。

五不该：使用多层表头。

如图 9-13，“是否付款”下面又有两个选择：“已付”和“未付”。这是不是有点像图 9-14 所示的组织结构图？这样设计其实是错的，不妨改为图 9-15 这样的形式。

	A	B	C	D	E	F
1	销售状况一览表					
2	城市	地区	产品名称	日期	单价	数量
3	北京	华北	鲜汁肉包	2011-9-21	1.5	257
4	北京	华北	梅干菜肉包	2011-12-29	1.5	380
5	北京	华北	麻辣蘑菇鸡丁包	2012-10-25	1.5	275
6	北京	华北	荠菜肉包	2012-4-27	1.5	130
7	北京	华北	萝卜丝包	2012-12-11	1.5	323
8	北京	华北	酸辣笋丝包	2012-3-20	1.5	276
9	北京	华北	腊肉豆角包	2012-7-30	1.5	258
10	北京	华北	咖喱土豆牛肉包	2011-9-21	1.8	392

图 9-12

	A	B	C	D	E	F
1					是否付款	
2	产品名称	单价	数量	总价	已付	未付
3	红茶	32	2	64	√	
4	绿茶	45	4	180	√	
5	咖啡	35	6	210		√

图 9-13

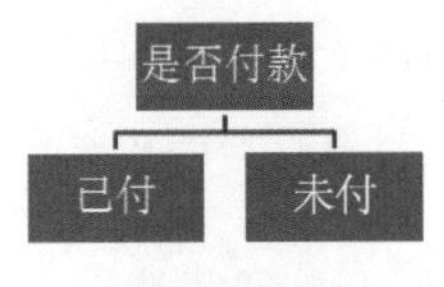

图 9-14

	A	B	C	D	E
1	产品名称	单价	数量	总价	是否付款
2	红茶	32	2	64	已付
3	绿茶	45	4	180	已付
4	咖啡	35	6	210	未付

图 9-15

六不该：存在大量空行、空列、空单元格。

大量的空行、空列导致数据不完整，比如我们需要全选一张很大的表，一般“Ctrl+A”就可以，但如果有空行空列，就会自动断开，不能一次性全选。

公式也一样，单元格设置公式后，右下角小图标变成黑十字时可以双击自动填充，但如果存在空行，将不能一次性填充公式。

七不该：数据类型不一致。

如图 9-16，可以看到表格 F 列中的 F5 单元格很“破坏气氛”，它是文本，而该列其他都是数值。一万多行的数据可能因为这一格，汇总出来的结果是错误的。有时在做数据透视表时，默认统计应该是求和，结果显示计数，也可能是某个单元格数据是文本的原因。

对于这种“害群之马”，我们一定要揪出并严肃处理，发现一个处理一个，绝不手软，绝不姑息。

八不该：重复分类汇总。

数据透视表通常有汇总功能，已经汇总过的数据就不要再用数据透视表做汇总了，否则将报告错误。

另外，如果数据表中虽没有做过分类汇总，但是有手动汇总行，如图 9-17 所示，利用这种数据源做数据透视表，汇总结果将不能正确显示。

	A	B	C	D	E	F
1	城市	地区	产品名称	日期	单价	数量
2	北京	华北	鲜汁肉包	2011-9-21	1.5	257
3	北京	华北	梅干菜肉包	2011-12-29	1.5	380
4	北京	华北	麻辣菌菇鸡丁包	2012-10-25	1.5	275
5	北京	华北	荠菜肉包	2012-4-27	1.5	180
6	北京	华北	萝卜丝包	2012-12-11	1.5	323
7	北京	华北	酸辣笋丝包	2012-3-20	1.5	276
8	北京	华北	腊肉豆角包	2012-7-30	1.5	258
9	北京	华北	咖喱土豆牛肉包	2011-9-21	1.8	392
10	北京	华北	香菇菜包	2012-5-28	1.2	312
11	北京	华北	红豆沙包	2012-10-16	1.2	218
12	北京	华北	红糖开花馒头	2012-2-27	1	208
13	北京	华北	高庄馒头	2013-4-7	0.6	137

图 9-16

	A	B	C	D	E	F	G
1	姓名	性别	年龄	部门	职称	基本工资	奖金
2	吴己巳	男	40	办公室	工程师	5400	621
3	冯壬申	男	34	办公室	技术员	10048	590
4				办公室		15448	1211
5	孙丙寅	男	33	后勤组	工人	6019	712
6	褚甲戌	男	46	后勤组	工人	8817	320
7	王辛未	女	40	后勤组	工人	5597	590
8				后勤组			1622
9	赵甲子	男	33	修理车间	工程师	8343	800
10	李丁卯	男	41	修理车间	助工	8732	710
11	陈癸酉	男	20	修理车间	助工	6777	421
12	钱乙丑	女	31	修理车间	工人	11462	720
13	周戊辰	女	35	修理车间	工人	5007	682
14	郑庚午	女	32	修理车间	助工	8066	590
15				修理车间		48387	3923

图 9-17

处理这种错误，可以按姓名升序排序，汇总行对应的姓名均为空，空值排序会显示在数据的末尾处，再删除姓名为空对应的行即可。

九不该：数据结构不合理。

经常有人问：图 9-18 所示表格中 A1 单元格的表标头是怎么做出来的？我的回答是：如果要做数据透视表的话，最好不要做这样的表头。行列交叉获取数据，比如 78，你需要看 A2，然后看 B1，再看 A2 与 B1 交叉对应的 B2 的值，即 78，从而知道张三在“2013-7-16”对应的值为 78，不直观。

这个表应该进行修改，将其转换为“一维”通常可以用两种方法，一是数据透视表中的多重合并计算，二是使用 VBA，将表格修改为如图 9-19 所示的样子。

	A	B	C	D
1	销量 日期 姓名	2013-7-16	2013-7-17	2013-7-18
2	张三	78	91	74
3	李四	86	55	67

图 9-18

	A	B	C
1	姓名	日期	销量
2	张三	2013-7-16	78
3	张三	2013-7-17	91
4	张三	2013-7-18	74
5	李四	2013-7-16	86
6	李四	2013-7-17	55
7	李四	2013-7-18	67

图 9-19

	A	B	C
1	北京数据		
2		年份	销量(万)
3		2008	44
4		2009	26
5		2010	53
6		2011	74
7		2012	15
8		2013	53
9			
10	上海数据		
11		年份	销量(万)
12		2008	44
13		2009	26
14		2010	53
15		2011	74
16		2012	15
17		2013	53
18			
19	天津数据		
20		年份	销量(万)

图 9-20

	A	B	C	D
1	区域	年份	销量(万)	
2	北京	2008	44	
3	北京	2009	26	
4	北京	2010	53	
5	北京	2011	74	
6	北京	2012	15	
7	北京	2013	53	
8				
9				
10				
11				

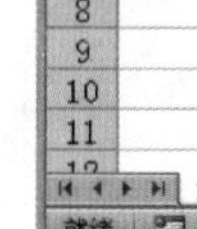

图 9-21

十不该：数据源不集中。

错误一：数据源在一张表的不同区域中，如图 9-20 所示。

错误二：数据源在不同的工作表中，如图 9-21 所示，各个地区分别占

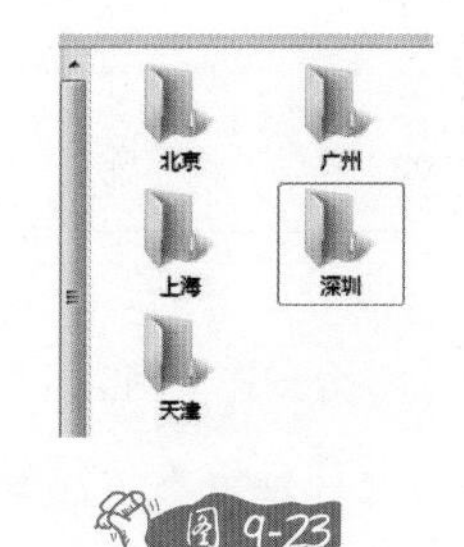

	A	B	C
1	区域	年份	销量（万）
2	北京	2008	44
3	北京	2009	26
4	北京	2010	53
5	北京	2011	74
6	北京	2012	15
7	北京	2013	53
8	上海	2008	44
9	上海	2009	26
10	上海	2010	53
11	上海	2011	74
12	上海	2012	15
13	上海	2013	53
14	天津	2008	44
15	天津	2009	26
16	天津	2010	53
17	天津	2011	74
18	天津	2012	15
19	天津	2013	53

图 9-22

图 9-23

图 9-24

一张工作表。

错误三：数据源存在不同的文件中，如图 9-22 所示。

错误四：数据源存在不同的文件夹中，如图 9-23 所示。

错误的表格各有各的不同，正确的表格都是相同的，那就是最简单的这一种，如图 9-24 所示。

第 3 节 欲速必达：效率

在设计表格的时候，不妨加点人性化，如果知道后继的操作，可以事先安排好。需要批量设置格式就预先用样式，套用格式；需要统计就预先设计公式函数；需要重复操作就事先设置宏，制作宏按钮。先栽树，后乘凉，事先做些设置，后面就事半功倍。

用例子来说话。

比如要做报价单，考虑到报价单中需要输入客户姓名、公司名称、地址、邮编等，如图 9-25 所示，在客户姓名这项单元格中，假设是经常联系的客户，不妨设计成下拉列表，这样以后输入数据时就可以直接从下拉列表中选择，

图 9-25

方便多了。我们可以使用数据有效性达到这个效果。

输完客户姓名，还需要输入公司名称、公司地址、邮政编码，可以将客户信息放在另一张表中，然后用“VLOOKUP”函数公式，如图 9-26 所示，这样设置后在 C10 中只要选择客户的姓名，C11、C12、C13 就会全部自动填充内容了。怎么样，是不是全自动了？

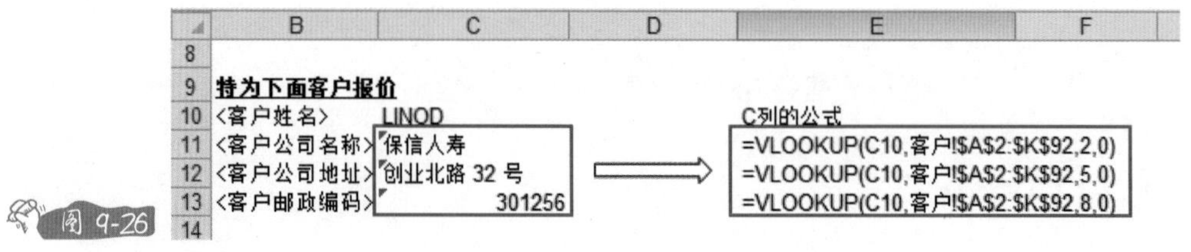

图 9-26

第 4 节 面子工程：美观

有些美是与生俱来的，有些美是人为设计的。表格默认都长得一个样，要想做得漂亮美观吸引人，就只能精心设计。像艺术家一样思考，把表格当作是一件艺术品来设计。下面我们就从美学方面来对 Excel 表格进行设计。

让表格变得美观漂亮其实只需简单几招。

1. 符合构图原则：让表格处在视觉中心

学过美术的人都知道，构图是非常讲究的，构图不能太大、不能太小、不能太偏，什么九宫格、黄金分割……Excel表格构图不需要考虑得这么复杂，

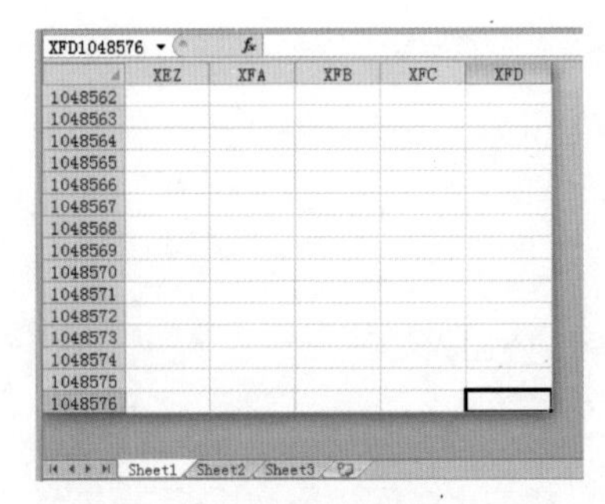

图 9-27

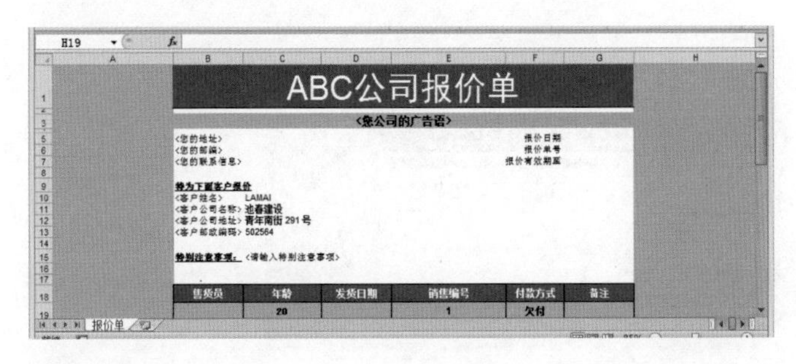

图 9-28

只需掌握一个原则，那就是让表格始终处在视觉中心。

试想一下，如果表格一打开是如图 9-27 所示这个样子的，显然很失败。

不管表格“装修”多么“豪华”，数据分析得多么透彻，客户、老板看到的就是一张白纸，因为数据可能是从 A1 单元格开始的，不要以为老板或客户都知道“Ctrl+Home 键”就可以快速跳转到 A1 单元格，他们可能连拖动滚动条都不知道。

所以要注意，要让表格一打开就是想要呈现的效果。针对这个问题，一般可以将多余的行、列隐藏，如图 9-28 所示，将 H 列后面的所有列隐藏，将 A 列和 H 列填充灰色，不输入内容，这样画面被移到正中心，这就对了。

2. 符合对齐原则：看起来很美

在设计上，对齐是一个非常重要的原则，就像穿衣戴帽，如果帽子是斜的，领带是歪的，皮带是翻出来的，怎么会有美感呢？画面上随意堆积一些元素会显得很不整洁，影响阅读效果，而且对齐最大的好处就是——看着舒服。

Excel 有默认对齐方式，如文本靠左对齐，数字靠右对齐。

3. 强调原则：层次分明

一张表格在设计的时候应该有主次之分，层次分明、详略得当。比如大标题、次要标题、表格中的字段、强调文字，以及正文的内容，可以分别标上序号，再进行排版。哪些是最重要的，哪些是次要的，哪些是再次要的，哪些是可以忽略不计的……做到心中有数，然后，利用大小、颜色、加粗、虚实，以达到放大主题的效果。

如图 9-29 所示表格中，“ABC 公司报价单”是主标题，可以作为最需要强调突出的，标记“1”，放大显示，蓝底白字。一打开文件马上可以看到这个主标题。“你公司的广告语”作为次标题，标记“2”，字号第二大，加粗，下面的以此类推……这样整个画面显得有层次。

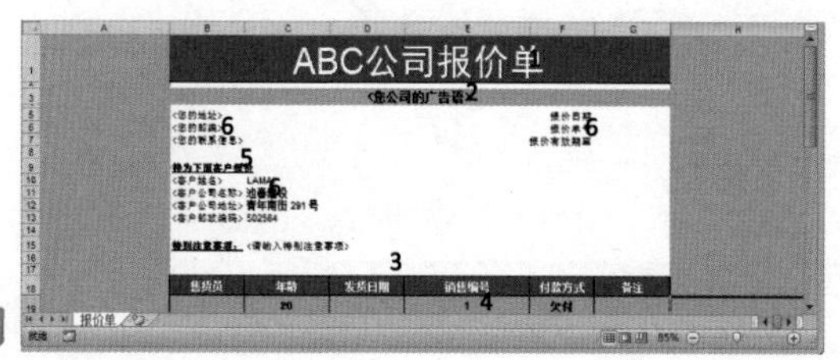

将用来分析的数据源的标题设置底色，正文全部加边框，如图 9-30 所示。而不需要计算的说明文字，可以不加边框，如图 9-31 所示。

名称	数量	单价	单位数量	应税	金额
鱿鱼	12	¥ 18.00	每袋3公斤	无VAT	¥ 216.00
鸡	10	¥ 87.30	每袋500克	无VAT	¥ 873.00
牛奶	10	¥ 18.00	每箱24瓶	无VAT	¥ 180.00
酱油	10	¥ 18.00	每箱12瓶	VAT	¥ 180.00
麻油	10	¥ 21.35	每箱12瓶	无VAT	¥ 213.50
酱油	10	¥ 25.00	每箱12瓶	VAT	¥ 250.00

4. 符合配色原则：看得清晰

在 Excel 表格中配色，不像设计 PPT、设计广告那样高标准，只要不出错，表格文字看得清晰就行了。

表格设计用得最多的是填充色和字体色。浅色背景、深色文字，或深色背景、浅色文字，避免用太亮的颜色作背景，这对眼睛不好，看得累。

下面是两种行之有效的方法。

图 9-32

方法一：使用清晰的对比色。

如果在红底上写黄字，黄底上写白字，如图 9-32 所示的几种模糊配色，看上去不是很明显，这主要是两种原因，一是颜色比较接近，二是明度比较接近。

以车牌为例，常见的有蓝牌，蓝底白字，还有一种是黄牌，黄底黑字。这两种都是比较清楚的颜色搭配。

方法二：使用同一种色彩。

为了使标题突出显示，可以用色块、表格正文内容添加边框，也可以参考 Excel 自带的表格套用格式，它们有个共同的特点：使用了同一种色彩，如图 9-33 所示。

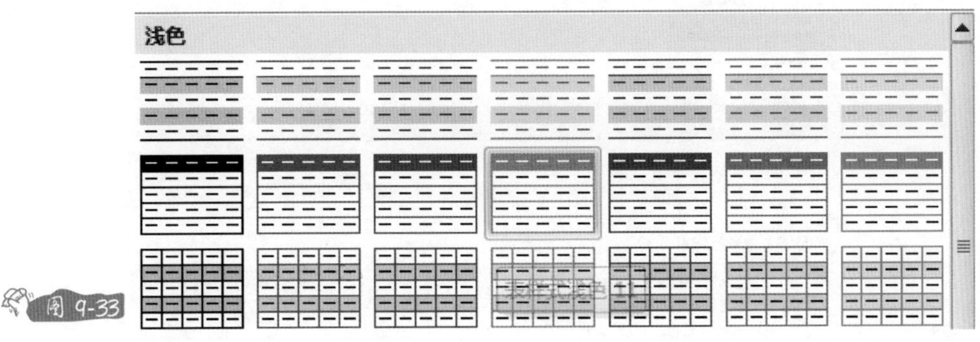

图 9-33

最后，别忘了好的表格还要适于打印，有些表格看上去很美，结果一打印就出问题了，可能没法打印到一张纸上。所以，我们做表时也要考虑到打印需求，“所见即所得”，看到是漂亮的，打印出来也是漂亮的。

第 5 节 为表格加把锁：安全

为了避免使用者不小心修改某些值，在设计表格的时候还需要考虑到安全性。不妨考虑一下，该表是否需要文件加密，是否需要隐藏某些辅助列，是否需要区域保护，是否需要保护结构。

如图 9-34，黄色的区域是允许用户输入内容的，可不做任何保护，除此之外全部锁定，这样做能使该表中不需要修改内容的区域得到保护。

或者如图 9-35，将表格中的数据来源设置于另一张表格中。原本这是两张表：一张是报价单；另一张是客户信息表，为报价单表提供数据来源。

为了美观，可以将客户表隐藏。方法：右击客户信息表标签，点击【隐藏】。为了安全，可以将表结构保护起来，防止用户点击【取消隐藏】。

经过以上处理，表格从技术的角度看——专业，从艺术的角度看——美观。

一张好表就是这样炼成的!

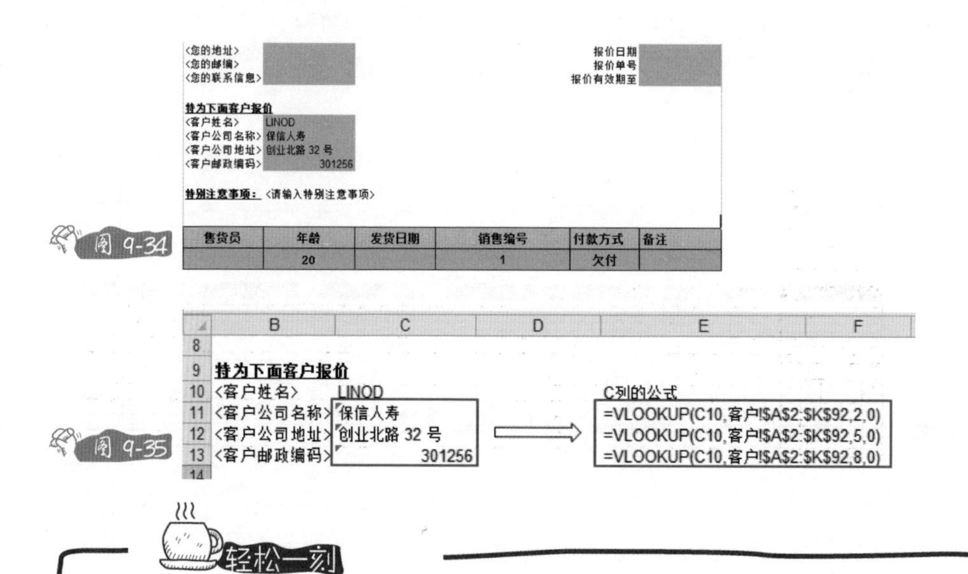

轻松一刻

一张优秀的 Excel 表格应该是这样的：简洁直观，傻瓜能懂；规范严谨，处理轻松；高效节能，完全自动；外表美观，看着舒服；防范安全，放心使用!

@officehelp

第十章

这都不是事儿：常见问题汇总

A和B分隔两地，却硬要它们在一起（合并计算）；

在一起了，又要一棍子打散（分离数据）……

众里寻他千百度，最终还是要靠它（VLOOKUP）；

但目标“说大就大，说小就小”；

……

“傲娇”的Excel，“亲”，没有你，哪儿来这么多“问题”？

当然，没有你，职场也不用混了。

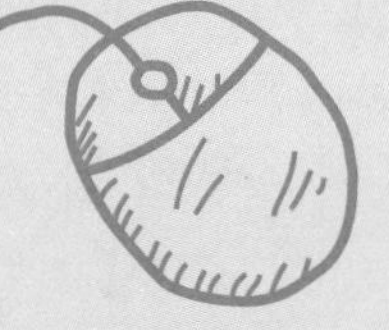

第1节 我要你们在一起：合并计算

数据汇总是我们用 Excel经常需要处理的问题，如图 10-1，需要分区域进行合并计算，达到右边的效果。

	A	B	C	D	E	F
1	区域	数据			区域	数据
2	深圳	12			深圳	12
3	北京	44			北京	77
4	天津	21			天津	42
5	上海	12			上海	32
6	广州	44			广州	44
7	天津	21				
8	北京	23				
9	北京	10				
10	上海	20				

图 10-1

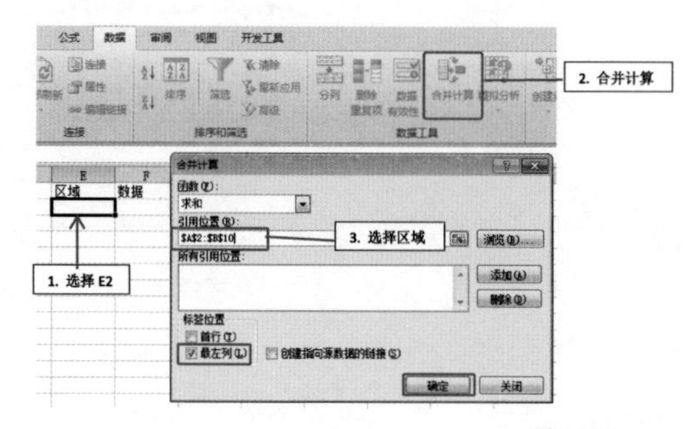

图 10-2

方法很多，使用函数“SUMIF”、“SUMIFS”、“SUMPRODUCT”、分类汇总、数据透视表、数组公式……都可以做到。下面介绍一种最快的方法：合并计算。

步骤一：复制标题。将 A1:B1 区域数据复制到 E1:F1 中。

步骤二：将光标置于答案所在单元格。如图 10-2，放在 E2，点击【数据】选项卡，然后点击【合并计算】，在弹出的界面中，引用位置选择 A2:B8，点击【添加】，勾选最左列，即对最左列相同的进行分类汇总。

合并计算的功能非常强大，多个表也可以进行计算，如图 10-3 所示左右两张表，左表中没有上海，右表中没有深圳，并且排序的位置也不同，这也可以进行叠加吗？答案是肯定的。

	A	B	C	D	E	F
1	区域	数据			区域	数据
2	深圳	12			上海	12
3	北京	44			广州	44
4	天津	21			天津	21
5					北京	23
6						
7						
8						

图 10-3

	A	B	C	D	E
1	区域	深圳	北京	天津	
2	数据	12	44	21	
3					
4					
5					
6	区域	上海	广州	天津	北京
7	数据	12	44	21	23

图 10-4

还是推荐合并计算，将光标置于空白单元格，比如置于A8，然后点击【数据】选项卡，【合并计算】，引用位置先选择A1:B4，点击【添加】，再次点击E1:F5，点击【添加】。注意勾选最左列，意为对最左列相同的进行分类汇总。最后点击【确定】。

使用合并计算不但最左列可以合并，首行也可以合并。如图10-4有上下两张表，两张表的表头有相同的内容，也有不同的内容，顺序也不一样，下面我们对这两张表进行分类汇总。

将光标置于答案单元格，点击【数据】【合并计算】，分别将两个区域进行添加，勾选“首行”。做好的效果如图10-5所示。

两张表位于不同的工作表中也可以合并，实在是太强大了。如图10-6所示两张表，行不同，列也不同，照样也可以进行叠加。

操作方法与上面类似。插入表，命名为“汇总表”，光标放在汇总表A1中，点击【数据】选项卡，选择【合并计算】，在出现的界面中，如图10-7进行设置，做好后如图10-8所示。

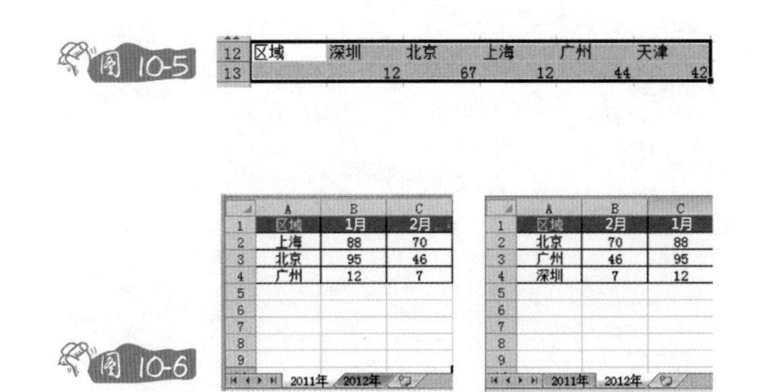

12	区域	深圳	北京	上海	广州	天津
13		12	67	12	44	42

图 10-5

	A	B	C
1	区域	1月	2月
2	上海	88	70
3	北京	95	46
4	广州	12	7

	A	B	C
1	区域	2月	1月
2	北京	70	88
3	广州	46	95
4	深圳	7	12

图 10-6

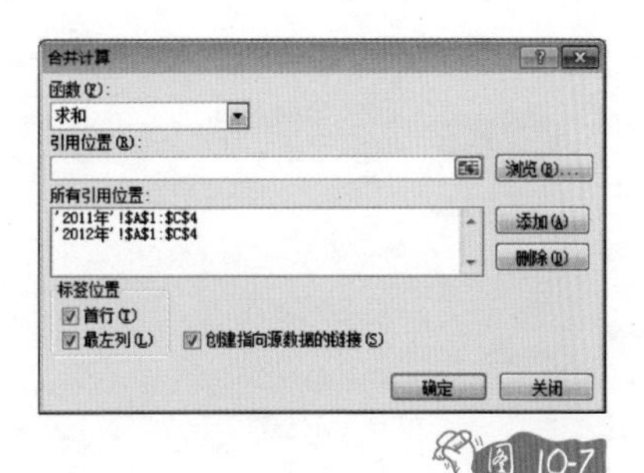

图 10-7

	A	B	C	D
1			1月	2月
3	上海		88	70
6	北京		183	116
9	广州		107	53
11	深圳		12	7
12				
13				
14				
15				

2011年　2012年　汇总表

图 10-8

第 2 节　好聚好散：分离数据

如果数据不规范，是无法进一步处理的，必须先对其进行分离。下面列举一些常见的数据不规范的情况，并根据不同的情况采取不同的数据分离方法。

第一种情况：数据以符号分隔。

如图 10-9所示表格，需要统计平均分数，看到这样的表格只有哭笑不得，要想进一步处理数据，应该将表转为如图 10-10 所示的表格。

操作步骤如下：选择 A 列数据，点击【数据】【分列】，在出现的界面中，选择【分隔符号】。如果有符号隔开，如顿号、逗号、分号、句号，都应该选择分隔符号。

	A
1	张三，89
2	李四，78
3	王五，45

图 10-9

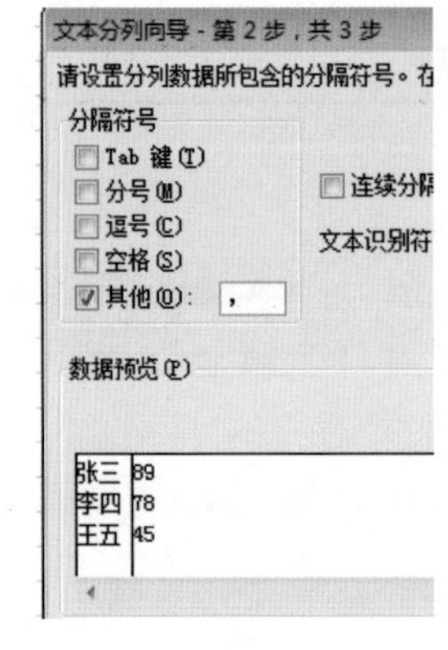

图 10-11

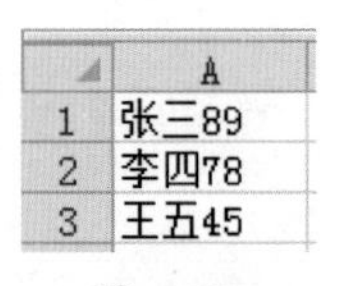

	A
1	张三89
2	李四78
3	王五45

图 10-12

	A	B
1	张三	89
2	李四	78
3	王五	45

图 10-10

在弹出的界面中选择【其他】，再输入一个中文的逗号。这时，汉字和数字之间有竖线进行分隔了，如图 10-11 所示。点击【下一步】，完成操作。

第二种情况，数据宽度固定。

如图 10-12 所示表格，数据分两段，宽度是固定的。对于这种情况，我们可以用数据分列中的“固定宽度”对其进行分离。

选择 A 列数据，点击【数据】【分列】，在出现的界面中，选择【固定宽度】。

在第二步界面中，鼠标放在汉字与数字之间单击，即将汉字与数字“一刀切下去”，然后点击【下一步】，数据分离后的效果如图 10-13 所示。

第三种情况：汉字有长有短，但是数字都是两位。

如图 10-14 就是这样的，针对这种情况可以用函数对数据进行分离。

在 B1 中设置公式“=RIGHT(A1,2)”，向下拖动，效果如图 10-15 所示，数字全部提取出来了。

接着在 C1 中设置公式“=LEFT(A1,LEN(A1)-LEN(B1)”，向下拖动，效果如图 10-16 所示，汉字和数字完全被分离开了。

第四种情况：汉字有长有短，数字也长短不一。

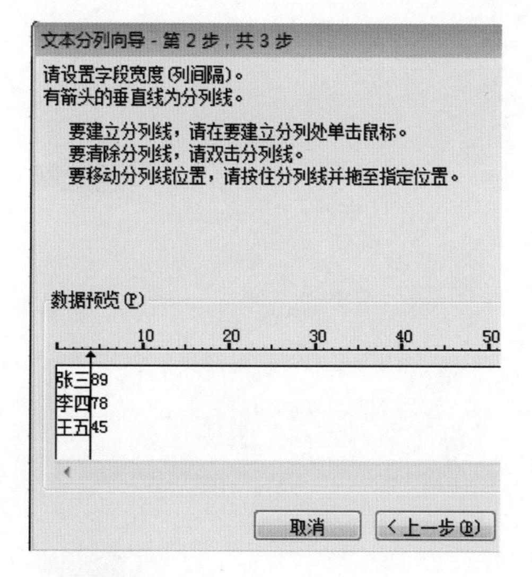

图 10-13

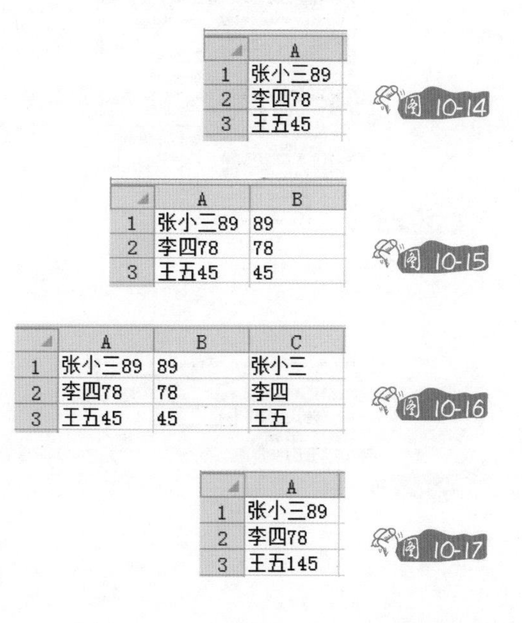

	A
1	张小三89
2	李四78
3	王五45

图 10-14

	A	B
1	张小三89	89
2	李四78	78
3	王五45	45

图 10-15

	A	B	C
1	张小三89	89	张小三
2	李四78	78	李四
3	王五45	45	王五

图 10-16

	A
1	张小三89
2	李四78
3	王五145

图 10-17

如图10-17所示表格，这样也有办法分离数据吗？我们来试试结合"LEN"函数和"LENB"函数对其进行处理。

B1单元格设置函数"=LEN(A1)"，取A1的长度，即5；C1设置函数"=LENB(A1)"，即8，汉字作两位处理；然后D1设置公式"=LEFT(A1,C1-B1)"即从左边取汉字。E1设置公式"=RIGHT(A1,LEN(A1)-LEN(D1))"，右边取总长度减汉字的长度，即数字的长度。如图10-18所示。

第五种情况：汉字和数字混杂，长度也不相同。如图10-19所示表格，其实这也是有规律的。

	A	B	C	D	E
1	张小三89	=LEN(A1)	=LENB(A1)	=LEFT(A1,C1-B1)	=RIGHT(A1,LEN(A1)-LEN(D1))
2	李四78	=LEN(A2)	=LENB(A2)	=LEFT(A2,C2-B2)	=RIGHT(A2,LEN(A2)-LEN(D2))
3	王五145	=LEN(A3)	=LENB(A3)	=LEFT(A3,C3-B3)	=RIGHT(A3,LEN(A3)-LEN(D3))

图10-18

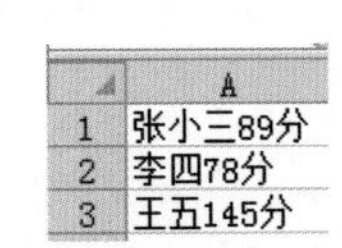

	A
1	张小三89分
2	李四78分
3	王五145分

图10-19

自定义函数，使用快捷键"Alt+F11键"，在如图10-20所示界面中，选择当前工作簿，然后点击【插入】【模块】。

双击其中插入的模块，编写如图10-21所示代码。

图10-20

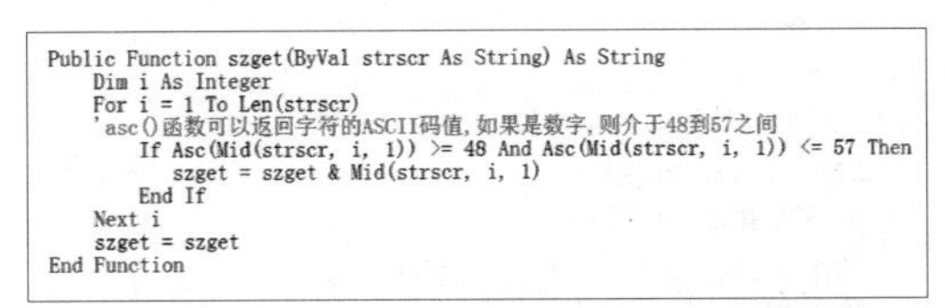

```
Public Function szget(ByVal strscr As String) As String
    Dim i As Integer
    For i = 1 To Len(strscr)
    'asc()函数可以返回字符的ASCII码值,如果是数字,则介于48到57之间
        If Asc(Mid(strscr, i, 1)) >= 48 And Asc(Mid(strscr, i, 1)) <= 57 Then
            szget = szget & Mid(strscr, i, 1)
        End If
    Next i
    szget = szget
End Function
```

图10-21

B1 =szget(A1)

	A	B	C
1	张小三89分	89	
2	李四78分		
3	王五145分		
4			
5			

图10-22

```
Public Function hzget(ByVal strscr As String) As String
    Dim i As Integer
    For i = 1 To Len(strscr)
    'asc()函数可以返回字符的ASCII码值,如果是汉字,则小于0,否则在0-127之间
        If Asc(Mid(strscr, i, 1)) < 0 Then
            hzget = hzget & Mid(strscr, i, 1)
        End If
    Next i
    hzget = hzget
End Function
```

图10-23

然后退出编程界面，回到工作表界面，如图 10-22 所示，在 B1 设置公式“=szget(A1)”，即可以从 A1 中提取数字了。

同样的方法，提取其中的汉字，编写如图 10-23 所示代码即可。

一句话，只有想不到，没有做不到，只要有规律就会有办法。

第3节 众里寻他千百度：“VLOOKUP”函数常见问题

前面介绍过“VLOOKUP”函数的使用方法，但在实际工作中，经常因为各种原因总是得不到正确的结果。笔者根据经验，将常见 VLOOKUP 问题总结如下。

问题一：查找值与查找范围中的值不同。

如图 10-24 所示的这张表格，在 H2 中需要根据查找值 G2 在查找范围 C2:D4 中进行查找，设置“VLOOKUP”函数，但是查找不到，这是为什么呢？看上去公式没有错，但只能看着“#N/A”错误干瞪眼。

其实原因很简单，比如 C4 的值是“电视机”，而 G2 的值是“ 电视机 ”，看出区别来了吗？也就是说 G2 的值与查找范围中的值没有完全相同，汉字前面或者后面有空格，总之，这就是两个不同的值，此“ 电视机 ”非彼“电视机”，当然找不到结果。

怎么解决这个问题呢？

第一步，发现出错注意检查。可以用“Ctrl+F”，在 C 列中查找。

第二步，用公式比较，在空白单元格做测试，设置公式“=G2=C4”，如果返回“FALSE”，说明确实不相同。

第三步，找原因，既然不相同，那就要查看为什么不相同。可以用一些函数判断，比如“=LEN(G2)”正常情况下返回长度应该为“3”，如果返回的是“4”或“5”，说明该单元格中有其他内容。

第四步，删除特殊内容。可以在公式栏中删除前面的空格或者后面的空

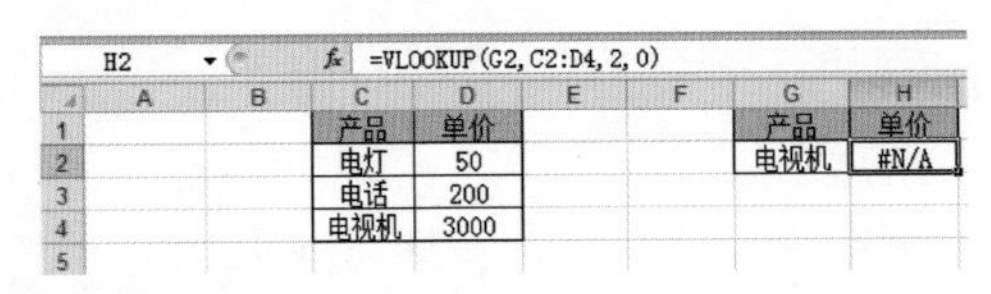

H2　=VLOOKUP(G2, C2:D4, 2, 0)

	A	B	C	D	E	F	G	H
1			产品	单价			产品	单价
2			电灯	50			电视机	#N/A
3			电话	200				
4			电视机	3000				
5								

图 10-24

H2　=VLOOKUP(G2, C2:D4, 2, 0)

	A	B	C	D	E	F	G	H
1			单价	产品			产品	单价
2			50	电灯			电视机	#N/A
3			200	电话				
4			3000	电视机				
5								

图 10-25

格。如果量比较多，可以考虑使用替换。

不过，这种错误应该还是以预防为主，输入时避免输入特殊的不可见的字符，不然后面查找原因也很不省心。

问题二：查找值不在查找范围中第一列。

如图 10-25 所示表格，单价位于第一列，产品位于第二列，想根据产品查找所对应的单价，这时还可以使用“VLOOKUP”吗?

直接用“VLOOKUP”会出错，比如在 H2 设置公式“=VLOOKUP(G2,C2:D4,2,0)”，返回“#N/A”。

要想知道出现这种错误的原因，我们首先要了解“VLOOKUP”的工作原理：如查找值是“电视机”，从 C2 开始查找，C2 不是“电视机”，再查 C3，C3 也不是“电视机”……一直查到 C 列最后一行，都不是“电视机”，即报错，不要指望它会再往 D 列中查找。

针对图 10-25 所示表格非要用“VLOOKUP”函数，也行，在 H2 中设置以下公式：“=VLOOKUP(G2,IF({1,0},D2:D3,C2:C4),2,0)”，然后“Ctrl+Shift+ 回车键”——利用数组公式构建一个虚拟的数组，将 C 列与 D 列数据对调。这公式对初学者来说太难了，不好理解。

换一个公式可能更容易理解。“INDEX”函数和“MATCH”函数相结合可以做到反向查找。在 H2 设置以下公式：“=INDEX(C2:C4,MATCH(G2,D2:D4,0))”。这对于初学者来说还是有点难，请参照书中“INDEX”函数与“MATCH”函数的使用方法。

最简单的也最容易理解的方法就是将 C 列和 D 列互换，原因就不用我解释了吧?

问题三：查找范围一般绝对引用。

如图 10-26 所示表格，根据产品名称“电视机”查找单价，返回“3000”，

H2 =VLOOKUP(G2,C2:D4,2,0)

	A	B	C	D	E	F	G	H
1			产品	单价			产品	单价
2			电灯	50			电视机	3000
3			电话	200			电灯	#N/A
4			电视机	3000			电话	#N/A
5								

图 10-26

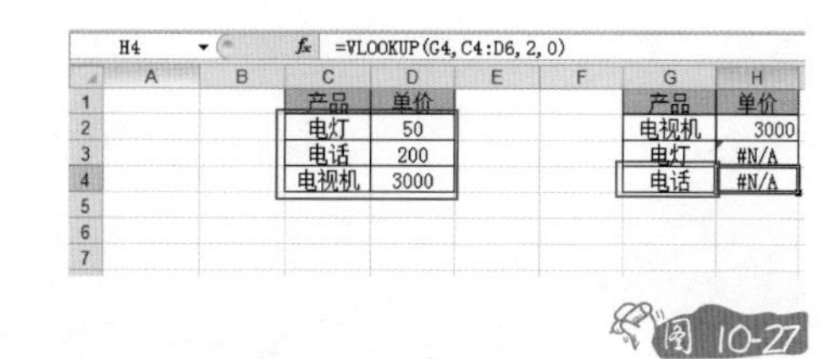
H4 =VLOOKUP(G4,C4:D6,2,0)

	A	B	C	D	E	F	G	H
1			产品	单价			产品	单价
2			电灯	50			电视机	3000
3			电话	200			电灯	#N/A
4			电视机	3000			电话	#N/A
5								
6								
7								

图 10-27

K17

	A	B	C	D	E	F	G	H
1		产地	产品	单价		产地	产品	单价
2		上海	电灯	50		上海	电视机	
3		上海	电话	200				
4		上海	电视机	3000				
5		北京	电灯	45				
6		北京	电话	340				
7		北京	电视机	3000				

图 10-28

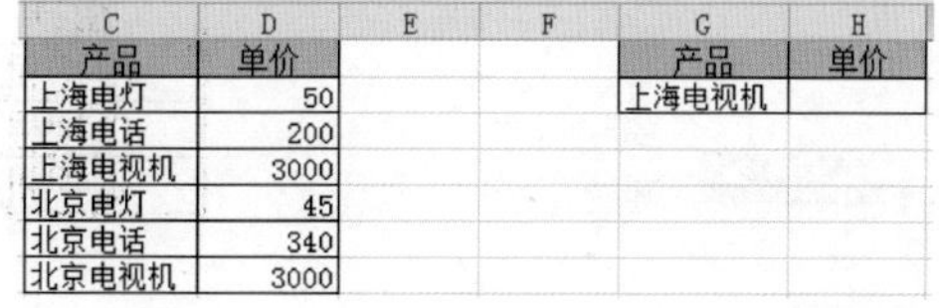

C	D	E	F	G	H
产品	单价			产品	单价
上海电灯	50			上海电视机	
上海电话	200				
上海电视机	3000				
北京电灯	45				
北京电话	340				
北京电视机	3000				

图 10-29

如果还要继续查找 G3、G4 对应的单价，直接将 H2 的公式向下拖动，出错了。

出错的原因是“查找范围一般绝对引用”，如果公式中不锁定，G2 中公式对应的查找范围为 C2:D4，而 G3 对应的查找范围为 C3:D5，G4 中公式对应的查找范围为 G4:D6，如图 10-27 所示，渐行渐远。

而实际查找范围固定为 C2:D4，应将其范围固定，可将 H2 的公式改为“=VLOOKUP(G2,$C$2:$D$4,2,0)”。

问题四：多条件查找。

如图 10-28 所示，查找条件有两个，“北京”“电视机”，需要查找对应的单价。

这种情况用“VLOOKUP”函数不方便，应该用“INDEX”函数结合“MATCH”函数再结合数组。H2 设置公式“=INDEX(D2:D7,MATCH(F2&G2,B2:B7&C2:C7,0))”，然后 Ctrl+Shift+ 回车。

这是一个数组公式，解释如下：公式中“INDEX”函数的参数是一个“MATCH”函数嵌套，其中“B2:B7&C2:C7”其实是数组处理，利用数组公式完成两列数据的功能。

我们还可以将表格调整如图 10-29 所示，这样还可以使用公式“=INDEX(D2:D7,MATCH(G2,C2:C7,0))”。

问题五：有多个符合条件的值。

如图 10-30 所示表格，一个产品有多个价格，那么电视机的价格到底是多少？

	A	B	C	D	E	F	G	H
1			产品	单价			产品	单价
2			电灯	50			电视机	
3			电话	200				
4			电视机	3000				
5			电视机	4500				
6			电视机	2100				

图 10-30

这种情况下用“VLOOKUP”函数只能返回第一个值。如果需要返回最大值，这不是“VLOOKUP”该干的活，请用数组公式：“=MAX(IF($A$2:$A$8=E2,$B$2:$B$8))”。

如果需要返回最后一个值，这也不是“VLOOKUP”该干的活，请用以下公式：“=LOOKUP(1,0/(C2:C6=G5),D2:D6)”。

如果想将多个值全部找出来，这也不是“VLOOKUP”该干的活，这活 Excel 也不会干，倒是 Access 的查询功能可以做到，“like "* 电视机 *"”。

综上所述，当我们使用“VLOOKUP”函数时，为避免出错，应注意以下几点：

① 查找值与查找范围中的值必须完全相同；

② 查找值一般在查找范围中位于第一列；

③ 查找范围一般绝对引用；

④ 适合单条件查找；

⑤ 仅返回符合条件的第一个值。

轻松一刻

Excel 要 VLOOKUP 一对多查找，可这不是 VLOOKUP 能干的活儿呀，非要它干，丢不丢人啊！函数同行会怎么看它？ MS Query 会怎么看它？Access 怎么看它？ SQL 又怎么看它…… @Mrexcel

第 4 节 说大就大，说小就小：动态范围透视表

如图 10-31 所示表格，利用 A1:D9 区域的数据在 F1 中做了一个简单的数据透视表。

如果在第 10 行添加一条记录，数据透视表的值会自动更新吗？没有用的，即使你不断点击【数据】【全部刷新】，数据透视表的数值也不会发生改变。

这是因为做数据透视表时选择的数据区域是固定的 A1:D9。很多人会把数据源区域设置得比实际需要的大，这样不精确的范围在后续操作中有可能出错。能不能把数据源的区域范围设为动态的，也就是说随着数据的增加透视表的数据源范围也自动扩大呢？

解决这个问题需要“OFFSET”函数与“COUNTA”函数联手，再结合名称引用。

“COUNT”函数用来统计数值的个数，如图 10-31，如果使用公式“=COUNT(A:A)”会返回“0”，原因是 A 列中没有一个数值，而如果使用公式“=COUNTA(A:A)”则返回“9”。“COUNTA”函数统计非空单元格，还可以用来获取列的最后一行行号。

在名称引用中结合“OFFSET”函数可以实现动态范围。点击【公式】【名称管理器】，然后点击【新建】，命名为“data”，引用位置设置公式“=OFFSET($A$1,0,0,COUNTA($A:$A),4)”，即从 A1 开始，行不偏移，列不偏移，连续选择到 A 列最后一行，连续选择 4 列，也就是 A1:D9 区域。

接下来将名称作为动态透视表的数据来源。点击【插入】【数据透视表】，在弹出的【创建数据透视表】界面中，【表 / 区域】将自动选择全表，将这

	A	B	C	D	E	F	G	H
1	区域	年份	季度	招生人数			求和项:招生人数	
2	浦东区	2006	4	250			区域	汇总
3	浦西区	2006	3	278			浦东区	3314
4	浦东区	2007	2	478			浦西区	1605
5	浦西区	2007	4	649			总计	4919
6	浦东区	2006	3	654				
7	浦西区	2006	1	678				
8	浦东区	2007	1	946				
9	浦东区	2007	2	986				
10								

图 10-31

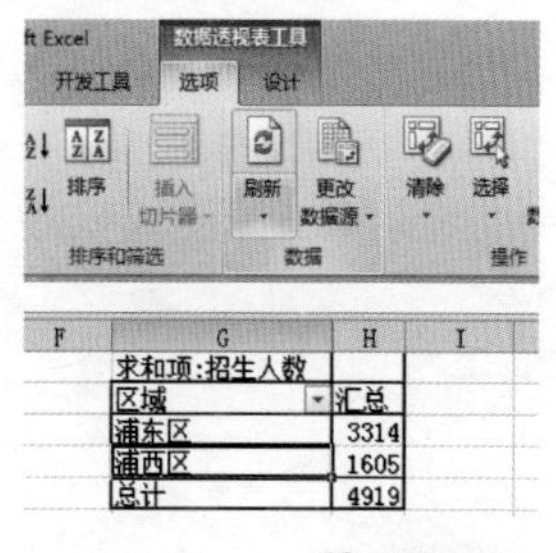

图 10-32

个地址改为“data”，也就是动态的范围。

将数据透视表放在现有工作表中 G1 的位置，区域放在行字段中，“招生人数”放在数值项，动态范围的数据透视表制作完毕。在 A10 之后输入一条记录，输完后数据透视表并没有改变，需要在数据透视表中单击，然后在出现的数据透视表工具中点击【选项】，点击【刷新】，如图 10-32 所示。

注意：A 列数据后面为空，不应该输入任何值，数据透视表不要放置在 A 列，不然计算的范围不准确。

上述操作步骤较多，再介绍一种使用列表创建动态范围透视表的方法。

如图 10-31，选择 A1:D9 的数据，点击【插入】选项卡，在【表格】组中，点击【表格】按钮，也可以使用快捷键 Ctrl+L，在出现“创建表”的对话框中，点击“确定”。这样就将 A1:D9 的数据区域变成“表格”了，这里的“表格”即是动态的范围。现在，单击 A1:D9 中任意单元格，然后【插入】【数据透视表】。如果数据源不断地添加，只需要将鼠标放在数据透视表中，然后点击【数据透视表工具】【选项】，点击【刷新】，或者使用快捷键 Alt+F5。

第 5 节 随心所欲：动态显示图表

如图 10-33 所示表格，制作饼图时，需要做四个饼图才能显示各地区、各年份所占的百分比，要想只用一张饼图显示全张表格内容，可以结合控件，做成一张动态图表。

操作步骤如下。

步骤一：显示开发工具选项卡。

右击任意一个选项卡，菜单中点击【自定义功能区】【开发工具】。

步骤二：准备数据源。

将 A1:A6 区域的数据复制粘贴到 A10，将 B1:E1 区域的数据复制，选择性粘贴，然后转置到 E10。如图 10-34 所示。

	A	B	C	D	E
1	年份	北京	上海	广州	深圳
2	2008年	47982	38375	47865	15067
3	2009年	48501	48706	29061	24384
4	2010年	30115	35020	37474	22750
5	2011年	19112	37620	38570	26942
6	2012年	44421	16416	24845	12240

	A	B	C	D	E
1	年份	北京	上海	广州	深圳
2	2008年	47982	38375	47865	15067
3	2009年	48501	48706	29061	24384
4	2010年	30115	35020	37474	22750
5	2011年	19112	37620	38570	26942
6	2012年	44421	16416	24845	12240
7					
8					
9					
10	年份				北京
11	2008年				上海
12	2009年				广州
13	2010年				深圳
14	2011年				
15	2012年				

步骤三：插入控件工具箱。

点击【开发工具】【插入】，然后点击【组合框】，这时图标将变为小十字，按住向右下角拖动，这样就能绘制一个组合框。右击组合框，然后点击【设置控件格式】。

在弹出的界面中，数据源区域选择 E15:E18，单元格链接选择 A8，这样就做好了一个下拉列表。下拉列表的数据就来源于表中 E15:E18 的数据。

在空白处单击，然后点击组合框，下拉列表中可以选择"北京""上海""广州""深圳"，如图 10-35 所示，选择"广州"。因为组合框中的数据源区域只能来源于竖排的，不能来源于横排的，所以前面将 B1:E1 的数据复制转置到 E10，目的就是为控件提供数据来源。

选择任意一个城市，我们会发现 A8 单元格数据发生变化了，这是因为在设置控制格式时"单元格链接"链接到了 A8。

步骤四：使用"INDEX"函数。

再选择下拉列表中的值，而单元格 A10 只能显示成数字"1""2""3""4"，

	A	B	C	D	E
1	年份	北京	上海	广州	深圳
2	2008年	47982	38375	47865	15067
3	2009年	48501	48706	29061	24384
4	2010年	30115	35020	37474	22750
5	2011年	19112	37620	38570	26942
6	2012年	44421	16416	24845	12240
7					
8	3	广州			
9		北京			
10	年份	上海			北京
11	2008年	广州			上海
12	2009年	深圳			广州
13	2010年				深圳
14	2011年				
15	2012年				

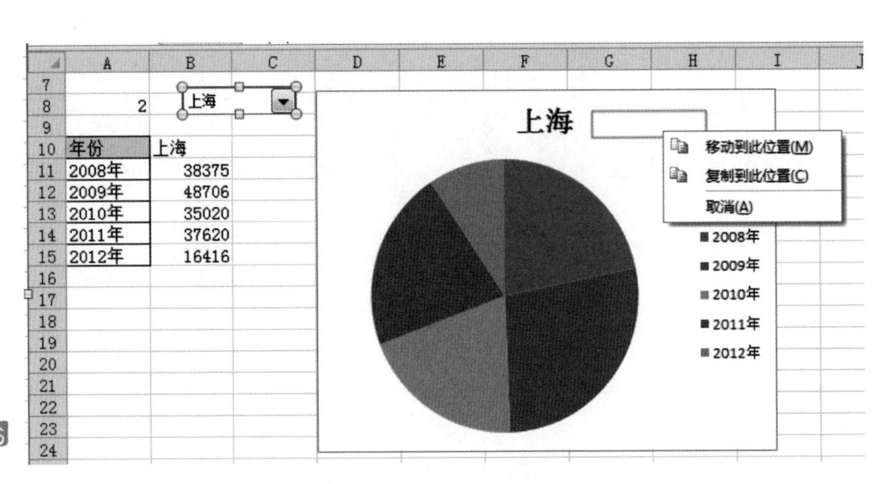

图 10-36

如果需要在单元格中体现选择的值，也就是说要返回“上海”“北京”“广州”“深圳”，则可以用“INDEX”函数。

在 B10 单元格设置公式“=INDEX(B1:E1,A8)”，这样，当选择组合框下拉列表中的“广州”时，B10 返回“广州”，实现了联动性。

公式需要向下填充，锁定公式中的“A8”，输入公式“=INDEX(B1:E1,$A$8)”，则选择广州的数据，B15:B20 的数据显示为广州的。

步骤五：制作图表。

选择 A10:B15 的数据制作成图表，这样就形成动态交互图表了。如选择“上海”，利用 A10:B15 数据做成图表。

步骤六：局部调整。

用右键点击控件，然后按住右键拖动到图表中，如图 10-36 选择【移动到此位置】，这样就将控件拖动到图表中了。

有可能因为图表在控件的上方而导致控件不能正常显示，可以在图表的空白处右击，然后点击【置于底层】。

如此，交互式动态图表就制作完成了。当选择“北京”时，图表就变为北京的；当选择“广州”时，图表就变为广州的；当选择“深圳”时，图表就变为深圳的。

Excel十大搞笑操作排行榜

@officehelp

大名鼎鼎的Excel，江湖上谁人不知，谁人不晓呀？纵使你没见过Excel，也见过数据在跑吧？可惜的是，经常用Excel的“表哥”“表姐”，甚至Excel“江湖老手”，或多或少都会犯些操作上的小错误，不应该呀不应该。下面列举一些在Excel操作上常见的错误，你认为哪种操作最搞笑？大家来排个名吧！

第一名：移动选择。

搞笑操作：打开一张表，想要查看最后一行是第几行，很多“童鞋”都会一直按向下方向键，或者不厌其烦地向下拖动滚动条，这是一个非常不好的习惯，得改。

正确操作：还记得键盘上的Ctrl键吗？快捷键“Ctrl+向下键”可以快速跳转到该列数据末尾处。还有“Ctrl+Home键”，跳转到A1；“Ctrl+End键”，跳转到最后一个单元格。还可以“Ctrl+A”全选工作表，“Ctrl+Shift+向下键”，选择当前到该列的数据末尾处。掌握这几个快捷键，显著提高操作速度，让你拥有“飞一般的感觉”。

第二名：特殊选择。

搞笑操作：如果需要全部选中很多个不连续的空白单元格，即使非常耐心地按住Ctrl键一个个点，还是会不小心多点了一个两个，气吐血。

正确操作：使用F5键或“Ctrl+G”吧，你的眼界会变大了，Excel变小了。更让你惊喜的是：哇塞，里面还能找“对象”！

第三名：清除格式。

搞笑操作：一个单元格有加粗、倾斜、边框、填充颜色、字体、颜色等等，如何快速清除其中的格式呢？很多“童鞋”都是一个个再点一遍还原；或者用格式刷，找一个空单元格刷一下，如果一不小心空单元格有格式，还是会把格式刷过来。

正确操作：建议点击【开始】选项卡，然后在【编辑】组中找到一个橡皮擦图标，点击右边下拉列表，找到【清除格式】。如果觉得这样三步操作有点麻烦，可以找到【清除格式】图标，然后右击，选择【添加到快速访问工具栏】，在Excel最上方快速访问工具栏将出现清除格式的按钮。如果还是觉得不方便，还可以做一个宏，一个键清除格式。

第四名：剪切粘贴。

搞笑操作：如果需要把A1:A10与B1:B10对调位置，你是不是先把A1:A10剪切，粘贴到C1，挪出位置，再把B1:B10剪切，粘贴到A1，最后把C1:C10的数据剪到到B1？剪切粘贴，剪切粘贴，再剪切粘贴，三次剪切粘贴搞定。

正确操作：把A1:A10选中，鼠标放在四周，按Shift键拖动到B列与C列之间出现竖的虚线，放开按键——该放手时就放手。这样位置就对调了。初学者表示这种操作方式难，很有技术含量，不如多做几次剪切粘贴，运动有助健康。

第五名：填充序列。

搞笑操作：想做一个排班表，需要将“2013-1-1”到“2013-12-31”的日期输入到表格中，并且跳过周六、周日。一个一个手动录入日期？你不会感觉抓狂么？大多数人会在A1输入“2013-1-1”，等单元框右下角出现小黑十字图标时一直往下拖动。哎呀，一不留神拉过头了，再把多余的删除，然后用“MOD”呀，“IF”呀，“WEEKDAY”呀，排序呀，筛选呀，把周六、周日给找出来再删除……终于搞定了，累得满头大汗，啧啧，一个上午就过去了。

正确操作：怎样操作比较快呢？可以在A1输入“2013-1-1”，然后点击【开始】选项卡，在【编辑】组中找到【填充】，在出现的下拉列表中选择【序列】，序列产生在列，类型选择“日期”，日期单位为“工作日”，步长值为“1”，终止值为“2013-12-31”。只要十秒钟，搞定。

第六名：选择性粘贴。

搞笑操作：如果A列数据需要更新，比如，价格要全部打9折，你肯定会想到插入辅助列，设置公式“=A1*0.9”，然后拖动填充，复制到A1中变为值，再将辅助列删除。殊不知利用【选择性粘贴】的运算功能就可以快速处理这类问题。

正确操作：在一个空白单元格输入“0.9”，然后复制，再选择需要更新的列，右击【选择性粘贴】，在运算组中选择【乘】，最后确定。

第七名：按行排序。

搞笑操作：排序的时候如果想要按行排序，你会这样做：复制到另一个空白单元格，转置，排序，排序完之后再剪切转置粘贴回来。

正确操作：其实，排序里可以按行排序。【数据】中，选择【排序】，选择【选项】，方向选择【按行排序】。

第八名：按年按月汇总。

两列数据，一列为日期，一列为数量，需要按年、月汇总数量，该怎么做呢？有人在日期右边插入一列，用“Year”计算出年份，再插入一列，用“Month”计算出月份，然后一个个筛选，再进行汇总。当时我就震惊了：哎，不会透视表伤不起呀！

正确做法：选择数据，点击【插入】【数据透视表】，只需将日期拖放在行标签中、数量拖放在值标签中，然后在数据透视表日期列中右击，创建组，搞定。

第九名：删除重复项。

搞笑操作：这还不简单！先排个序，然后做分类汇总，再将汇总的结果复制出来（不包含隐藏的单元格），最后用替换功能删除“汇总”两个字，我勒个去，够忙活一阵子了。

正确操作：自从有了删除重复项这个功能，删除只在一瞬间。点击【数据】选项卡，选择【删除重复项】，手起刀落，立马见效。

第十名：处理错误值。

搞笑操作: 使用“VLOOKUP”函数时，如果查找值在查找范围中不存在，将出现“#N/A”错误提示，初学者看不懂这个错误提示，不如将其显示为“查找不到”或显示为空。先复制，选择性粘贴值，然后替换，将“#N/A”替换为“不存在”，这样操作的大有人在“有木有”？这样的错误也够忙活一阵了。

正确操作: 针对这种情况，推荐使用“IFERROR”函数，公式短，见效快，还没副作用。

——喂，喂，醒醒
该做表了

老板，我来了 ~~~~